多轴数控编程基础与实例

主 编 金涨军
副主编 张 威 熊瑞斌

北京理工大学出版社
BEIJING INSTITUTE OF TECHNOLOGY PRESS

图书在版编目（CIP）数据

多轴数控编程基础与实例／金涨军主编. --北京：
北京理工大学出版社，2022.7
ISBN 978 - 7 - 5763 - 1492 - 2

Ⅰ. ①多…　Ⅱ. ①金…　Ⅲ. ①数控机床-程序设计-
高等学校-教材　Ⅳ. ①TG659

中国版本图书馆 CIP 数据核字（2022）第 122962 号

出版发行／北京理工大学出版社有限责任公司
社　　　址／北京市海淀区中关村南大街 5 号
邮　　　编／100081
电　　　话／（010）68914775（总编室）
　　　　　　（010）82562903（教材售后服务热线）
　　　　　　（010）68944723（其他图书服务热线）
网　　　址／http://www.bitpress.com.cn
经　　　销／全国各地新华书店
印　　　刷／涿州市新华印刷有限公司
开　　　本／787 毫米×1092 毫米　1/16
印　　　张／22
字　　　数／518 千字
版　　　次／2022 年 7 月第 1 版　2022 年 7 月第 1 次印刷
定　　　价／98.00 元

责任编辑／多海鹏
文案编辑／辛丽莉
责任校对／周瑞红
责任印制／李志强

前　言

　　多轴加工技术是近十年来快速崛起的一项先进制造技术，现已成为 21 世纪机械制造业一场影响深远的技术革命。多轴加工技术广泛应用于航空航天、汽车、模具、新能源等行业，可显著提高对复杂部件生产的质量和效率。随着我国《中国制造 2025》计划的推进和企业的转型升级，企业对掌握多轴加工技术和工艺的高级技能人才的需求越来越庞大。本教材以 hyperMILL 软件为平台，以多轴联动加工编程与工艺为主要内容，为社会培养高端数控加工技术技能人才。为了能够更好地适应高职院校人才培养的特点，本教材以项目化教学思路编写，在学习多轴加工基础知识的同时，构建了 8 个项目化实例，覆盖建模、2D 平面铣削、定模仁加工、动模仁加工、电极加工、3+2 定轴加工、5 轴联动加工、叶轮加工，充分调动学生的学习动能，培养学生实际应用的能力。在本教材的编写过程中，得到了北京凯姆德立科技有限公司提供的 hyperMILL 软件的专业培训及技术咨询。

　　本教材可作为本科院校、中高职业院校及技工院校的教材，也可作为从事数控加工、模具制造的技术人员的参考书。

　　本教材由宁波职业技术学院金涨军担任主编和统稿，张威和熊瑞斌担任副主编。各章分工如下：第 1、2 章由张威编写；第 3、4 章由熊瑞斌编写；第 5~8 章由金涨军编写。

　　由于编者水平有限及数控技术发展迅速，所以书中难免有不妥之处，恳请读者提出宝贵意见。本书已经多次校对，如有疏漏之处，恳请广大读者予以指正。

编　者
2022.09

目　　录

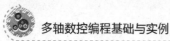

hyperCAD 软件基础操作

本章将主要对 hyperCAD 软件的基本操作进行介绍，通过一个简单的建模实例，学习 hyperMILL 的草图功能、实体功能、工作平面、图层、视图等基本操作方法。接着对 hyperMILL 的基本功能和工具条进行详细介绍，学习 hyperMILL 浏览器和 hyperMILL 工具条以及工单的创建和管理、刀具创建和管理等知识，为后续章节的加工编程打下基础。

知识目标

(1) 理解和掌握工作平面的创建和管理命令；

(2) 理解和掌握图层的创建和管理命令；

(3) 理解和掌握草图命令；

(4) 理解和掌握矩形草图命令；

(5) 理解和掌握圆/圆弧草图命令；

(6) 理解和掌握 2D 倒角和 2D 倒圆命令；

(7) 理解和掌握线性扫描实体命令；

(8) 理解和掌握旋转实体命令；

(9) 理解和掌握 hyperMILL 工具栏；

(10) 理解和掌握 hyperMILL 浏览器。

技能目标

(1) 掌握工作平面的创建与应用；

(2) 掌握几何图层的创建与应用；

(3) 掌握矩形、圆形等轮廓草图的创建与应用；

(4) 掌握线性挤出、圆角、等实体命令与应用；

(5) 掌握 hyperMILL 工具条命令与应用；

(6) 掌握工单列表的创建和管理；

(7) 掌握刀具的创建和管理。

素养目标

(1) 培养认真、负责、科学的工作态度；

（2）强化严谨细致、一丝不苟的工作精神；

（3）提高 CAM 操作的规范性职业素养。

 任务导入

利用 hyperMILL 的草图和实体功能，构建图 1-1 所示的简单几何模型。

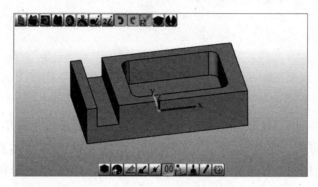

图 1-1　零件三维模型

任务要求

（1）合理绘制草图，尤其是灵活运用工作平面进行三维建模。

（2）合理运用图层的功能，对不同类型的图素进行分类管理。

 知识链接

　　hyperMILL 是德国 OPEN MIND 公司开发的集成化 NC 编程 CAM 软件。hyperMILL 向用户提供了完整的集成化 CAD/CAM 解决方案。用户可以在熟悉的 CAD 界面里直接进行 NC 编程，在统一的数据模型和界面中，直接完成从设计到制造的全部工作。它是一种高端和低端都适用的 CAM 软件。

　　hyperMILL 的最大优势表现在 5 轴联动方面。5 轴联动被广泛应用于汽车、工具、模具、机械、航空航天等领域，如航空叶轮、叶片、结构件的铣削。现在很多机床和控制器都可以适应 5 轴铣削要求，然而在软件方面多采取定位加工方式（3+2），需要进行繁杂的优化，很少有 CAM 系统能提供专业可靠的 5 轴联动解决方案。而 hyperMILL 很好地解决了这一问题，软件提供了从 2.5 到 5 轴的全系列模块，这些 CAM 模块是真正的标准概念的 5 轴可选模块，而不是电脑屏幕上的 5 轴 CAM。它包含自动干涉检查、独立 5 轴联动、动态变化刀轴倾角等功能，只需一次装夹即可完成所有工序。

　　有别于传统 3 轴加工，hyperMILL 可以连续加工外形复杂的工件，通过固定曲面、曲线的操作，使编程更容易，降低刀具破损风险，减少刀具振动；使用平刀或者圆鼻刀时，采用顶面及侧面的 5 轴加工策略，显著加大步距量，可明显减少切削时间。在运算速度方面，hyperMILL 也有很大改善，如加工发动机阀帽内部面，原来运算需要 67 h，现在仅需

6.7 h；在小刀具的 5 轴加工方面，如加工锻模、铸件及塑胶模具，hyperMILL 可以轻松触及高而陡峭的地方；而刻字、开槽、沿曲面曲率倒角以及去除边缘毛刺这些必须采用 5 轴联动加工的部分，hyperMILL 可以不需要任何手工编辑而防止干涉。hyperMILL 在复杂曲面应用上也提供了新的处理方式，指定一个倾斜角度后，不仅可以自动计算曲面在 Z 轴方向上的关联性，还可以自动进行偏摆，从而防止干涉，这使 hyperMILL 的 5 轴技术运用范围更广。

hyperMILL 的特点：

（1）友好的用户界面。HyperMILL 全集成的 Windows 界面，在任务清单、刀具定义、加工参数、边界选择等都有直观容易理解的对话框界面，以及合理实用的缺省值，符合逻辑的菜单结构都使应用 hyperMILL 工作既快捷又高效，而且轻松。

（2）新 5 轴联动加工。HyperMILL 提供了真正意义上的标准概念的 5 轴联动加工可选模块，包含自动的干涉检查，完全独立的 5 轴联动，动态变化的刀轴倾角，只需一次装夹。

（3）方便的后处理。hyperMILL 提供了一个专门的后处理定制工具软件模块——hyperPOST，它可以方便地帮助用户定制某些特有的 NC 控制系统的后处理驱动。

（4）100%的干涉检查。hyperMILL 专门开发了一套干涉检查方法来保证所有加工功能的安全性，进行无干涉加工，甚至在一些"危险"区域也能保证安全和无干涉。

（5）丰富的加工策略。hyperMILL 提供了强大而丰富的加工循环功能，如支持第 4 轴分度功能的 2.5 轴铣、钻、镗等；联动加工的 3 轴粗精加工，如层降式加工、投影式加工、优化加工、清根加工等。

（6）逼真的渲染仿真。hyperMILL 的软件包装里提供了一套逼真的三维实体切削仿真模块—— hyperVIEW Preview，用户可以观察到渲染状态下的零件加工的过程，而且程序还会自动显示一些工艺参数，如加工所需时间、主轴转速、进给速率、代码行等。

知识点 1.1　hyperCAD 基础操作

1.1.1　如何打开 hyperCAD 软件

可以通过以下 3 种方法打开 hyperCAD 软件。

方法（1）：在电脑桌面上找到 hyperCAD-S 图标，如图 1-2 所示。使用鼠标左键双击该图标，即可打开 hyperMILL 软件。

图 1-2　hyperCAD 图标

方法（2）：使用鼠标左键单击电脑桌面左下角的【开始】菜单，然后依次单击【所有程序】→【OPEN MIND】→【hyperCAD-S】→【2018.1】→【hyperCAD-S 2018.1】，如图 1-3 所示，即可打开软件。

注意：本书采用的软件版本为 2018.1，不同的版本，其菜单路径名称会有所不同。

此时，软件显示的界面如图 1-4 所示：由于还没有模型文件，因此软件除了菜单外，其他功能都是受限制的。鼠标左键单击【文件】菜单，选择【新建】命令，弹出 2D 兼容性对话框直接单击确认，即可进入软件操作界面。新建的文件默认命名为"Model_0"。

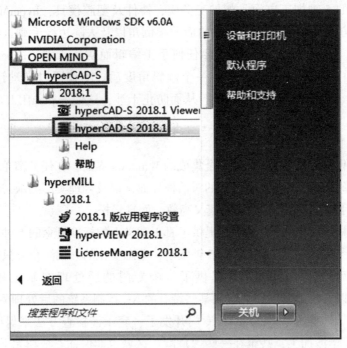

图1-3 开始菜单

图1-4 新建模型

方法（3）：使用鼠标左键双击已经保存过的hyperMILL文件（默认后缀名为.hmc），即可打开该软件。

1.1.2 初识hyperCAD软件界面

图1-5所示为新建一个模型文件"Model_0"后的软件界面。整个软件界面大致上可以分

为标题栏和菜单栏、工具栏、模型显示区、工具选项卡、快速工具栏和信息输出栏 6 个部分。

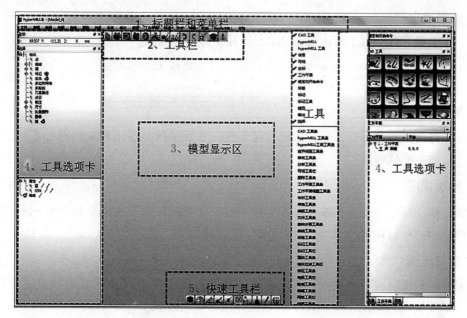

图 1-5　软件界面

1. 标题栏和菜单栏

标题栏显示当前打开的模型文件的名称。

菜单栏包含软件的所有功能。菜单从左至右分别是【文件】、【编辑】、【选择】、【绘图】、【曲线】、【图形】、【特征】、【布尔】、【修改】、【视图】、【工作平面】、【标签】、【分析】、【电极】、【轮胎】、【hyperMILL】、【帮助】等菜单项。在后面的学习中将逐渐接触和掌握每个菜单的功能。

2. 工具栏

工具栏用于停放相应的工具条。图中工具栏位置只显示了默认的工具条，该工具条不可更改。hyperMILL 软件提供了许多实用的工具，在菜单栏右侧空白处单击鼠标右键，可在上下文菜单中选择需要的工具（图 1-5 中的工具框）。菜单中的所有工具可以分为两类：一类是工具条，默认停放在工具栏处，但是可以根据需要拖动位置；另一类是工具选项卡的形式，默认停放在两侧（图 1-5 中工具选项卡），其位置也是可以拖动的。

3. 模型显示区

模型显示区显示的是正在操作的零件的几何模型。

4. 工具选项卡

工具选项卡一般停放在软件界面的左右两侧。如图 1-5 中界面的左侧是【选择】工具选项卡，界面的右侧从上至下分别是【搜索和开始命令】、【CAD 工具】、【信息】、【工作平面】和【可视】工具选项卡，其中【模型】、【工作平面】和【可视】工具选项卡并列显示于界面下方。

5. 快速工具栏

快速工具栏固定在界面正下方，不可移动，提供【图层】、【材料设置】、【线型】、【捕捉】等常用的命令。

6. 信息输出栏

处于界面最下方,用于输出 hyperMILL 计算、警告等信息。

1.1.3 视图基本操作

1. 旋转视图

将鼠标移动到模型附近,按住鼠标右键不放,直至鼠标箭头出现旋转符号 ↻ ,然后通过移动鼠标即可旋转视图。

2. 移动视图

将鼠标移动到模型附近,按住鼠标中键不放,直至鼠标箭头出现平移符号 ✛ ,然后通过移动鼠标即可平移视图。

3. 定向视图

如果要回到定向或正则视图,可以通过【视图】菜单下的【世界视图】或【工作平面视图】的命令实现,如图 1-6 所示,但是更方便的是通过表 1-1 中的快捷方式实现。

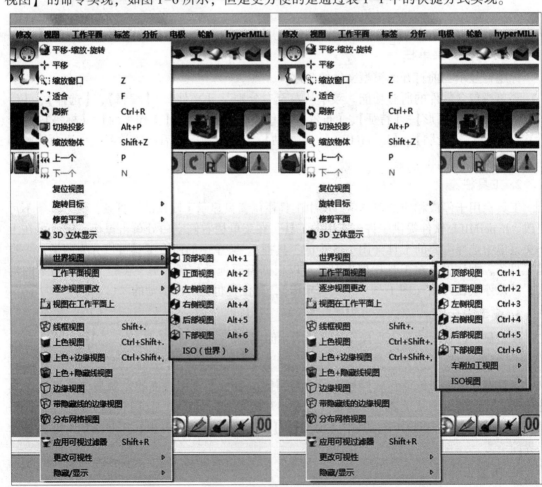

图 1-6　正则视图

表 1-1 正则视图快捷方式

快捷方式	视图	快捷方式	视图
Alt+1	世界视图-顶部视图	Ctrl+1	工作平面视图-顶部视图
Alt+2	世界视图-正面视图	Ctrl+2	工作平面视图-正面视图
Alt+3	世界视图-左侧视图	Ctrl+3	工作平面视图-左侧视图
Alt+4	世界视图-右侧视图	Ctrl+4	工作平面视图-右侧视图
Alt+5	世界视图-后部视图	Ctrl+5	工作平面视图-后部视图
Alt+6	世界视图-下部视图	Ctrl+6	工作平面视图-下部视图

在【世界视图】菜单下，所有的正则视图均参考世界坐标系；在【工作平面视图】菜单下，所有的正则视图均参考当前工作平面。世界坐标系是全局唯一的，而工作平面用户可以自己设定。

1.1.4 模型显示模式

不同模型的视图显示模式（线框模型还是实体模型）通过【视图】菜单进行操作。在视图菜单下，相关的命令如图 1-7 所示。其中，最常用的视图显示模式有【线框视图】、【上色视图】和【上色+边缘视图】。

1. 线框视图

线框视图以 2D 线框的模式显示模型（见图 1-8），快捷键为"Shfit 键+点号（Shift +.）"。

图 1-7 模型显示视图

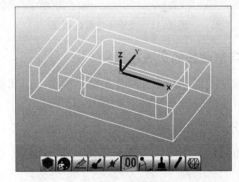

图 1-8 线框视图

2. 上色视图

上色视图以 3D 模式显示模型（见图 1-9）。快捷键为"Ctrl 键+Shift 键+点号（Ctrl+Shift+.）"。

3. 上色+边缘视图

以 3D 模式显示模型，同时显示轮廓边缘线（见图 1-10），快捷键为"Ctrl 键+Shift 键+点号（Ctrl+Shift+.）"。

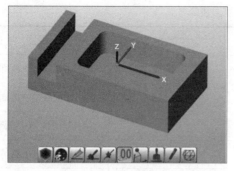

图 1-9　上色视图

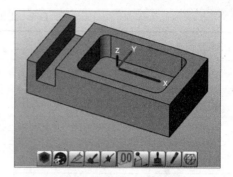

图 1-10　上色+边缘视图

4. 上色+隐藏线视图

以 3D 模式显示模型，在上色+边缘视图的基础上，同时以虚线的方式显示隐藏的边缘线，如图 1-11 所示。

5. 边缘视图

边缘视图以 2D 线框的模式显示模型，只显示可见的轮廓边缘线，如图 1-12 所示。

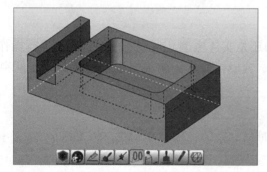

图 1-11　上色+隐藏线视图

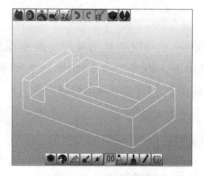

图 1-12　边缘视图

6. 带隐藏线的边缘视图

边缘视图以 2D 线框的模式显示模型，以实线方式显示可见的轮廓边缘线，以虚线方式显示不可见的轮廓边缘线，如图 1-13 所示。

7. 分布网格视图

分布网格视图以三角网格的形式显示模型，如图 1-14 所示。

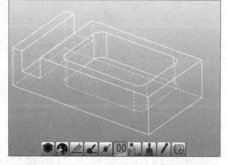

图 1-13　带隐藏线的边缘视图

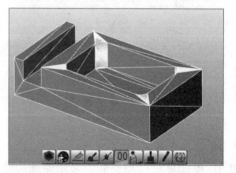

图 1-14　分布网格视图

1.1.5　快速工具栏

【快速工具栏】包含一些常用的命令，如【层】、【图形属性】、【捕捉选择过滤器】等，如图 1-15 所示。

| 层 | 材料 | 线类型 | 厚度 | 捕捉选择过滤器 | 工作平面原点 | 启动禁止捕捉投影点 | 复制属性 | 图形属性 | 面分布网格 |

图 1-15　快速工具栏

【层】：设置几何图素的图层。

【材料】：设置几何图素材料的颜色。

【线类型】：设置线的类型。

【厚度】：设置线的粗细。

【捕捉选择过滤器】：设置捕捉类型，如端点、终点、圆心点等。

【工作平面原点】：捕捉当前工作平面的原点。

【启动/禁止捕捉投影点】：激活或禁止捕捉几何元素在工作平面上的投影点。

【复制属性】：复制所选几何图素的属性。

【图形属性】：查看所选几何图素的图形属性。

【面分布网格】：设置几何图素的分布网格。

1.1.6　工作平面创建与管理

那么什么是工作平面呢？工作平面其实就是一般 CAD 软件中的坐标系。在 hyperCAD 软件中将当前活动坐标系的 X–Y 平面定义为工作平面。初始工作平面与 hyperCAD 的世界坐标系的 X–Y 平面重合。因此，在本书中工作平面即代表坐标系，本书不再严格区分。

1. 创建工作平面

创建工作平面有 5 种方式，分别是【在世界坐标上】、【在视图上】、【通过三点】、【在曲线上】、【在面上】。

1）在世界坐标上

单击【工作平面】菜单下【在世界坐标系上 W】命令（快捷键为"W"），将世界坐标系的 X–Y 平面设置为当前工作平面，即工作平面和世界坐标系重合。世界坐标系是所有坐标系的参考基准，默认不予显示。

单击【工作平面】菜单下【保存】命令，弹出【保存】对话框，在对话框中的【另存为】栏输入工作平面名称"world"，单击【确认】 按钮，完成该工作平面的保存。此时，在视图的右侧【工作平面】栏中，保存了名称为"world"的工作平面。工作平面只有在保存之后才能继续使用，如图 1-16 所示。

2）在视图上

单击【工作平面】菜单下【在视图上 V】命令（快捷键为"V"），可将当前视图平面设

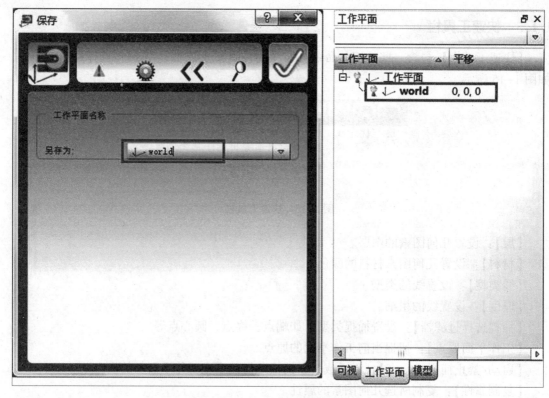

图 1-16　保存工作平面

置为当前工作平面。如图 1-17 所示，工作平面的 Z 轴垂直于视图平面，工作平面的坐标原点与世界坐标系原点重合。通过视图创建的视图工作平面，如需要继续使用，则必须单击【工作平面】菜单下【保存】命令进行保存；若没有保存则会被后续创建的工作平面所覆盖。

3）通过三点

单击【工作平面】菜单下【通过三点】命令，然后直接依次选择模型上的 3 个点（见图 1-18），创建工作平面。其中，第 1 个点是工作平面的原点，第 1 个点和第 2 个点的连线是工作平面的 X 轴，3 个点构成的平面法向是工作平面的 Z 轴，Y 轴的方向根据 X 轴和 Z 轴正交确定。【通过三点】创建的工作平面，如需要继续使用，则必须单击【工作平面】菜单下【保存】命令进行保存，否则会被后续创建的工作平面所覆盖。

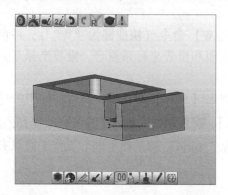

图 1-17　通过视图创建工作平面

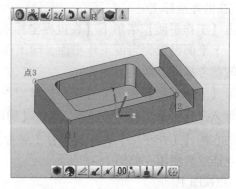

图 1-18　通过三点创建工作平面

4）在曲线上

单击【工作平面】菜单下【在曲线上】命令，弹出【在曲线上】对话框。单击选择栏中的【曲线】按钮，选择图中高亮显示曲线，hyperCAD 将自动生成一个工作平面，该工作平面的 Z 轴为当前曲线的切线方向，以曲线的端点作为原点。单击选择栏中的【原点】按钮，在模型中选择一个点（图 1-19 中显示为槽轮廓线中点），系统会自动计算曲线上最接近的点作为该工作平面的原点。

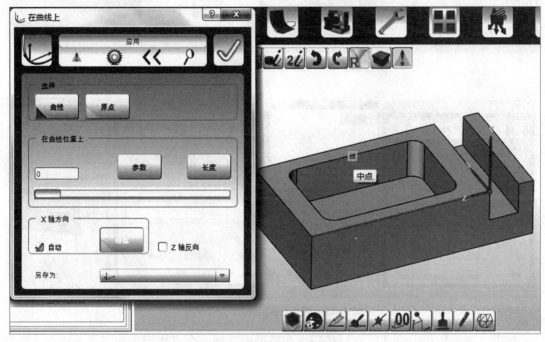

图 1-19　根据曲线创建工作平面

原点的位置也可以通过拖动【在曲线位置上】栏中的进度条进行动态调整，如图 1-20 所示。当【在曲线位置上】栏中选择【参数】时，拖动进度条，原点位置随之改变，此时左侧的输入框内的参数也随之变化。参数值为 0~1，分别代表曲线的两个终端。当【在曲线位置上】栏中选择【长度】时，拖动进度条，原点位置随之改变，此时左侧的输入框内的参数也随之变化。此时数值变化范围为 0~曲线长度，同样分别代表曲线的两个终端。

X 轴的方向默认由软件自动设定，也可以人为指定。若需要指定 X 轴方向，取消勾选【X 轴方向】栏中的【自动】选项，单击右侧的【物体】按钮，再单击选择图 1-20 中的参考点，此时工作平面的 X 轴指向所选点的方向。

勾选【Z 轴反向】单选框，可以反转 Z 轴的方向。

如果需要保持该坐标系，则在对话框末端【另存为】右侧输入当前工作平面的名称"02"，然后单击【确认】✔按钮，完成当前坐标系的创建，并保存到工作平面列表。工作平面的名称由用户自由指定。

5）在面上

单击【工作平面】菜单下【在面上】命令，弹出【在面上】对话框。单击选择栏中的【面】按钮，选择图 1-21 中高亮显示的面，系统自动生成一个工作平面，该工作平面的 Z 轴为当前平面的法向。

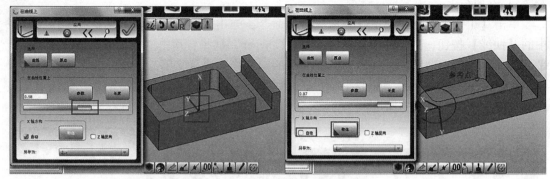

图 1-20 调整工作平面位置和方向

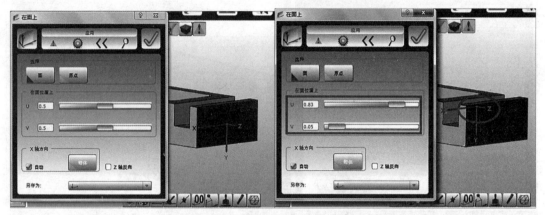

图 1-21 通过在面上创建工作平面

单击【选择】栏中的【原点】按钮，在模型中选择一个点作为工作平面的原点。原点位置也可以通过拖动【在曲面位置上】栏的 UV 参数的进度条进行动态调整。【U】参数和【V】参数的值均为 0~1，分别表示曲面在 UV 两个正交方向上的位置。

通过对话框最下方的【另存为】栏，可对该工作平面进行保存。要保存工作平面时，必须设置工作平面的名称。

2. 编辑工作平面

(1) 通过【工作平面】菜单下的【旋转】→【绕 X Alt+X】、【绕 Y Alt+Y】、【绕 Z Alt+Z】命令，可对工作平面的方向进行调整，如图 1-22 所示。

【绕 X Alt+X】：坐标系绕当前工作平面的 X 轴旋转 90°，快捷键为 "Alt+X"。

【绕 Y Alt+Y】：坐标系绕当前工作平面的 Y 轴旋转 90°，快捷键为 "Alt+Y"。

【绕 Z Alt+Z】：坐标系绕当前工作平面的 Z 轴旋转 90°，快捷键为 "Alt+Z"。

(2) 单击【工作平面】菜单下的【移动】命令，弹出【移动】对话框。在【移动】对话框中，可以通过【增量】改变工作平面原点的位置，也可以通过【角度】改变工作平面的方向。

【增量】：坐标系沿当前工作平面的 X、Y、Z 轴方向的平移值。

【角度】：坐标系绕当前工作平面的 X、Y、Z 轴方向的平移值。

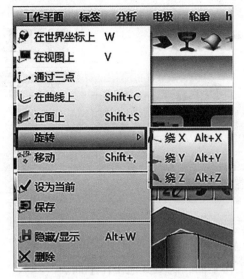
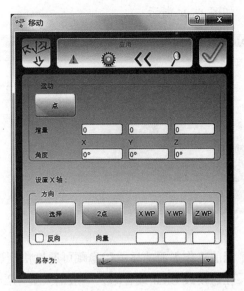

图 1-22 旋转和移动工作平面

3. 设置当前工作平面

在【工作平面】选项卡中，列出了已经保存的所有工作平面。鼠标双击需要对应的工作平面即可激活为当前活动工作平面。被激活的活动工作平面名称以加粗的字体显示，视图中工作平面高亮显示，如图 1-23 所示，工作平面"world"被激活。

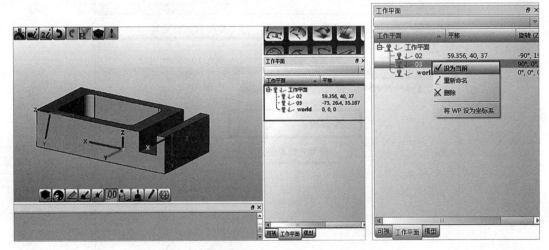

图 1-23 激活当前工作平面

第二种方法是在【工作平面】选项卡中，选择相应的工作平面，单击鼠标右键，选择【设为当前】命令，即可将选中的工作平面设置为激活状态。

4. 隐藏和显示工作平面

对于暂时不使用的工作平面，可以将其隐藏。使用鼠标单击工作平面名称左侧的电灯泡可控制工作平面的显示和隐藏。当电灯泡被点亮时，该工作平面显示；当电灯泡不亮时，工作平面不显示，通过【工作平面】栏的灯泡的亮和暗，可以控制所有工作平面的显示和隐藏，如图 1-24 所示。

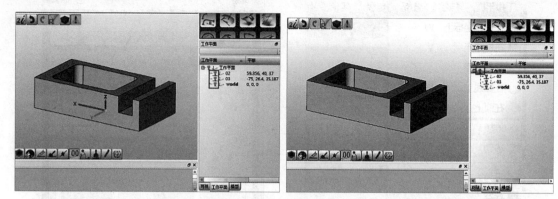

图 1-24　显示与隐藏工作平面

当前工作平面的显示和隐藏可通过快捷键"Alt+W"切换。

在建模或 CAM 编程时，一般需要显示当前工作平面，隐藏其他工作平面。

5. 删除工作平面

选择要删除的工作平面，单击鼠标右键，在弹出的对话框中选择【删除】命令即可，如图 1-25 所示。该操作不可恢复。

注意，当前激活的工作平面无法删除。

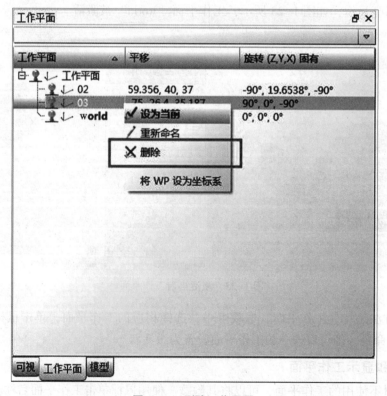

图 1-25　删除工作平面

1.1.7 图层创建和管理

hyperMILL 支持多图层，利用不同的图层可以方便地管理不同的图素。

1. 新建图层

在【可视】选项卡【名称】栏空白处，单击鼠标右键，单击弹出的【新建层】命令，系统自动建立一个新的图层，默认命名为"层+数字序号"，用户可直接修改图层名称以完成图层创建，如图 1-26 所示。图层名称应简洁明了，可以反映该图层的具体用途。在图层【名称】栏右侧的【物体】栏显示当前图层下图素的数量。

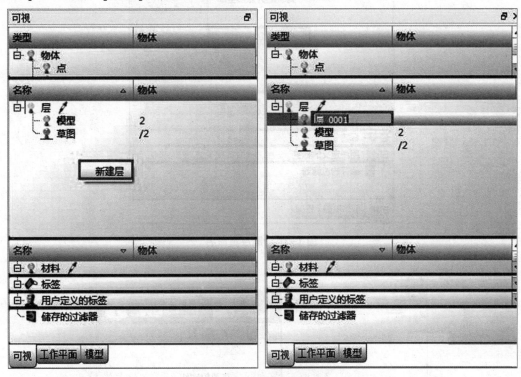

图 1-26 新建图层

2. 图层重命名

在【可视】选项卡中的【名称】栏中，选择需要修改名称的图层，单击鼠标右键，选择【重新命名】命令，即可修改图层名称，如图 1-27 所示。

3. 图素移入图层

如图 1-28 所示，存在两个图层，分别是"模型"图层和"草图"图层。显而易见，"模型"图层用于存放实体模型，而"草图"图层用于存放模型的草图轮廓。在模型中用鼠标拾取两条矩形轮廓，然后单击底部【快速工具栏】中的【层】 按钮，hyperMILL 会弹出当前所有的图层列表，单击其中的"草图"图层，即实现将轮廓线移入"草图"图层。

如果在移动几何元素时尚未创建对应的图层，也可以单击【快速工具栏】中的【层】

按钮后，选择弹出图层列表最上方的【新建】命令创建图层。

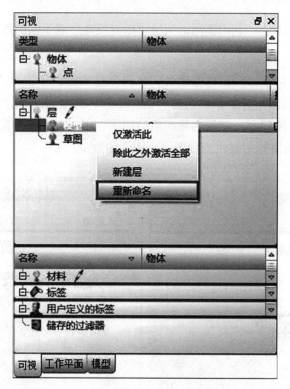

图 1-27　图层重命名

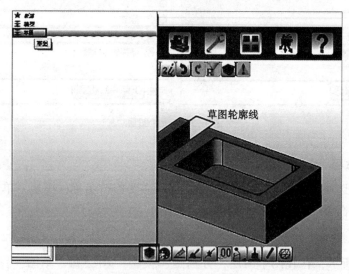

图 1-28　移动到图层图

4. 图层显示与隐藏

单击"草图"图层前面的灯泡，当灯泡不亮，"草图"图层隐藏，该图层内的所有图素均不显示。再次单击灯泡，灯泡变亮，"草图"图层重新显示，如图 1-29 所示。

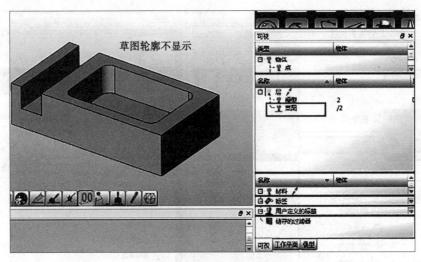

图 1-29　显示和隐藏图层

与工作平面类似，通过【层】前面的灯泡，可以控制所有图层的显示和隐藏。

1.1.8　退出 hyperCAD

方法（1）：鼠标左键单击菜单【文件】→【退出】命令。

方法（2）：鼠标左键单击软件右上角的【关闭】 ✖ 按钮。

如果文件没有保存，系统会提示你是否保存零件。如果需要保存零件，单击【YES】按钮，如果不需要保存零件，单击【NO】按钮，如果单击【取消】按钮则取消退出软件。

知识点 1.2　基本草图和建模命令

1.2.1　草图命令

【草图】命令用于绘制一条或多条线，线通过起点和终点进行定义。所有草图都将在当前活动工作平面上进行绘制。因此在绘制草图前，必须要激活或者创建相应的工作平面。

鼠标单击【绘图】菜单下的【草图】命令，或者单击【CAD 工具条】里的【草图】按钮，即可进入【草图】对话框，如图 1-30 所示。

【草图】对话框包含【坐标】、【顺序】、【构建】、【约束】和【参考平面】栏。

（1）【坐标】栏用于定义参考坐标系类型，分为笛卡尔坐标和极坐标两种。

【笛卡尔坐标】：通过输入坐标、捕捉或通过鼠标左键单击图形区域（Z 保持为 0）可选择线的起点和终点。

【极坐标】：选择起点后，可通过输入长度和角度来定义线的终点。该角度取决于当前的工作平面。

（2）【顺序】栏用于定义线的类型，分为单段线和多段线。

【单个】：将创建一条单段线。

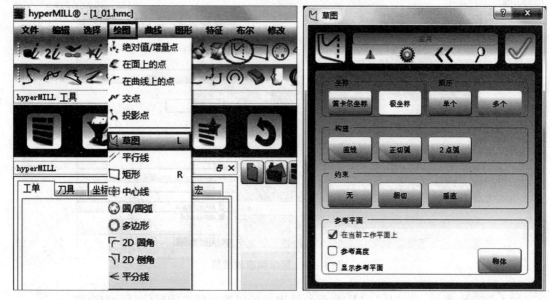

图 1-30 草图命令和草图对话框

【多个】：将创建一条多段线，每段线之间首尾相连。

（3）【构建】栏用于定义绘制的线类型，分为直线和圆弧两类。

【线】：根据单个或多个设置创建直线。

【正切弧】：通过从先前图素的切向过渡创建正切弧。需要输入弧的幅度和半径值。

【2 点弧】：通过两个点来构建圆弧，需要额外输入圆弧半径值。

（4）【约束】栏用于定义所绘制曲线的约束类型。

【无】：自由选择线的起点和终点。

【相切】：线仅与要选择的几何图素相切。

【垂直】：线仅以正交的最短距离与所选几何图素相交。

1.2.2 矩形命令

矩形命令用于绘制矩形草图。鼠标单击【绘图】菜单下的【矩形】命令，或者单击【CAD 工具条】里的【矩形】▭按钮，即可进入【矩形】对话框，如图 1-31 所示。

【矩形】对话框包含【物体类型】、【模式】、【旋转】和【参考平面】栏。

（1）【物体类型】栏用于设置矩形几何元素的组织形态。

【作为矩形】：将矩形的 4 条轮廓线合并为 1 个独立的几何元素，即每个矩形只含有 1 个几何图素。

【作为线】：将矩形每一条轮廓线作为 1 个单独的几何元素，则每个矩形含有 4 个独立几何图素。

（2）【模式】栏用于选择矩形的定义方式，分为【对角点】和【中心和尺寸】两种模式，如图 1-32 所示。

【对角点】：通过选择两个对角点定义矩形。

【中心和尺寸】：通过矩形中心点和长宽尺寸来定义矩形，需要输入【X】值和【Y】

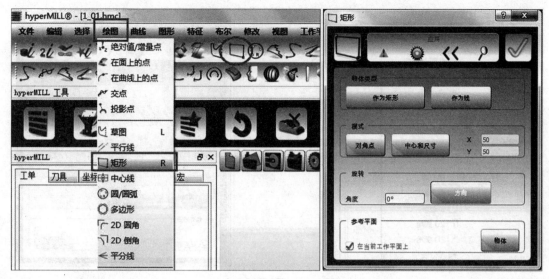

图 1-31 矩形命令和矩形对话框

值。【X】值和【Y】值分别表示矩形在 X 轴和 Y 轴方向的长和宽。

（3）【旋转】栏用于定义矩形与工作平面的 X 轴方向的夹角。

【角度】：设置矩形与输入角度与工作平面的 X 轴方向的夹角值。

【方向】：可将矩形与要选择的几何图素对齐。

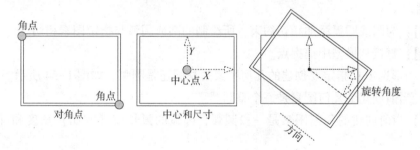

图 1-32 矩形对话框参数含义

1.2.3 圆/圆弧命令

圆/圆弧命令用于绘制圆和圆弧曲线。鼠标单击【绘图】菜单下的【圆/圆弧】命令，或者单击【CAD 工具条】里的【圆/圆弧】 按钮，即可进入【圆/圆弧】对话框。

【圆/圆弧】对话框包含【模式】、【输入模式】、【点模式】、【图形选项】和【参考平面】栏，如图 1-33 所示。

（1）【模式】栏用于确定圆或圆弧的定义模式，hyperCAD 提供了以下 4 种定义模式：

【圆心+半径】：通过 1 个圆心点和圆直径/半径值来定义圆。

【圆心+点】：通过 1 个圆心点和 1 个圆上的点来定义圆。

【3 点】：通过不在一条直线上的 3 个点来定义圆。

【半径+2 点】：通过两个在圆上的点和圆直径/半径值来定义圆。

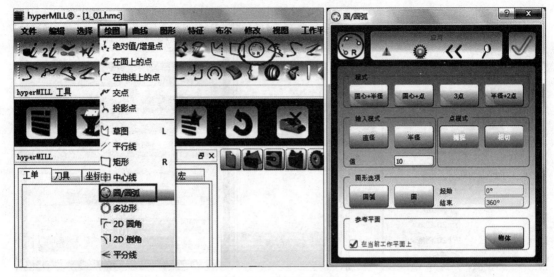

图 1-33　圆/圆弧命令

（2）【输入模式】用于指定的输入值作为圆直径或半径。

【直径】：输入数值为圆的直径。

【半径】：输入数值为圆的半径。

（3）【点模式】用于设置点的捕捉模式。该栏只有在【3 点】模式和【半径+2 点】模式下被激活。

【相切】：为圆或圆弧添加相切约束，所绘制的圆或圆弧与指定图素相切。

【捕捉】：直接从模型中捕捉点。

（4）【图形选项】指定要创建的几何图素是整圆还是圆弧，如图 1-34 所示。

【圆】：当前创建的几何图素是一个整圆。

【圆弧】当前创建的几何图素是一段圆弧，圆弧的弧长有【起始】角度和【结束】角度控制。

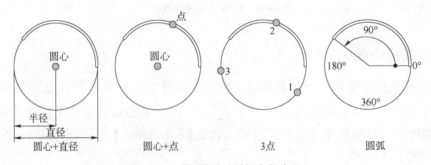

图 1-34　圆/圆弧对话框参数含义

1.2.4　2D 圆角命令

2D 圆角命令用于绘制圆角。鼠标单击【绘图】菜单下的【2D 圆角】命令即可进入

【2D 圆角】对话框，如图 1-35（a）所示。

　　【曲线】：用于指定需要进行倒圆的曲线。

　　【半径】：指定圆角的半径值。

　　【自动裁剪】：勾选该选项，则 hyperCAD 在完成倒圆后自动裁剪不需要的图素。

1.2.5　2D 倒角命令

　　2D 倒角命令用于绘制倒角。鼠标单击【绘图】菜单下的【2D 倒角】命令即可进入【2D 倒角】对话框，如图 1-35（b）所示。

　　【曲线】：用于指定需要进行倒圆的曲线。

　　【模式】栏用于设置倒角的定义模式，提供了【45】、【距离】和【距离+角度】3 种模式。

　　【45】模式：定义倒角的角度值为 45，需要输入【距离】值以设定倒角边长。

　　【距离】模式：需要输入两个【距离】值以设定倒角两边的边长。

　　【距离+角度】模式：自定义倒角的【角度】和【距离】。

(a)　　　　　　　　　　　　　　　　　(b)

图 1-35　2D 倒圆和 2D 倒角

(a) 2D 倒圆；(b) 2D 倒角

1.2.6　平面命令

　　平面命令用于绘制平面，所绘制的平面理论上没有边界。

　　鼠标单击【图形】菜单下的【平面】命令，单击【图形工具条】里的【平面】按钮，即可进入【平面】对话框，含如图 1-36 所示。

　　【平面】对话框包含【模式】、【方向】、【原点】和【选择】栏。

　　(1)【模式】栏用来设置平面的定义模式，提供【物体】、【3 点】和【方向+原点】3

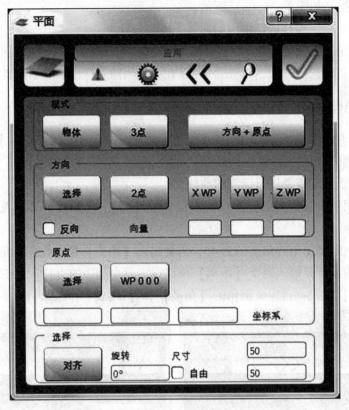

图 1-36　平面对话框

种定义模式。

【物体】模式：通过已有的面来定义平面。该模式直接从模型中选择面，以所选面为参考绘制平面。【物体】模式下，【方向】栏和【原点】栏不激活。

【3点】模式：通过不共线的 3 个点来定义平面。该模式直接从模型中选择 3 个点来绘制平面。【3点】模式下，【方向】栏和【原点】栏不激活。

【方向+原点】模式：通过一个原点和方向来定义平面。该模式用户需要指定原点和平面的法向方向。

（2）【方向】栏用于定义平面的方向。该栏只在【方向+原点】模式下激活。

【选择】：通过选择模型中已存在的直线来定义方向。

【2点】：通过两个点来定义方向，点需要在模型中拾取。

【X WP】：以坐标轴 X 轴的方向作为平面方向。

【Y WP】：以坐标轴 Y 轴的方向作为平面方向。

【Z WP】：以坐标轴 Z 轴的方向作为平面方向。

【反向】：勾选该选项，反转平面方向。

在【方向】栏的底部【向量】栏显示当前平面法向的向量值。

（3）【原点】栏用于定义平面的位置。

【选择】：从模型拾取点，以该点的位置作为平面位置。

【WP 000】：以当前工作平面的原点位置作为平面位置。

1. 2. 7 线性扫描命令

线性扫描命令用于从草图曲线拉伸成面或实体。鼠标单击【图形】菜单下的【线性扫描】命令，单击【CAD 工具条】里的【线性扫描】 按钮，即可进入【线性扫描】对话框，如图 1–37 所示。

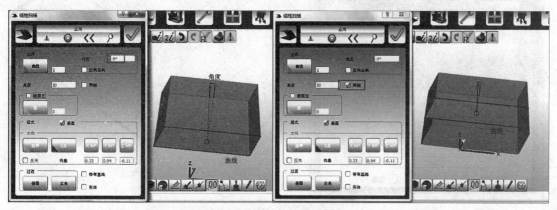

图 1–37 线性扫描角度和两侧参数

【线性扫描】对话框包含【选择】、【高度】、【模式】和【过渡】栏。

（1）【选择】栏用于定义轮廓曲线和拔模角度。

【曲线】：从草图中选择要扫描的轮廓线。轮廓线可以是开放的，也可以是封闭的。

【角度】：相当于拔模角度，该数值可正可负。

（2）【高度】栏用于设置拉伸的高度。如果勾选【两侧】选项，则拉伸时同时向两侧拉伸，【高度】值表示的是两侧的高度之和。

（3）【模式】栏用于定义拉伸的方向。

【垂直】：默认勾选，表示拉伸方向垂直于轮廓所在工作平面。如果取消勾选【垂直】，则激活【方向】栏，用户可以自行定义拉伸的方向。拉伸方向可以不垂直轮廓所在面。

（4）【带有基础】和【实体】选项。

勾选【带有基础】选项，线性扫描结果为封闭的曲面，曲面内部则为空心状态。

勾选【实体】选项，线性扫描结果为实体模型，否则为面。

1. 2. 8 旋转命令

旋转命令用于从曲线旋转拉伸成面或实体。鼠标单击【图形】菜单下的【旋转】命令，单击【CAD 工具条】里的【旋转】 按钮，即可进入【旋转】对话框，如图 1–38 所示。

【旋转】对话框包含【选择】、【方向】、【原点】和【角度】栏。

（1）【选择】栏用于定义轮廓曲线。

【曲线】：用于选择轮廓曲线。轮廓曲线可以开放也可以封闭。

（2）【方向】栏用于定义旋转轴的方向。

（3）【原点】栏用于定义旋转轴的位置。

（4）【封闭草图】：勾选该选项，如果轮廓曲线是开放的，则 hyperCAD 自动将之封闭。

（5）【实体】：勾选该选项形成实体模型，否则为面模型。

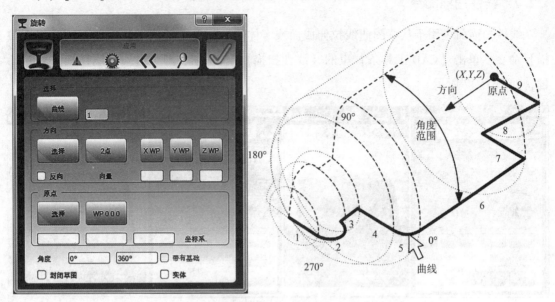

图 1-38　旋转对话框

知识点 1.3　hyperMILL 工具

严格来说 hyperMILL 并不是一个独立的软件系统，它更像是一个功能性插件，需要挂载在其他 CAD 软件中。hyperMILL 可以挂载在 SolidWorks 中，也可以挂载在 hyperCAD 软件中。hyperCAD 软件是 OPEN MIND 公司专门为 hyperMILL 开发的 CAD 系统，提供基本的二维、三维模型交互。本书以 HyperCAD-S 2018.1 软件平台为例，为大家介绍 hyperMILL 数控加工编程的功能。hyperMILL 编程加工模块集成在 hyperCAD 软件中，主要功能基本上集中在 hyperMILL 菜单和 hyperMILL 工具条内。

1.3.1　hyperMILL 浏览器

hyperMILL 浏览器是用户和 hyperMILL 发生交互的最主要的工具，在 hyperMILL 浏览器中可以实现对工单、刀具、坐标、模型、特征元素的管理。

hyperMILL 浏览器一般默认显示在软件左边的工具栏选项卡位置。如果找不到 hyperMILL 浏览器，则可以鼠标左键单击【hyperMILL】菜单中的【浏览器】命令（快捷键为"Ctrl+Shift+M"），或者在菜单栏右侧空白处单击鼠标右键选择【hyperMILL】，即可打开 hyperMILL 浏览器，如图 1-39 所示。

hyperMILL 浏览器包含【工单】、【刀具】、【坐标】、【模型】、【特征】和【宏】选项卡。其中，【工单】、【刀具】、【坐标】、【模型】这 4 个是最常用的。

1. 工单选项卡

【工单】选项卡负责管理零件编程加工中的工单，一个工单代表一个加工循环。多个工单可以组成一个工单列表。如图 1-40（a）所示，【工单】选项卡中含有一个名为"型腔加

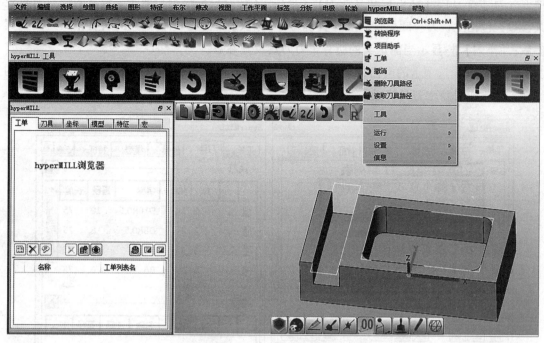

图 1-39 hyperMILL 浏览器

工"的工单列表，这个工单列表下面包含了 6 个工单；【工单】选项卡的下半部分还显示了当前工单列表所使用的零件模型"3_ 01"和毛坯模型"Stock 3_ 01"。

【工单】选项卡在工单显示栏下方有一排快捷按钮，可实现对工单的一系列操作。这些快捷按钮从左到右依次如下：

【编辑】：对选中的工单或者工单列表进行编辑。

【删除】：删除选中的工单或者工单列表。

【信息】：查看选中工单的提示信息。

【清除刀具路径】：清除当前选中工单的刀具路径轨迹，刀具轨迹不显示。

【加载 OPEN MIND 刀具数据库】：打开刀具数据库，选择刀具。

【透明】：模型的显示在透明化/非透明化之间切换。

【自动显示已去除材料】：是否自动显示已经切除的材料模型。

【check toolpath status】：检查选中工单的刀具路径是否有错误。

【计算】：计算选中工单的刀具路径。

在【工单】列表栏，通过鼠标右键快捷菜单可实现对已定义工单的编辑、删除或者新增工单等操作。

2. 刀具选项卡

【刀具】选项卡负责管理编程中所需要的所有刀具信息，如图 1-40（b）所示。刀具选项卡分为【铣刀】、【钻头】和【车刀】3 个栏。【铣刀】栏显示当前所有定义的铣刀刀具及其参数，包括立铣刀、圆鼻铣刀和球头铣刀；【钻头】栏显示当前定义的所有钻头刀具及其参数；【车刀】栏显示当前定义的所有车刀刀具及其参数。

在【刀具】选项卡的空白位置，单击鼠标右键，可通过快捷菜单实现对已定义刀具的编辑、删除或者新增刀具等操作。

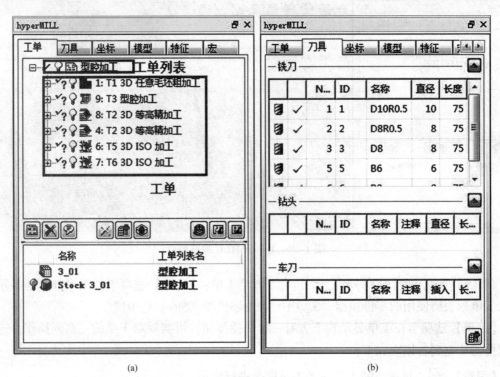

图 1-40　工单和刀具选项卡

（a）工单；（b）刀具

3. 坐标选项卡

【坐标】选项卡负责管理加工坐标系。一个零件完成加工有时候需要 1 个或多个加工坐标系。【坐标】选项卡有两栏，分别是【坐标系统】栏和【转化】栏。【坐标系统】栏显示已经定义好的 NCS 坐标系；【转化】栏显示已定义的用于刀路转化的参考坐标系。如图 1-41（a）所示，定义了三个 NCS 坐标，其名称分别是 "NCS 2_01_6" "NCS 2_01" 和 "NCS 2_01_5"。

在【坐标】选项卡的空白位置，单击鼠标右键，可通过快捷菜单实现对坐标系的编辑、删除或者新增等操作。

4. 模型选项卡

【模型】选项卡负责管理工件、毛坯、和过程毛坯（IPW）。【坐标】选项卡分为【铣/车加工区域】栏和【毛坯模型】栏。【铣/车加工区域】栏用于显示当前已定义的零件模型，【毛坯模型】栏显示当前已定义的毛坯模型。如图 1-41（b）所示，定义了零件模型 "2_01"

和毛坯模型"Stock 2_01"，这两个模型均应用在工单列表"2_01_6"中。

通过右键快捷菜单可实现零件模型和毛坯模型的编辑和新增等功能。

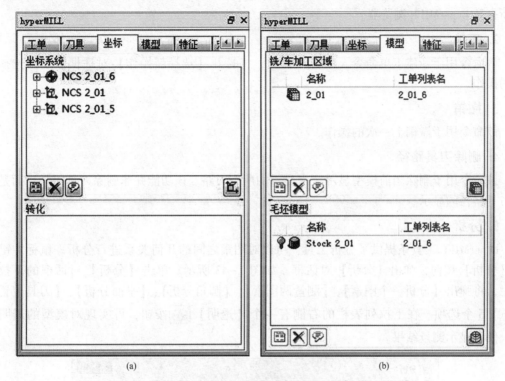

图 1-41　坐标选项卡和模型选项卡

（a）坐标；（b）模型

1.3.2　hyperMILL 工具

为了便于操作，为【hyperMILL】菜单中最常用的几个命令提供了便捷操作工具，即 hyperMILL 工具条。在菜单栏右侧空白处，单击鼠标右键，在弹出的对话框中勾选【hyperMILL 工具】命令即可调出 hyperMILL 工具条。hyperMILL 工具条默认显示在 hyperMILL 模型显示区的最下方，用户也可以将之拖到模型显示区的上方。hyperMILL 工具条包含 13 个按钮，其对应的图标和按钮功能如图 1-42 所示。

图 1-42　hyperMILL 工具条

下面对常用的几个命令进行介绍。

1. 浏览器

该命令用于打开 hyperMILL 浏览器。如果 hyperMILL 浏览器被关闭了，可以单击该按钮重新打开 hyperMILL 浏览器。

2. 工单

该命令用于新建工单命令，单击该按钮，将打开【选择新操作】对话框供用户选择可用的操作。

3. 撤销

该命令用于撤销上一次的操作。

4. 删除刀具路径

该命令用于删除当前模型显示区内显示的所有刀路。该功能并非删除刀具路径，而是删除刀具路径的显示。

5. 分析

hyperMILL 工具条提供了分析工具，可以对图素之间的几何关系进行分析。鼠标左键单击【分析】按钮，弹出【分析】对话框，如图 1-43 所示。单击【分析】对话框的下拉列表栏，将弹出【分析一个图素】、【测量两图素】、【圆角分析】、【平面分析】、【刀具位置点测试】5 个选项。在下拉列表栏的右侧有一个【透明】 按钮，可实现对模型的透明显示，便于显示测量结果。

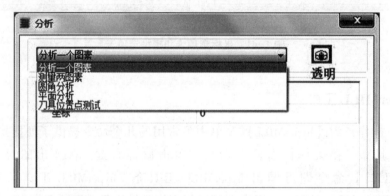

图 1-43　分析对话框

1）分析一个图素

该选项用于分析单个图素的几何属性，这个图素可以是一个点、一条线或者是一个面。选择【分析一个图素】命令，在【坐标栏】右侧的下拉列表中选择相应的参考坐标系，然后在模型显示区选择相应的图素，即可完成对该图素的分析。如图 1-44 所示，对一个平面进行分析，可以获得该平面的角度值为 270°，即该平面为竖直面。

2）测量两图素

用于分析两个图素之间的几何关系，如距离、夹角。选择【测量两图素】命令，在【坐标栏】右侧的下拉列表中选择相应的参考坐标系，然后在模型显示区选择相应的两个图素，即可完成对这两个图素之间的几何关系的分析。如图 1-45 所示，分别测量了两个面之间的距离（60）和两个面之间的夹角（90°）。

图 1-44　分析一个图素

图 1-45　测量两图素

3）圆角分析

用于分析模型中的圆角信息。选择【圆角分析】命令，单击【圆角信息】栏中的【曲面】栏，此时右侧会出现新的按钮，如图 1-46 所示。单击第一个【重新选择】 按钮，在模型显示区框选整个模型。hyperMILL 会自动分析模型中的所有圆角面，并将圆角等信息显示在对话框下方的列表框中；同时使用不同的颜色在模型上显示不同的圆角。

6. 设置

该命令用于设置 hyperMILL 相关参数。单击【设置】按钮，系统会弹出【hyperMILL 设置】对话框，如图 1-47 所示。【hyperMILL 设置】对话框包含 6 个选项卡，分别是【文档】、【应用】、【hyperCAD-S 文档】、【数据库】、【维护】和【轮胎】。本节将介绍数控编程中最常用的基本设置。

1）路径管理

【文档】选项卡的【路径管理】栏用于设置当前模型的工作路径，存放数控编程中的 hyperMILL 临时文件、刀轨文件、NC 文件的位置。这里有两个选项，分别是【项目】路径和【全局工作区】，如图 1-48 所示。

【项目】路径：用户自定义项目的工作路径。选择【项目】路径后，鼠标单击【模型路径】按钮，hyperMILL 自动将当前模型所在的文件夹作为当前工作路径。具体的路径显示在【路径…】按钮的右侧。如果勾选【工单列表专用子目录】，则为工单列表设置单独的子文件。

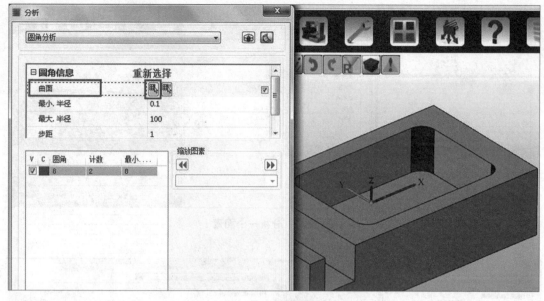

图 1-46　圆角分析

图 1-47　hyperMILL 设置对话框

【全局工作区】路径：hyperMILL 使用默认的全局路径为当前工作路径。全局路径可在【应用】选项卡的【默认路径】栏中查看。

推荐为每个模型设置单独的项目路径，这样与该模型相关的刀路、NC 文件都会存放在该路径中，方便管理。如果采用全局路径，则所有模型的刀路、NC 文件都存放于全局路径

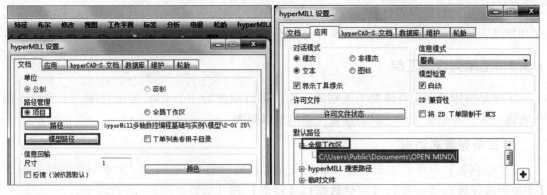

图 1-48　设置项目路径

中，文件可能会被最新的替换，不利于管理。

2）数据库

【设置向导/管理数据库项目】：打开 hyperMILL 设置向导以管理数据库项目。每个数据库项目都会包括一个刀具数据库，一个宏程序数据库以及一个颜色数据库。

在【数据库】对话框选项卡中，也可指定是否使用【应用程序数据库项目】、【全局数据库项目】或【用户数据库项目】。在 hyperMILL 设置向导中定义的全局/用户数据库项目可在【数据库】选项卡中选择。全局数据库项目由后缀 <G> 来标识。

【应用程序数据库项目】：勾选该选项，使用应用程序数据库，刀具数据库、宏程序数据库和颜色表数据库的路径将显示在【数据库】选项卡下方的框内，如图 1-49（a）所示。

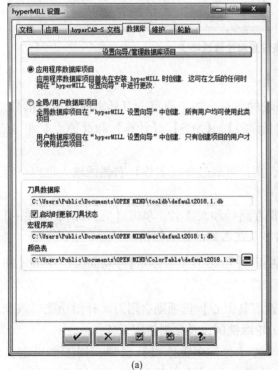

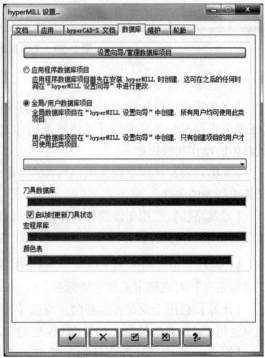

(a)　　　　　　　　　　　　　(b)

图 1-49　数据库设置

（a）应用程序数据库；（b）全局数据库

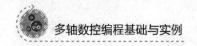

【全局/用户数据库项目】：勾选该选项，则使用全局数据库。刀具数据库、宏程序数据库和颜色表数据库的保存系统默认文件夹，不予以显示，如图1-49（b）所示。

1.3.3 工单列表与工单

工单是应用某一个具体加工策略的方法，可以理解为一个CNC加工程序。工单列表用于管理工单。在创建工单之前需要首先创建工单列表。

1. 工单列表对话框

【工单列表】对话框用于创建工单列表，其界面如图1-50所示。工单列表对话框包含【工单列表设置】、【注释】、【零件数据】、【镜像】和【后置处理】5个选项卡。

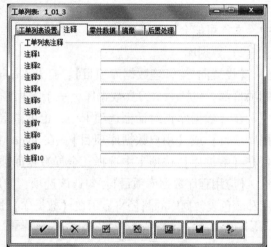

图1-50　工单列表设置和注释选项卡

1）工单列表设置选项卡

【工单列表设置】选项卡用于设置工单列表的名称、加工原点、刀具文件路径等信息。【工单列表设置】选项卡由【工单列表】、【刀具路径】、【NCS】、【计算】和【原点】组成。其具体的操作和按钮如下。

【工单列表】栏用于设置工单列表的名称，用户可通过在【名称】右侧的输入框内自定义工单列表的名称。

【刀具路径】栏用于设置刀具路径文件的保存路径和文件名，单击【刀具路径 文件…】按钮可修改刀具文件保存路径，路径和文件名显示在右侧的输入框内。

【NCS】栏用于定义工单的加工坐标系。单击【新建加工坐标系】按钮，弹出【加工坐标定义】对话框定义加工坐标系。

【计算】栏用于设置刀具补偿。勾选【补偿刀具中心】选项则启用刀具补偿功能。该选项只适用于2D轮廓铣削、基于3D模型的2D轮廓铣削以及倾斜轮廓循环。

【原点】栏用于管理多个加工原点。若勾选【允许多重原点】选项，则工单可定义多个加工原点，否则只支持一个加工原点。这里的加工原点就是NCS坐标系原点，也叫编程原点。

2）注释选项卡

【注释】选项卡用于设置有关 hyperMILL 项目的一般信息的注释信息，并将这些注释传送至 NC 程序。

3）零件数据选项卡

【零件数据】选项卡用于设置【毛坯模型】、【夹具】等。【零件数据】选项卡包含【毛坯模型】、【模型】、【材料】和【夹具】，如图 1-51 所示。

【毛坯模型】栏用于定义零件的毛坯形状。勾选【已定义】单选框，激活毛坯定义功能，显示【毛坯模型列表】、【新建毛坯】和【编辑毛坯】按钮。【毛坯模型列表】用于显示当前被选中用于此工单的毛坯模型。【新建毛坯】：单击该按钮，弹出【毛坯模型】对话框，新建一个毛坯模型。【编辑毛坯】：该按钮只有在毛坯模型列表中存在毛坯模型才被激活。单击该按钮，弹出【毛坯模型】对话框，对当前选中的毛坯模型进行编辑。

图 1-51　零件数据选项卡

【模型】栏用于定义零件的加工区域。勾选【已定义】单选框，激活加工区域定义功能，显示【零件模型列表】、【新建加工区域】和【编辑加工区域】按钮。零件模型列表用于显示当前被选中用于此工单的零件模型。【新建加工区域】：单击该按钮，弹出【加工区域】对话框，创建一个新的零件模型。【编辑加工区域】：该按钮只有在零件模型列表中存在零件模型时才被激活。单击该按钮，弹出【加工区域】对话框，对当前选中的零件模型进行编辑。

【材料】栏用于定义零件材料属性，一般可不设置。

【夹具】栏用于定义加工时所使用的夹具模型。勾选【已定义】单选框，激活夹具区域定义功能，显示【夹具模型列表】、【新建夹具区域】和【编辑夹具区域】按钮。夹具模型列表用于显示当前被选中用于此工单的夹具模型。【新建夹具区域】：单击该按钮，弹出【夹具区域】对话框，创建一个新的夹具模型。【编辑夹具区域】：该按钮只有在零件模型列表中存在零件模型时才被激活。单击该按钮，弹出【夹具区域】对话框，对当前选中的夹具模型进行编辑。

2. 加工坐标定义对话框

NCS 坐标是工件的加工坐标系。在【工单列表设置】选项卡中，鼠标左键单击【NCS】栏的【新建加工坐标系】![按钮]按钮，hyperMILL 弹出【加工坐标定义】对话框，如图 1-52 所示。加工坐标系默认以"NCS+工单列表名称"命名。用户也可以在【通用选项卡】进行修改。加工坐标系的位置和方向在【定义】选项卡设置完成。

【参考系统】栏：设置当前的参考坐标系，一般为 WCS（世界坐标系），即 NCS 坐标系的移动和旋转均以世界坐标系为参考。

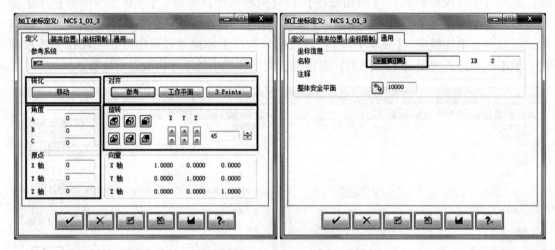

图 1-52　加工坐标系定义

【转化】栏：单击【移动】按钮，然后在模型显示区拾取相应的点作为 NCS 坐标系的原点。

【对齐】栏：设置 NCS 坐标系与某坐标系/工作平面对齐（重合）。其中【参考】表示设置 NCS 坐标系与当前激活的参考坐标系重合；【工作平面】表示设置 NCS 坐标系与当前激活的工作平面重合；【3 Points】表示通过 3 点指定加工坐标系方位，其中第 1 点为原点，第 2 点表示 X 轴方向，第 3 点表示 Y 轴方向。

【角度】栏：通过修改 NCS 坐标系的欧拉角（A 角、B 角和 C 角）来改变 NCS 的方向。

【原点】栏：通过修改 NCS 坐标系的原点（X 轴、Y 轴和 Z 轴）来改变 NCS 的位置。

【旋转】栏：通过设置 NCS 绕当前坐标轴（X 轴、Y 轴和 Z 轴）旋转值来改变 NCS 的方向，旋转角度值可设置。

3. 毛坯模型对话框

【毛坯模型】对话框用于定义毛坯模型。【毛坯模型】对话框的【模式】栏提供下列选项以生成毛坯模型：【拉伸】、【旋转】、【曲面】、【从工单】、【文件】、【几何范围】和【从工单链】。

（1）【几何范围】：根据现有 CAD 模型定义毛坯模型，可通过【轮廓…】【立方体】【柱体】和【铸件偏置】来计算几何范围。

【轮廓…】：根据 CAD 模型的轮廓创建毛坯。

【柱体】/【立方体】：根据模型的外边界创建圆柱体/立方体毛坯。可为毛坯设置余量，如果勾选【整体偏移】，则对毛坯的每个面都设置一样的余量值；如果取消勾选【整体偏移】，则可为毛坯的每个面设置不同的余量值；如果是立方体毛坯，可单独设置【X+偏置】、【X-偏置】、【Y+偏置】、【Y-偏置】、【Z+偏置】、【Z-偏置】；如果是柱体毛坯，可单独设置【顶部偏置】、【底部偏置】和【壳体偏置】。

【铸件偏置】：根据模型曲面形状创建毛坯，毛坯的形状为模型形状做几何偏置，偏置量由【余量】指定数值。由于铸件毛坯一般都是要大于零件尺寸的，所以余量应为正值。

在【几何范围】模式下，有两个非常重要的按钮：【选择转换坐标】和【计算】，如图 1-53 所示，其含义如下。

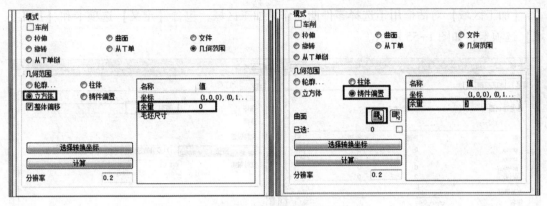

图 1-53　毛坯模型-几何范围

【选择转换坐标】：设置计算毛坯模型时的参考坐标系。默认使用工单列表的加工坐标系，也可以指定使用其他加工坐标系或定义一个新的加工坐标系。

【计算】：开始毛坯模型计算。在完成几何范围参数设置后，必须单击【计算】按钮，才能完成模型的创建。

（2）【拉伸】：通过拉伸的方式创建毛坯零件，需要指定用于拉伸的【轮廓曲线】和拉伸起始位置【偏置 1】和终止位置【偏置 2】，如图 1-54（a）所示。

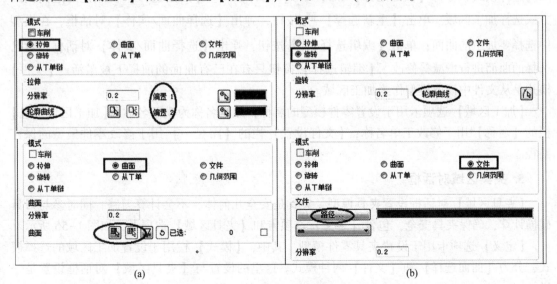

(a)　　　　　　　　　　(b)

图 1-54　拉伸、旋转、曲面和文件模式

（3）【旋转】：通过旋转的方式创建回转体类的毛坯零件，需要指定用于旋转的【轮廓曲线】，如图 1-54（b）所示。

（4）【曲面】：从 CAD 模型中选择曲面定义毛坯模型。

（5）【文件】：从文件中读取毛坯模型。

（6）【从工单】：据参考工单的封闭毛坯模型定义毛坯模型。

（7）【从工单链】：根据参考工单的毛坯模型定义毛坯模型。

不同模式下的操作略有不同，将在后续章节的实例中介绍具体的操作。

4. 加工区域对话框

【加工区域】对话框用于选择零件曲面作为加工区域，包含【定义】选项卡和【加工区域】选项卡，如图 1-55 所示。

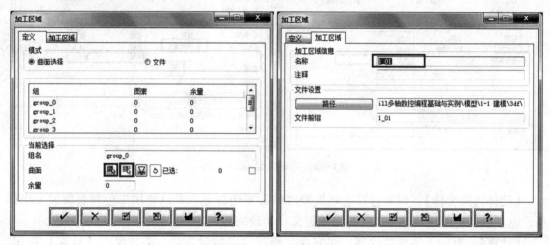

图 1-55　加工区域对话框

【定义】选项卡用于设置零件需要加工的零件模型。其中，【模式】栏用于设置加工区域的选择模式，分为【曲面选择】和【文件】两种模式。【曲面选择】模式是通过曲面的方式选择加工区域。单击【重新选择】 ![]按钮，弹出【选择曲面/实体】对话框，在模型中选择要加工的曲面；单击【编辑选择】 ![]按钮，弹出【选择曲面/实体】对话框，对已选择的曲面进行增减等修改。【编辑选择】按钮只有在已有曲面的前提下被激活。【文件】模式是从文件中读取模型作为加工区域。

【加工区域】选项卡用于设置零件模型的名称，默认名称为模型名称。【加工区域信息】栏的【名称】用于修改工单名称；【文件设置】栏的【路径…】用于修改零件模型的保存路径。

5. 夹具区域对话框

【夹具区域】对话框设置夹具模型，夹具是安全几何体，不会计算刀路，同时参与刀具碰撞计算，确保夹具安全，包含【定义】选项卡和【夹具区域】选项卡，如图 1-56 所示。

【定义】选项卡用于设置夹具零件模型。其中，【模式】栏用于设置加工区域的选择模式，分为【曲面选择】和【文件】两种模式。这里的设置与【夹具区域】对话框设置是一样的。

【夹具区域】选项卡用于设置零件模型的名称,默认名称为模型名称。【夹具区域信息】栏的【名称】用于修改工单名称;【文件设置】栏的【路径…】用于修改零件模型的保存路径。

图 1-56 夹具区域对话框

(a) 定义选项卡;(b) 夹具区域选项卡

1.3.4 刀具创建和管理

hyperMILL 支持几乎所有的刀具,包括立铣刀、圆鼻铣刀、球头刀、圆球刀、圆桶刀、车刀、钻头、丝锥等。

1. 新建铣刀

打开 hyperMILL 浏览器,并切换到【刀具】选项卡。在【铣刀】栏中的空白部分单击鼠标右键,选择【新建】命令,系统自动弹出所有可用的铣刀类型,常用的有【球头刀】、【立铣刀】、【圆鼻刀】等,如图 1-57 所示。

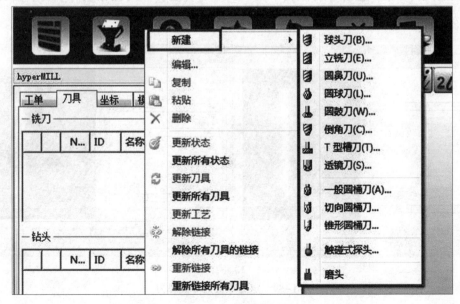

图 1-57 新建铣刀

如果是创建立铣刀，则弹出【编辑 端刀（公制）】对话框。在【几何图形】选项卡，定义刀具的几何参数，包括【名称】、【直径】、【长度】等。在【工艺】选项卡，定义立铣刀的工艺参数，包括【主轴转速】、【XY 进给】、【轴向进给】、【减速进给】、【切削速度】、【F/edge】、【插入角度】等，如图 1-58 所示。

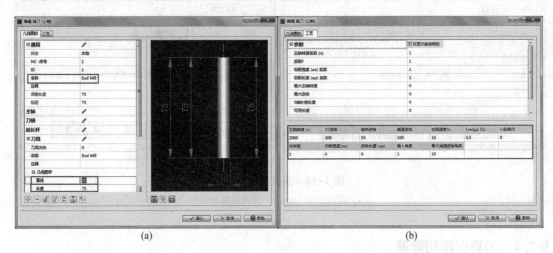

(a)   (b)

图 1-58 定义立铣刀

(a) 几何图形；(b) 工艺

如果是创建球头刀，则弹出【编辑 球刀（公制）】对话框。在【几何图形】选项卡，定义刀具的几何参数，包括【名称】、【直径】、【长度】等，如图 1-59（a）所示。

如果是创建圆鼻刀，则弹出【编辑 圆鼻刀（公制）】对话框。在【几何图形】选项卡，定义刀具的几何参数，包括【名称】、【直径】、【长度】和【角落半径】等，如图 1-59（b）所示。

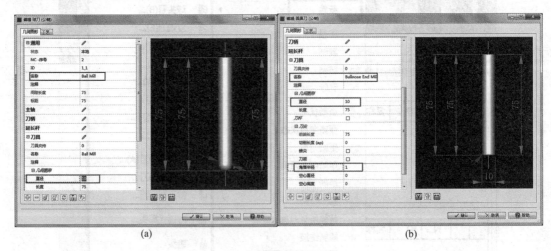

(a)   (b)

图 1-59 定义球头刀和圆鼻刀

(a) 球头刀；(b) 圆鼻刀

已经创建完成的刀具会显示在【刀具】选项卡的【铣刀】栏。双击【铣刀】栏里的刀具可重新打开编辑刀具对话框对刀具进行编辑。

2. 新建钻头

打开 hyperMILL 浏览器，并切换到【刀具】选项卡。在【钻头】栏中的空白部分单击鼠标右键，选择【新建】命令，系统自动弹出所有可用的刀具类型，包括钻头、丝锥、螺纹铣刀、镗刀、铰刀，如图 1-60（a）所示。

如果是创建钻头，则选择【钻头】命令，弹出【编辑钻头（公制）】对话框。在【几何选项卡】设置钻头的【名称】、【直径】、【长度】和【前端角度】。在【工艺】选项卡设置钻孔时所需的转速和进给等参数，如图 1-60（b）所示。

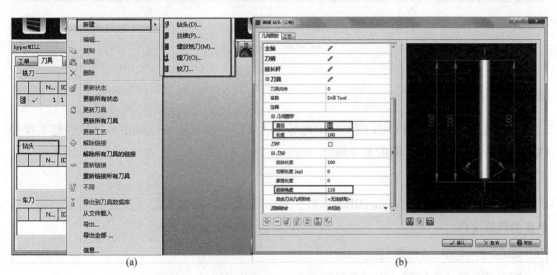

图 1-60　新建钻头

如果是创建丝锥，则选择【丝锥】命令，弹出【编辑攻牙刀（公制）】对话框，如图 1-61（a）所示。在【几何图形】选项卡设置钻头的【名称】、【直径】、【长度】、【螺距】、【导入长度】、【导入直径】、【导入角度】等参数。在【工艺】选项卡设置钻孔时所需的转速和进给等参数。

如果是创建铰刀，则选择【铰刀】命令，弹出【编辑铰刀（公制）】对话框，如图 1-61（b）所示。在【几何图形】选项卡设置钻头的【名称】、【直径】、【导入长度】、【导入直径】、【导入角度】等参数。在【工艺】选项卡设置钻孔时所需的转速和进给等参数。

已经创建完成的钻头类刀具会显示在【刀具】选项卡的【钻头】栏。双击【钻头】栏里的刀具可重新打开编辑刀具对话框对刀具进行编辑。

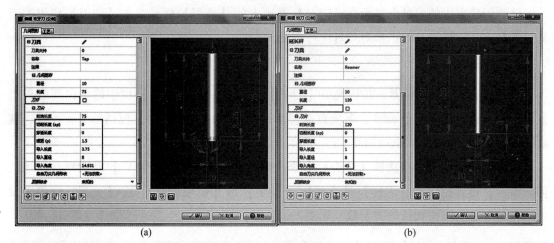

图 1-61 定义丝锥和铰刀

（a）丝锥；（b）铰刀

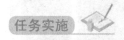 任务实施

下面通过一个简单的 CAD 模型的构建练习，来进一步掌握 HyperMILL 软件的基本操作和建模思路，理解工作平面的基本概念。

步骤 1：新建模型文件

双击桌面图标■打开 hyperMILL 软件，单击【文件】菜单下的【新建】命令，建立一个新的模型文件。

步骤 2：绘制矩形草图

按下键盘的"W"键，以世界坐标系的 X-Y 平面作为工作平面。

在菜单栏右侧空白处，单击鼠标右键，选择【CAD 工具条】，注意不是最上面的【CAD 工具】，而是横线分割线下方的【CAD 工具条】，调出【CAD 工具】栏，如图 1-62 所示。

图 1-62 草图命令-矩形

单击【绘图】菜单中的【矩形 R】命令，或者单击所示【CAD 工具】栏中的【矩形】按钮，弹出【矩形】对话框。在【矩形】对话框中，设置【物体类型】为【作为矩形】、【模式】为【中心和尺寸】，并输入【X】宽度为 150，【Y】宽度为 80。这表示通过控制矩形中心位置的方式绘制长宽为 150 mm×80 mm 的矩形，如图 1-63 所示。将鼠标移动到图形区，此时图形区显示紫红色的矩形框，移动鼠标，矩形框随着移动。将鼠标移动到工作平面原点，并单击原点，将矩形中心放置在工作平面原点处。此时，矩形对话框右上角的【确认】 ✔ 按钮变成绿色（表示激活状态），单击该【确认】 ✔ 按钮完成矩形绘制。hyperCAD

会在当前的工作平面上绘制矩形图形。

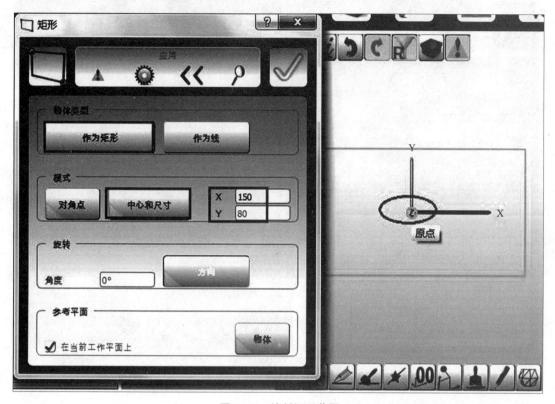

图 1-63 绘制矩形草图

矩形曲线绘制完成后，默认处于选中状态，以橙色高亮显示。用户可直接对该曲线进行操作。如果要取消选择，只需按下键盘 "Esc" 键可退出选中状态。

步骤 3：线性扫描实体

单击【图形】菜单中的【线性扫描】命令（见图 1-64），或者鼠标单击【CAD 工具条】中的【线性扫描】命令，hyperCAD 弹出【线性扫描】对话框，如图 1-64 所示。

图 1-64 线性扫描

此时，【选择】栏已经自动选择了刚才绘制的矩形曲线，并显示了曲线数量 1，如图 1-65 所示。如果在步骤 2 绘制好曲线后按下 "Esc" 键，则退出自动选择状态，需要用户手动重新选择；单击对话框【选择】栏中的【曲线】按钮，然后用鼠标左键单击矩形完成轮廓曲线的拾取。【曲线】右侧会显示拾取的曲线轮廓数量，若数量为 0，则没有拾取成功。在【高度】栏输入拉伸高度 37，并勾选对话框最下面的【带有基础】和【实体】选项。单击【确认】 按钮完成实体的拉伸。

实体创建完成后，默认处于选中状态，以橙色高亮显示。按下 "Esc" 键退出选中状态。

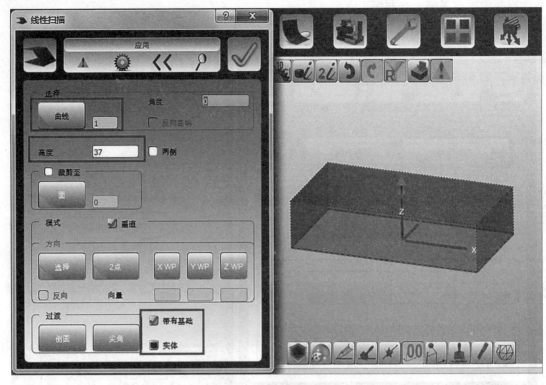

图 1-65　线性扫描对话框

步骤 4：设置新的工作平面

单击【工作平面】菜单下面的【在面上】命令，弹出【在面上】对话框，用鼠标左键单击模型的上表面，并单击【确认】 按钮，将在模型上表面中心位置建立一个新的工作平面。注意，【在面上】对话框中【在面上位置】栏的 UV 参数默认值均为 0.5，表示工作平面原点位于所选择平面的中心位置，如果在操作过程中改动了 UV 参数值，则工作平面的原点位置随之改变。如果创建的工作平面 Z 轴方向不正确，可勾选【Z 轴反向】进行调整。此时，界面右下方的【工作平面】选项卡中名称为"新建"的工作平面的位置信息将更新，该位置表示工作平面在世界坐标系下的位置，如图 1-66 所示。

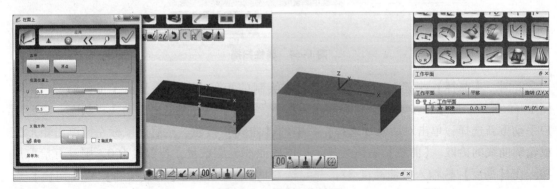

图 1-66　新建工作平面

步骤 5：挖开口槽

首先，在工作平面中心位置绘制长宽为 20 mm×100 mm 的矩形。然后单击【编辑】菜单中的【移动/复制】命令，弹出的【移动/复制】对话框。检查【选择】栏的物体是否已经被选中，如果没有则单击【物体】按钮，用鼠标选择刚刚绘制的矩形曲线。在【运动】栏中【增量】的【X】输入-55。单击【确认】按钮，矩形图形被移动到模型的 X 轴负方向侧 55 mm 距离处，如图 1-67 所示。

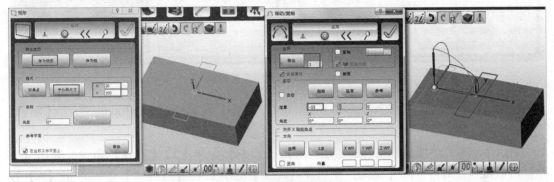

图 1-67　开放槽轮廓曲线

单击【CAD 工具】栏中的【线性扫描】按钮，对矩形草图进行拉伸操作，如图 1-68 所示。拉伸高度设置为 40，勾选【两侧】选项，则 hyperCAD 以工作平面为基准向 Z 向正向和负向同时拉伸，单边拉伸高度为 20，单击【确认】按钮完成拉伸体操作。单击【布尔】菜单下的【差异】命令，弹出【差异】对话框，对第 1 个拉伸体和第 2 个拉伸体进行求差操作，如图 1-69 所示。在对话框的【模式】栏选择【A-B】模式；在【选择栏】中，单击【A】按钮用鼠标拾取第 1 个拉伸体，然后单击【实体 B】按钮用鼠标拾取第 2 个拉伸体，实现两个体的求差操作。不要勾选【保留原有实体】选项，因为实体 B 只是作为求差的工具，无须保存。

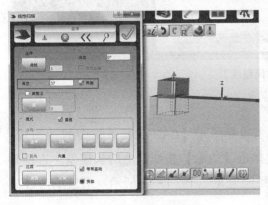

图 1-68　线性扫描拉伸实体

图 1-69　实体求差

步骤 6：挖封闭的型腔

单击【工作平面】菜单下面的【在面上】命令，弹出【在面上】对话框，重新选择模型的上表面（大的那个面）作为工作平面，并单击【确认】按钮，将工作平面移动到上表面中心位置。然后在工作平面中心位置绘制长宽为 90 mm×60 mm 的矩形，如图 1-70

所示。

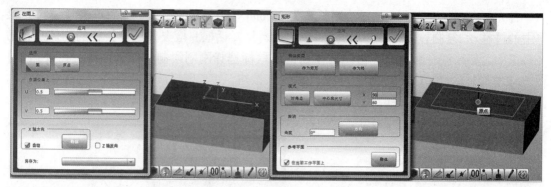

图1-70　绘制封闭型腔轮廓

使用【线性扫描】功能对矩形草图进行拉伸操作。设置高度为50 mm，勾选【两侧】选项，单击【确认】按钮完成实体的拉伸。

利用布尔求差功能实现型腔的创建。单击【布尔】菜单下的【差异】命令，弹出【差异】对话框。在对话框的【模式】栏选择【A-B】模式；在【选择栏】中，单击【A】按钮用鼠标拾取原有的拉伸体，然后单击【实体B】按钮用鼠标拾取新建的拉伸体，实现两个体的求差操作，如图1-71所示。

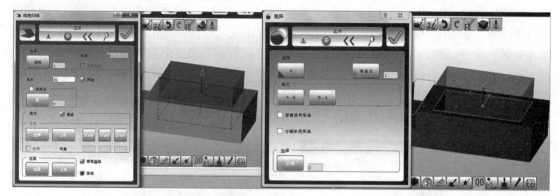

图1-71　封闭型腔

步骤7：倒圆角

单击【特征】菜单下的【圆角】命令，或者鼠标单击【CAD工具条】中的【圆角】按钮，打开【圆角】对话框。在【选择】栏单击【边缘】按钮，然后从模型中选择封闭型腔的四条棱边；在【半径】栏输入圆角半径值为8，如图1-72所示。最后单击【确认】按钮，完成圆角创建。

单击【工作平面】菜单，选择【世界坐标系】命令，将工作平面设置为世界坐标系。也可以使用快捷键"W"，即按下键盘"W"键，将工作平面设置为世界坐标系。

步骤8：更改模型颜色

鼠标框选整个模型，单击【快速工具栏】中的【颜色】按钮，弹出hyperCAD支持的所有颜色列表，选择【18 Silver】，将该模型颜色更改为银色，如图1-73所示。

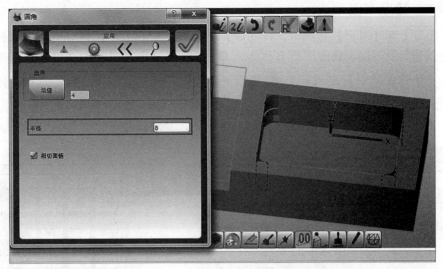

图 1-72　倒圆角

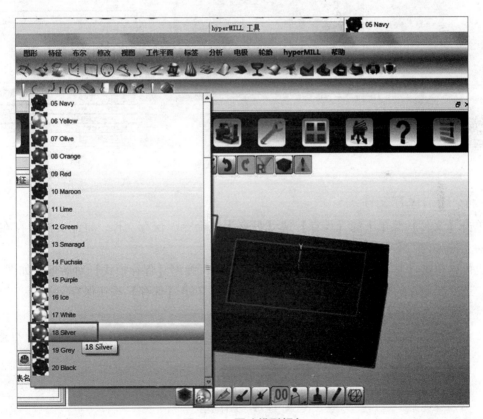

图 1-73　更改模型颜色

请注意，在 hyperCAD 中从左边到右边的框选（左框选）和从右边到左边的框选（右框选）的功能是不一样的。

左框选：只有整个几何图素（线、面）完全处于框中，该几何图素才会被选中。

右框选：只要几何元素的部分处于框中，该几何图素即被选中。

步骤 9：隐藏草图

在界面右下方【可视】选项卡，在【层】所在栏的空白处单击鼠标右键，选择【新建层】命令创建新的图层，修改图层名称为"草图"。用鼠标在模型中选择 3 条矩形轮廓曲线，单击【快速工具栏】的【层】 ![按钮] 按钮，弹出图层列表。在列表栏中选择刚刚创建的"草图"图层，则 3 条矩形轮廓曲线被移动到【草图】图层中，如图 1-74 所示。

单击【可视】栏中"草图"图层前面的灯泡使之变暗，关闭"草图"图层的显示。

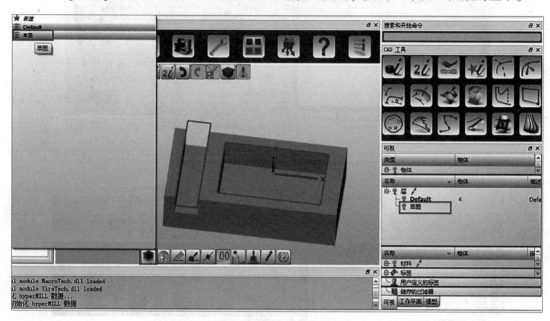

图 1-74　隐藏草图

步骤 10：保存文件

单击【文件】菜单下的【保存】或【另存为】命令，保存文件。将此文件保存在一个单独的文件夹内，本书中将此文件夹命名为"1_01"。

也可以单击【默认工具栏】中的【保存】按钮，弹出【保存模式】对话框，如图 1-75 所示。选择要保存的目录，并输入文件名"1_01"，单击【保存】按钮保存文件。

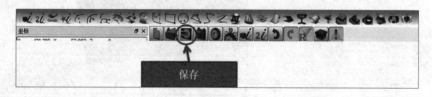

图 1-75　保存模型

保存文件时，hyperCAD 提供了多种格式，除了默认的后缀名为 .hmc 的格式以外，还支持 IGES 格式文件、STEP 格式文件、STL 格式文件等。

步骤 11：hyperMILL 工作路径设置

在菜单栏或工具栏右侧空白位置，单击鼠标左键，在弹出的快捷菜单中勾选

【hyperMILL 工具】选项，调出【hyperMILL 工具】栏。单击【hyperMILL 工具】栏的【设置】　按钮，弹出【hyperMILL 设置…】对话框，如图 1-76 所示。切换到【文档】选项卡，在【路径管理】栏选择【项目】，然后单击下方的【模型路径】按钮，将当前模型所在的文件路径作为项目路径。如图 1-76 所示，当前项目路径为桌面文件夹"1_01"。

图 1-76　设置项目路径

步骤 12：创建工单列表

如果找不到 hyperMILL 浏览器，则单击【hyperMILL 工具】栏的【浏览器】　按钮，打开 hyperMILL 浏览器。切换到【工单】选项卡，在空白部分单击鼠标右键，选择【新建】→【工单列表】命令，弹出【工单列表】对话框，如图 1-77 所示。hyperMILL 默认以"模型文件名称_序号"作为该工单列表的名称，用户也可以在【工单列表设置】选项卡的【工单列表】栏【名称】右侧输入框中进行修改。

图 1-77　创建工单列表

一个完整的工单列表，应该实现对 NCS 坐标系、零件模型和毛坯模型的定义。

1）NCS 坐标定义

单击【NCS】栏的【新建加工坐标系】按钮，弹出【加工坐标定义】对话框。在对话框中单击【对齐】栏中的【工作平面】按钮，将 NCS 坐标系与模型当前的工作平面对齐。单击【确认】按钮返回【工单列表】对话框。

2）零件模型定义

在【工单列表】对话框，切换到【零件数据】选项卡，设置零件模型和毛坯模型。

取消勾选【材料】栏的【已定义】单选框，无须进行材料设置。

勾选【模型】栏的【已定义】单选框，在【分辨率】输入框中输入 0.1，单击【新建加工区域】按钮，弹出【加工区域】对话框。在【加工区域】对话框中的模式栏选择【曲面选择】模式，在【当前选择】栏单击【重新选择】按钮，弹出【选择曲面/实体】对话框。用鼠标框选零件的所有曲面作为加工区域（全选快捷键为"A"）。然后单击【选择曲面/实体】对话框中的【确认】按钮，返回【加工区域】对话框，如图 1-78 所示。检查【当前选择】栏中【曲面】栏右侧的【已选】显示所选曲面的数量，或检查列表中的【图素】列是否显示数量，若没有则选择失败，需要重新选择。确认选择无误后，单击【加工区域】对话框下部的【确认】按钮，完成模型定义，返回【工单列表】对话框。

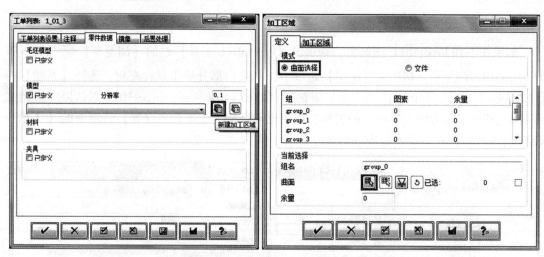

图 1-78　加工区域

3）毛坯模型定义

在【零件数据】选项卡，勾选【毛坯模型】栏的【已定义】单选框，单击【新建毛坯】按钮，弹出【毛坯模型】对话框，如图 1-79 所示。

在【模式】栏选择【几何范围】；在【几何范围】栏，选择【立方体】，取消勾选【整体偏移】，在右侧列表栏中，设置【Z+偏置】值为 1，其余方向偏置值为默认值 0；修改【分辨率】值为 0.1；然后单击【计算】按钮生成毛坯模型，结果如图 1-80 所示。图 1-80 中黑色显示表示毛坯模型，从图中可看出，毛坯模型的 Z 轴方向高出零件模型上表面 1 mm 的高度。在这里要注意，只有在单击了【计算】之后才会生成并显示毛坯模型，否则的话毛坯模型还没有生成，无法显示。确认毛坯模型正确后，单击【确认】按钮返回【工单列表】对话框。

图 1-79　毛坯设置

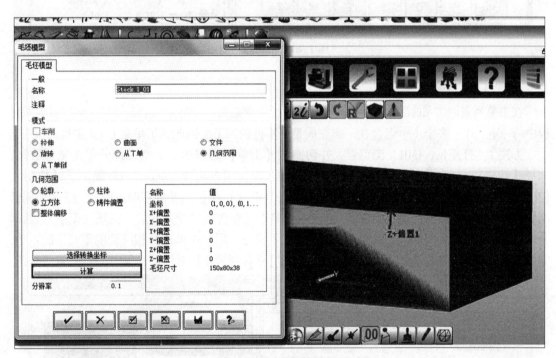

图 1-80　生成毛坯

如果毛坯模型定义错误，则在【毛坯模型】列表栏中会出现错误符号 ，提示用户毛坯模型设置错误。同样地，如果加工区域模型定义错误，也会在【模型】栏列表中出现错误符号 ，提示用户模型设置错误。用户可通过【编辑毛坯】  和【改变加工区域】  按钮对毛坯模型和加工区域模型进行修改。确认设置正确后，单击【确认】按钮，完成工单列表的创建，退出【工单列表】对话框。

新创建的工单列表"1_01"显示在 hyperMILL 浏览器的【工单】选项卡列表中。如果毛坯模型和模型设置错误，也会导致工单列表设置出现错误，如图 1-81 所示，工单列表 "1_01" 前面出现了红色错误符号 "✖"。

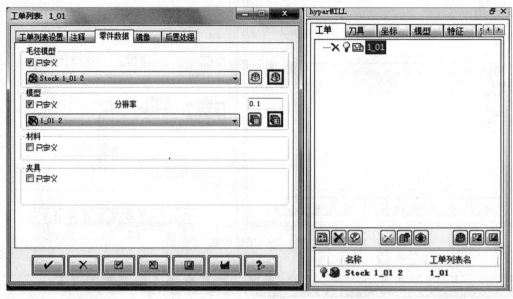

图 1-81　错误符号

步骤 13：创建工单

在工单列表创建完成后，即可开始创建工单。工单是某一种特定的加工循环，或者是加工过程中的一道工序。多个工单组合在一起完成整个零件的加工。因此，工单是 CAM 编程的核心。

方法 1：打开 hyperMILL 浏览器，并切换到【工单】选项卡。在空白部分单击鼠标右键，选择【新建】命令，hyperMILL 自动列出所有的工单供用户选择。hyperMILL 提供了【检测】、【车削】、【钻孔】、【2D 铣削】、【3D 铣削】、【3D 高级铣削】、【5 轴型腔铣削】、【5 轴曲面铣削】和【5 轴叶轮铣削】等加工策略，每一个策略中又包含很多细分的加工循环（工单）。这部分内容将在本书的后面章节予以详细介绍，在此不赘述。用户可以选择相应铣削策略下的工单，完成工单的创建；或者选择【工单】命令，弹出【选择新操作】对话框（见图 1-82）进行选择。

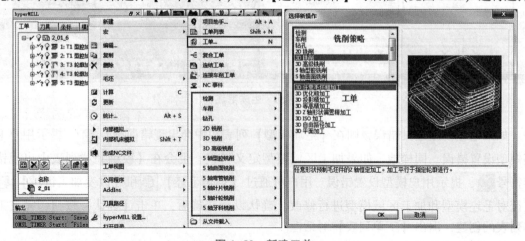

图 1-82　新建工单

方法 2：单击【hyperMILL 工具】栏中的【工单】命令，弹出【选择新操作】对话框选择相应的工单，如图 1-83 所示。

图 1-83　工单按钮

例如，选择【2D 铣削】→【型腔加工】命令，创建【型腔加工】对话框。直接单击【确认】 按钮，完成 2D 型腔加工的创建，如图 1-84 所示。因为该工单内部参数没有设置，所以工单前面有一个错误符号"✗"，先不去管这个符号，后面会讲到。新创建的工单会在【工单】选项卡显示，hyperMILL 会根据工单的创建时间进行排序，用户也可以自己进行调整。

图 1-84　工单创建完成

鼠标左键双击工单，或者选择该工单后用鼠标右键选择【编辑】命令，即可重新打开工单编辑对话框，即可对该工单进行编辑。

总　结

本章首先对 hyperCAD 软件的界面、操作以及建模方式进行了介绍，这些功能是能够进行 CAM 编程的基础，然后重点介绍了 hyperMILL 模块的基本功能，主要包括 hyperMILL 浏览器、分析工具、基本设置以及工单与工单列表、刀具创建等内容。关于 hyperMILL 各个功能的详细介绍和具体应用将在后续各个章节逐渐展开。

2D 铣削策略与直壁类零件加工案例

任务目标

本项目通过一个简单的直壁类零件的加工编程案例，学习 hyperMILL 软件 2D 铣削策略中最常用的型腔加工和轮廓加工的基本参数设置，并掌握直壁类零件的粗加工和精加工方法。

知识目标

(1) 理解 2D 铣削策略的刀具路径计算原理；

(2) 理解和掌握工单列表中 NCS 坐标系参数；

(3) 理解和掌握工单列表中模型（加工区域）和毛坯模型参数；

(4) 理解和掌握 2D 策略中轮廓参数；

(5) 理解和掌握 2D 策略中退刀模式和安全平面参数；

(6) 理解和掌握 2D 策略中进退刀参数的设置；

(7) 理解和掌握 2D 型腔加工中的加工模式；

(8) 理解和掌握 2D 型腔加工中的加工优先顺序参数；

(9) 理解和掌握 2D 轮廓加工中的刀具位置侧参数。

技能目标

(1) 掌握 2D 铣削策略中型腔加工的应用；

(2) 掌握 2D 铣削策略中轮廓加工的应用；

(3) 掌握直壁类零件的粗加工和精加工的基本方法；

(4) 掌握 hyperMILL 软件的后置处理方法。

素养目标

(1) 培养认真、负责、科学的工作态度；

(2) 强化严谨细致、一丝不苟的工作精神；

(3) 提高 CAM 操作的规范性职业素养。

任务导入

直壁类零件是指以某个坐标轴为参考方向（如 Z 轴），模型中只包含水平面和垂直于水平面的竖直面，同时可以包含或不含圆角面。本章以图 2-1 所示的直壁类零件模型为例，讲解 2D 铣削策略中型腔加工和轮廓加工的基本参数设置。该模型只包含 1 个开放的型腔，1 个封闭的型腔，其中型腔底面为平面，型腔侧壁为垂直于底面的竖直面。

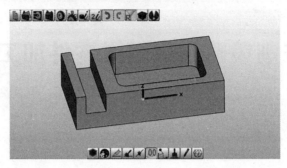

图 2-1 直壁类零件模型

任务要求

（1）正确设置项目路径；
（2）建立工单列表，确定加工坐标系、加工区域和毛坯模型；
（3）分析模型，确定加工用的刀具和工艺参数；
（4）运用型腔加工完成该模型的粗加工编程；
（5）运用型腔加工和轮廓加工完成该模型的精加工编程；
（6）对粗加工和精加工进行模拟仿真；
（7）通过后置处理生成加工程序。

2D 铣削策略是通过零件的 2D 模型（即点和线）来计算刀具运动轨迹。不同版本中，2D 铣削策略中包含的工单会有所不同。以 hyperMILL 2018.1 为例，2D 铣削策略一共包含型腔加工、轮廓加工、基于 3D 模型的轮廓加工、基于 3D 模型的 T 形槽刀加工、基于 3D 模型的倒角加工、倾斜轮廓、倾斜型腔、矩形型腔、残料加工、端面加工、回放加工和下插铣削，共计 11 个工单。在这 11 个工单中，型腔加工和轮廓加工是 2D 铣削策略中最核心、也是最常用的 2 个工单，其余 9 个工单基本上是在型腔加工和轮廓加工基础上进一步发展起来的。因此，只要掌握了型腔加工和轮廓加工，那么剩余的工单就很容易通过自学完成。

知识点 2.1　2D 铣削型腔加工

2D 铣削的型腔加工适用于直壁类零件的粗加工，也可用于平面的精加工。

单击【hyperMILL】菜单下的【工单】命令，或者【hyperMILL 工具】栏中的 按钮，弹出【选择新操作】对话框，依次选择【2D 铣削】和【型腔加工】，单击【OK】 **OK** 按钮，即可进入【型腔加工】对话框，如图 2-2 所示。

图 2-2 2D 铣削型腔加工

【型腔加工】对话框包含【刀具】、【轮廓】、【策略】、【参数】、【进退刀】、【设置】等选项卡，如图 2-3 所示。

2.1.1 刀具选项卡

【刀具】选项卡主要用于设置型腔加工中所使用的 NC 刀具以及加工坐标系，主要包括【刀具】栏和【坐标】栏。

1. 刀具栏

【刀具】栏主要用于选择用于编程的 NC 刀具，设置和编辑刀具的几何参数和工艺参数。

1）选择已创建的 NC 刀具

鼠标单击【刀具】栏的刀具类型（第一个）下拉列表中，列出型腔加工所支持的所有刀具类型，如图 2-4 所示，型腔加工支持三种刀具类型，分别是球头刀、立铣刀和圆鼻铣刀。

鼠标单击【刀具】栏的刀具型号（第二个）下拉列表，列出当前刀具类型下所有已经创建的刀具。

通过下列这两个列表，可以选择所需要的刀具类型和刀具型号。

2）新建和编辑刀具

如果列表中没有相应的刀具，则可以新建一把刀具。

在新建刀具时，首先需要在刀具类型下拉列表选择要新建的刀具类型，如立铣刀，然后

图 2-3　刀具选项卡

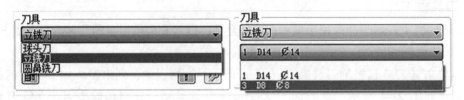

图 2-4　选择刀具

单击【新建刀具】按钮，弹出【编辑 端刀（公制）】对话框，在完成相关几何参数和工艺参数的设置后，单击【确认】按钮完成刀具创建。新创建的刀具默认为当前使用的 NC 刀具。

　　单击【编辑刀具】按钮，软件再次弹出【编辑 端刀（公制）】对话框，用户可对当前 NC 刀具的名称、几何参数和工艺参数进行修改。

　　3）从刀具数据库中选择刀具

　　单击【从刀具库中选择刀具】按钮，可打开【选择 NC-刀具】对话框，用户可从刀具数据库中选择 NC 刀具作为型腔加工的 NC 刀具。

2. 坐标栏

【坐标】栏用于设置计算刀具路径时所参考的坐标系统，软件支持 3 种坐标系，分别是 Frame 坐标系、NCS 坐标系和 WCS 坐标系，如图 2-5 所示。

WCS 坐标系是 hyperCAD 软件模型空间的世界坐标系，该坐标是唯一的。

NCS 坐标系是在工单列表中创建的加工坐标系，默认名称为 "NCS 工单列表名称"。

Frame 坐标系是定轴加工时，用于计算刀具摆向和 G54 坐标系相对关系的坐标，默认名称为 "Frame_序号"。

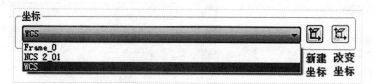

图 2-5 坐标类型

单击右侧的【新建坐标】按钮，弹出【加工坐标定义】对话框，可创建新的 Frame 坐标系。

单击右侧的【改变坐标】按钮，弹出【加工坐标定义】对话框，可对当前的 Frame 坐标进行修改。

注意：该处【新建坐标】和【改变坐标】只能对 Frame 坐标进行新建和编辑，NCS 坐标系只能在工单列表中进行创建和编辑。

2.1.2 轮廓选项卡

【轮廓】选项卡用于定义加工轮廓、轮廓的垂直加工区域和一些特定轮廓参数。轮廓限定了型腔加工在 X-Y 方向上的加工范围。轮廓选项卡由【轮廓选择】、【轮廓属性】、【下切点】和【优化】4 个部分组成，如图 2-6 所示。

1. 轮廓选择栏

【轮廓选择】栏用于选择和编辑轮廓，包含【重新选择】 和【编辑选择】 两个按钮，如图 2-7 所示。

单击【重新选择】按钮，软件将清空已经选择的轮廓，并弹出【选择闭合轮廓线】对话框，重新开始选择轮廓曲线。轮廓线必须是闭合的，不能有开口或者交叉。

单击【编辑选择】按钮，弹出【选择闭合轮廓线】对话框，可对该条轮廓进行修改，删除部分曲线或增加部分曲线。

【轮廓】栏的右侧，记录了已选择的轮廓线数量。

2. 轮廓属性栏

【轮廓属性】栏用于查看和设置轮廓的垂直加工范围、下切点和开放区域等属性，如

图 2-6 轮廓选项卡

图 2-7 轮廓选择栏

图 2-8（a）所示。属性栏的列表中列出当前已经选择的轮廓线及其相关的属性参数。

1）顶部和底部

【顶部】和【底部】栏用于设置轮廓线在 Z 轴方向上的加工起始高度位置和终止高度位置，如图 2-9 所示。

鼠标左键单击【顶部】右侧的【点选】按钮，弹出【选择顶部】对话框，在模型中拾取点，软件自动计算该点在绝对（工单坐标）下的高度坐标，作为顶部位置，并将坐标数

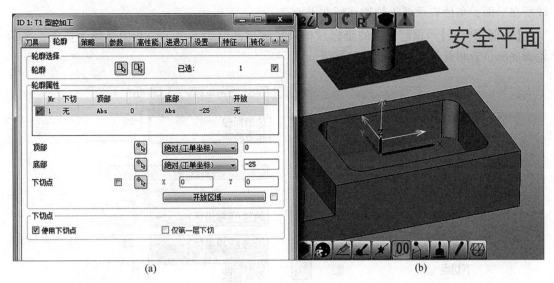

图 2-8　轮廓属性栏

图 2-9　顶部和底部

值写入右侧的对话框中。

　　鼠标左键单击【底部】右侧的【点选】按钮，弹出【选择底部】对话框，在模型中拾取点，软件自动计算该点在绝对（工单坐标）下的高度坐标，作为顶部位置，并将坐标数值写入右侧的对话框中。

　　如图 2-8（b）所示，轮廓曲线为封闭槽的闭合曲线，蓝色曲线表示轮廓的顶部位置（在工单坐标下值为 0），绿色曲线表示轮廓的底部位置（在工单坐标下值为 -25）。

　　2）坐标模式

　　在设置轮廓的顶部时，有【绝对（工单坐标）】、【轮廓顶部】、【轮廓底部】3 种坐标模式（见图 2-10）。

　　【绝对（工单坐标）】：顶部位置的坐标数值以工单坐标（NCS 坐标）为参考，数值表示底部位置在工单坐标下的坐标值。

　　【轮廓顶部/底部】：顶部位置的坐标数值以轮廓线所在高度为参考，正值表示高于轮廓线所在平面，负值表示低于轮廓线所在平面。

　　在设置轮廓的底部时，有绝对（工单坐标）、轮廓顶部、轮廓底部、顶部相对值 4 种坐标模式。

　　【绝对（工单坐标）】：底部位置的坐标数值以工单坐标（NCS 坐标）为参考，数值表示底部位置在工单坐标下的坐标值。

　　【轮廓顶部/底部】：底部位置的坐标数值以轮廓线所在高度为参考，正值表示高于轮廓线所在平面，负值表示低于轮廓线所在平面。

【顶部相对值】：顶部位置的坐标数值以轮廓顶部值为参考，该数值必须为负值，表示轮廓底部位置相对于轮廓顶部的偏移值。

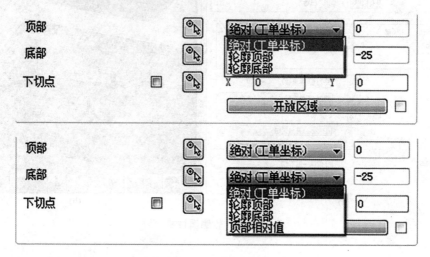

图 2-10　坐标模式

注意：设置轮廓垂直加工范围时，底部位置不得高于顶部位置，否则会报错。如图 2-11 所示，底部位置高于顶部位置，顶部和底部坐标数值框以红色显示，同时轮廓属性栏中，该轮廓提示错误（红色"✖"符号）。

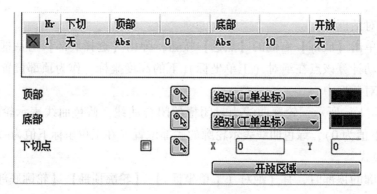

图 2-11　轮廓设置错误

3）下切点

【下切点】用于定义刀具的下刀位置。勾选【下切点】右边的单选框后，可以对下切点进行设置。设置方式有两种，一种是直接在【X】和【Y】输入框中输入下切点的 X 轴和 Y 轴的坐标（NCS 坐标），另一种是单击【点选】按钮，在模型中直接拾取下切点，如图 2-12 所示。

图 2-12　设置下切点

4）开放区域

【开放区域】用于设置轮廓的开放区域是没有材料需要切除的，可以用于刀具切入。如图 2-13 所示，该型腔的右侧是没有材料的，也就是开放区域。在加工该型腔时，需要将型腔右侧的轮廓线设置为开放区域，这样可以直接从右侧进刀。

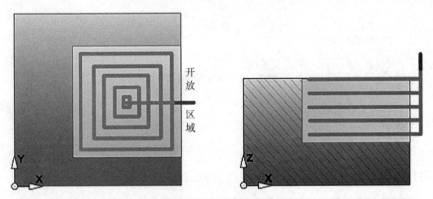

图 2-13　开放区域

鼠标左键单击【开放区域】按钮，弹出【开放区域】对话框，在该对话框中，可单击【通过三点增加】或【通过曲线增加】按钮，直接在模型中选取相应的轮廓线作为开放区域，如图 2-14 所示。

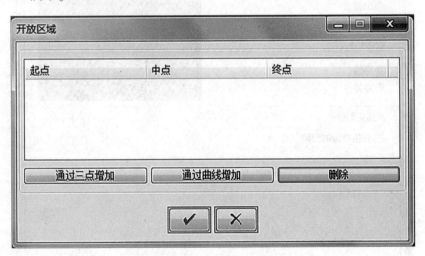

图 2-14　设置开放区域

3. 下切点栏

勾选【使用下切点】左侧的单选框，激活下切点。不勾选该单选框，轮廓属性栏中设置的下切点不激活，如图 2-15 所示。

图 2-15　激活下切点

4. 优化栏

激活【轮廓排序】选项，软件将根据各情况下的最短距离排序型腔轮廓之间的横向运动，如图 2-16 所示。该选项用于多个轮廓的情况下，将优化轮廓之间的移动路径，使刀具在各个轮廓直接切换时的路径最短。

图 2-16　优化轮廓排序

2.1.3　策略选项卡

【策略】选项卡用于设定加工策略，即刀具的切削路径的计算策略。该选项卡由【加工模式】、【路径方向】和【自适应型腔】组成，如图 2-17 所示。

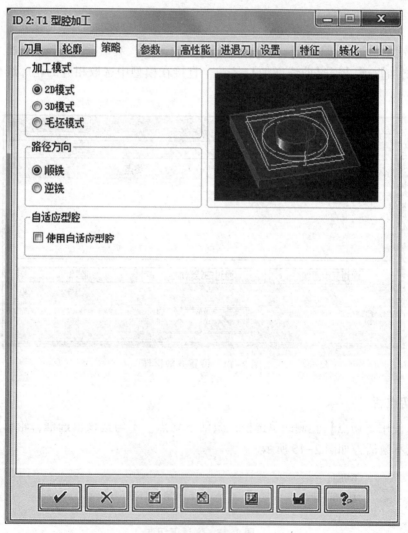

图 2-17　策略选项卡

1. 加工模式

【2D 型腔加工】的加工模式包含 3 个策略，分别是【2D 模式】、【3D 模式】和【毛坯模式】。

【2D 模式】：使用模型的 2D 数据（即模型的点和线）计算刀具路径，2D 数据是指模型的点和线，没有实体的概念。在【2D 模式】下，模型实体不参与计算，无须设置毛坯和加工区域，因此也没有实体保护。如果参数设置错误，容易出现过切的现象。

【3D 模式】：使用模型的 3D 数据（即实体模型）计算刀具路径。该模式必须设置零件的毛坯和加工区域，否则无法计算刀具路径。由于实体模型参与计算，因此具有模型碰撞检测功能，刀具路径不会出现过切。

【毛坯模式】：在此模式中，最外边的轮廓被定义为毛坯截面轮廓，而落在里面的轮廓则被看成岛屿。刀具路径总是由外向内进行的。该模式不常用。

2. 路径方向

路径方向是指刀具在加工型腔时的切削前进方向，分为顺时针方向和逆时针方向。

如果选择顺铣，铣刀旋转切入工件的方向与工件的进给方向相同。当刀具为顺时针旋转时，加工型腔轮廓时采用顺时针路径，加工凸台轮廓时采用逆时针路径。

如果选择逆铣，铣刀旋转切入工件的方向与工件的进给方向相反。当刀具为顺时针旋转时，加工型腔轮廓时采用逆时针路径，加工凸台轮廓时采用顺时针路径。

3. 自适应型腔

自适应型腔只在 2D 模式和毛坯模式下才被激活。

勾选【使用自适应型腔】单选框，可优化的矩形型腔（可带圆角）的加工刀具路径，根据刀具直径对比型腔的比例，hyperMILL 将自动计算最有效的切削路径去除材料。

激活自适应型腔后，单击右侧的【自适应型腔参数】按钮，弹出【自适应型腔参数】对话框，如图 2-18 所示。在该对话框中，可以单独设置标准的进给速度和满刀切削时的进给速度。进给速度可以直接指定一个速度值（如 2 000 mm/min），或者指定与刀具进给速度（J：Fr）一定关系的数学公式［如 0.8 倍的刀具进给速度：0.8（J：Fr）］。

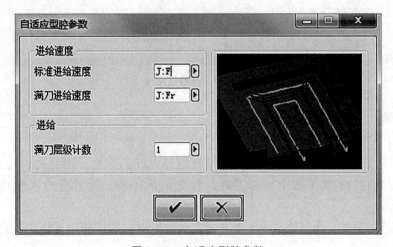

图 2-18 自适应型腔参数

2.1.4 参数选项卡

【参数】选项卡主要用于定义一些加工参数,由【进给量】、【安全余量】、【退刀模式】、【安全】和【刀具路径倒圆角】组成,如图 2-19 所示。

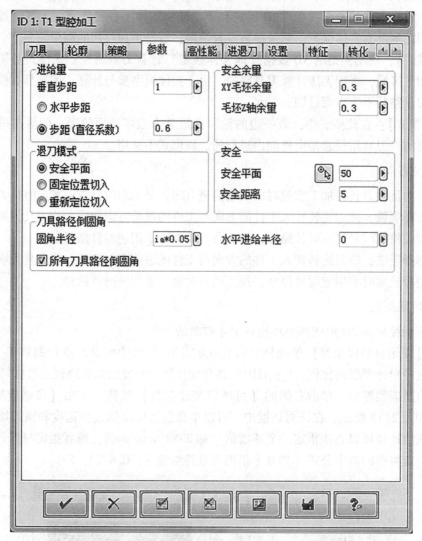

图 2-19 参数选项卡

1. 进给量

【进给量】栏主要用于设置刀具的垂直步距和水平步距,如图 2-20 所示。

垂直步距是刀具在 Z 方向上相邻两层刀具路径之间的距离,即刀具的每刀切削深度。水平步距是刀具在 XY 水平面上相邻刀具路径之间的距离,及刀具的水平切削进给,如图 2-20 所示。

【垂直步距】设置:在【进给量】栏中,【垂直步距】的右侧输入框中,直接输入步距值,单位为 mm。

【水平步距】的设置有两种模式,分别是【水平步距】和【步距(直径系数)】。

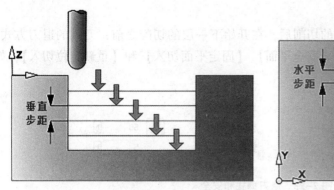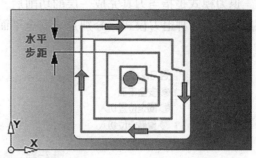

图 2-20 步距的含义

【水平步距】：与垂直步距设置一样，勾选【水平步距】选项，并在其右侧输入框中输入步距数值，单位 mm，如图 2-21（a）所示。

【步距（直径系数）】：勾选【步距（直径系数）】选项，在右侧的输入框中输入直径系数，该系数没有单位，数值必须为 0~1 直径。该系数表示当前水平步距为刀具直径的倍数，如图 2-21（b）所示，数值 0.6 表示水平步距为刀具直径的 0.6 倍，即刀具直径的 60%。

注意，在毛坯模式下，步距（直径系数）值不得大于 0.5。

图 2-21 设置步距

2. 安全余量

安全余量是型腔加工完成后零件的剩余材料的厚度，即加工余量。

在【安全余量】栏有两个参数，分别是【XY 毛坯余量】和【毛坯 Z 轴余量】，如图 2-22 所示。

【XY 毛坯余量】用于设置两种在 X 和 Y 方向上的加工余量。

【毛坯 Z 轴余量】用于设置零件在 Z 轴方向上的加工余量。

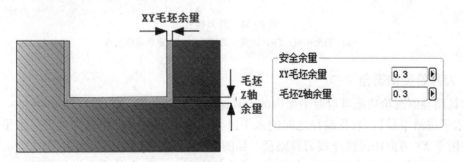

图 2-22 加工余量

3. 退刀模式和安全

退刀模式是指当刀具完成一层的切削后，在开始下一层的切削之前，刀具的退刀方式。型腔加工有 3 种退刀模式，分别是【安全平面】、【固定平面切入】和【重新定位切入】，如图 2-23 所示。

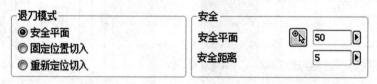

图 2-23　退刀模式和安全

1）安全平面

刀具在完成一个平面加工后，沿 Z 轴正向抬刀到安全平面位置，然后重新进刀铣削下一层平面。安全平面位置通过【安全】栏中的【安全平面】进行设置，如图 2-23 所示，安全平面高度为 50 mm，即高于 NCS 坐标系的 XY 平面 50 mm。

2）固定位置切入

刀具在完成一个平面加工后，沿 Z 轴正向抬刀安全距离高度（相对值），然后重新进刀铣削下一层平面。安全距离高度通过【安全】栏中的【安全平面】进行设置。如图 2-23 所示，安全距离值为 5 mm。

固定位置切入抬刀距离短，时间更少，有利于缩短加工时间。

3）重新定位切入

刀具在完成一个平面加工后，不抬刀，直接进刀铣削下一层平面。

退刀模式如图 2-24 所示。

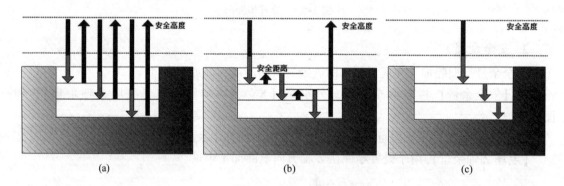

(a)　　　　　　　　　　(b)　　　　　　　　　　(c)

图 2-24　退刀模式
（a）安全平面；（b）固定位置切入；（c）重新定位切入

4. 刀具路径倒圆角

刀具路径倒圆角功能可以对平面内的刀具路径做平滑处理，如图 2-25 所示。

【水平进给半径】：刀具路径之间的水平进给以水平进给半径作修圆处理。水平进给半径主要用于 XY 方向用圆弧连接刀具路径，如图 2-26（a）所示。

【圆角半径】：用指定的半径对切削刀具路径内方向上的突然变化做修圆处理。简而言之，就是对一些尖角的刀具路径做圆角连接，如图 2-26（b）所示。

【所有刀具路径倒圆角】：模型的轮廓内角都经过上述倒圆半径修圆处理，结果是加工轮廓与模型轮廓在内角处有所不同。当激活【所有刀具路径倒圆角】时，型腔的最外层切削刀具路径的尖角处也用圆弧过渡，这会使刀具路径与轮廓形状不一致，可能产生切削残留，如图 2-26（c）所示。

图 2-25 刀具路径倒圆角

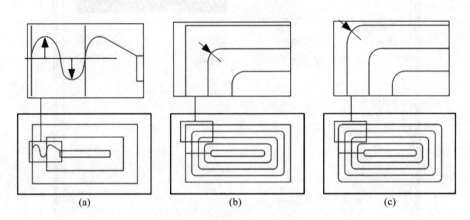

图 2-26 刀具路径倒圆角示例

（a）水平进给半径；（b）圆角半径；（c）所有刀具路径倒圆角

2.1.5 进退刀选项卡

【进退刀】选项卡用于对刀具切入材料（进刀）和切出材料（退刀）的运动进行设置。在不同的加工模式下，该选项卡的设置参数是不同的。

1. 2D 模式下的进退刀选项卡

在【2D 模式】下，可对刀具下切时的进刀方式和退刀方式进行设置。其中【退刀】模式包括【无】、【垂直】和【圆】3 种；下切进退刀包括【无】、【斜线】和【螺旋】3 种，如图 2-27 所示。

1）退刀

【无】：即没有特殊的退刀路径，直接沿着 Z 轴正方向抬刀，如图 2-28（a）所示。

【垂直】：退刀路径垂直于最后一个切削路径，需要设置【长度】参数，作为退刀路径的长度值，如图 2-28（b）所示。

【圆】：退刀路径为圆弧形状，并和最后一个切削路径相切，需要设置【半径】参数，即退刀圆弧的半径值，如图 2-28（c）所示。

2）下切进退刀

【无】：即没有特殊的进刀路径，直接沿着 Z 轴负方向切入材料，如图 2-29（a）所示。

【斜线】：以折线刀具路径切入材料，需要设置【角度】参数，作为下切的倾斜角度，

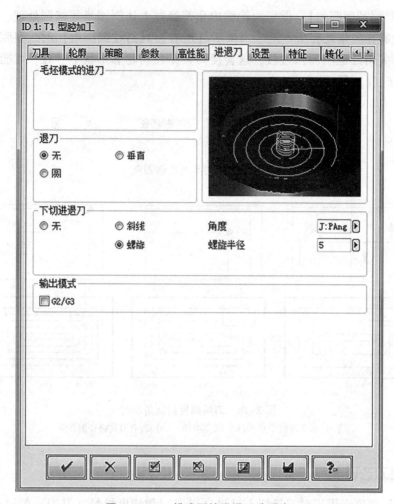

图 2-27　2D 模式下的进退刀选项卡

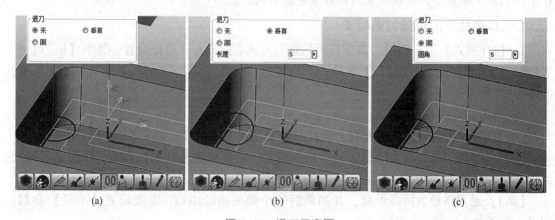

图 2-28　退刀示意图

如图 2-29（b）所示。

　　【螺旋】：以螺旋运动方式切入材料，需要设置【角度】和【螺旋半径】参数，作为螺旋刀具路径的下插角度和螺旋半径，如图 2-29（c）所示。

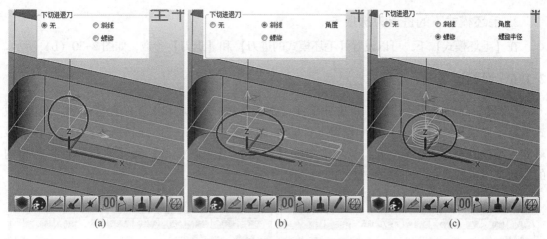

(a) (b) (c)

图 2-29　下切进退刀示例

3）输出模式

激活【G2/G3】，则输出 G2/G3 代码格式的进刀和退刀运动，否则输入 G1 代码格式的进刀和退刀运动。

该参数只有在【下切进退刀】设置为【螺旋】时才被激活。

2. 3D 模式下的进退刀选项卡

在【3D 模式】下，只能设置【下切进退刀】的参数，退刀参数由软件算法自动设置，如图 2-30（a）所示。

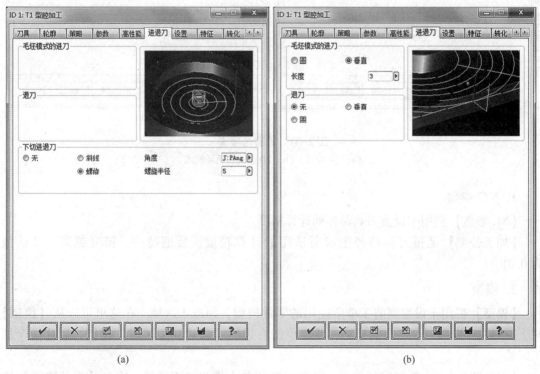

(a) (b)

图 2-30　进退刀选项卡

（a）3D 模式进退刀选项卡；（b）毛坯模式进退刀选项卡

3. 毛坯模式下的进退刀选项卡

在【毛坯模式】下，可以设置【毛坯模式的进刀】和【退刀】参数，如图 2-30（b）所示。

2.1.6 设置选项卡

【设置】选项卡用于设置工单中的零件（加工区域）、毛坯和干涉检查等参数。在 3D 模式策略下，需要在【模型】栏中设置零件的加工区域，如图 2-31（a）所示；在 2D 模式策略和毛坯模式策略下，【设置】选项卡里的【模型】、【毛坯模型】和【刀具检查】等栏内的参数是不能设置的，如图 2-31（b）所示。

(a)   (b)

图 2-31　设置选项卡

(a) 3D 模式；(b) 2D 模式和毛坯模式

1. NC 参数

【NC 参数】栏用于设置刀具路径的计算精度。

【加工公差】是指刀具路径生成所适用的计算精度，数值越小，精度越高。默认值为 0.01。

2. 模型

【模型】栏用于设置当前工单所使用的零件模型，即加工区域。在这里可以从【模型】栏下拉列表中选择一个已有的模型，或者单击右边的【新建加工区域】按钮，创建一个加工区域。

【附加曲面】：在模型的基础上，添加附加的曲面作为加工区域。单击【重新选择】按钮，选取模型中的面作为附加曲面，单击【编辑选择】按钮，可对已有的附加曲面进行编辑。

3. 毛坯模型

【毛坯模型】栏用于设置当前工单所使用的毛坯模型。

【可用毛坯】：若勾选该单选框，则可为型腔加工设置一个毛坯模型。

4. 刀具检查

【检查打开】：勾选该单选框，则在计算刀具路径时，会检查刀具和零件的干涉，避免刀具路径产生过切以及刀具和机床设备的干涉。

知识点 2.2 2D 铣削轮廓加工

2D 轮廓加工铣削带有轮廓补偿功能的封闭和开放轮廓，可用于直壁类零件的侧壁加工。

鼠标左键单击【hyperMILL】菜单下的【工单】命令，或者【hyperMILL 工具】栏中的 按钮，弹出【选择新操作】对话框，依次选择【2D 铣削】和【轮廓加工】；单击【OK】按钮，即可进入【轮廓加工】工单对话框，如图 2-32 所示。

图 2-32 轮廓加工

2.2.1 刀具选项卡

【轮廓加工】的【刀具】选项卡功能与型腔加工基本一致，不同之处在于，【轮廓加工】支持的刀具类型更加丰富，包括【球头刀】、【立铣刀】、【圆鼻铣刀】、【倒角刀】和

【T 型槽刀】，如图 2-33 所示。

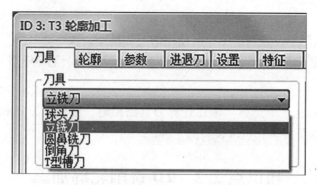

图 2-33　轮廓加工刀具类型

2.2.2　轮廓选项卡

【轮廓】选项卡包含【轮廓选择】和【轮廓属性】两个栏，其基本的功能和操作与型腔加工是一致的，如图 2-34 所示。不同之处在于，在【轮廓加工】选项卡中，新增了【起点】、【终点】和【反向】这 3 个轮廓属性。

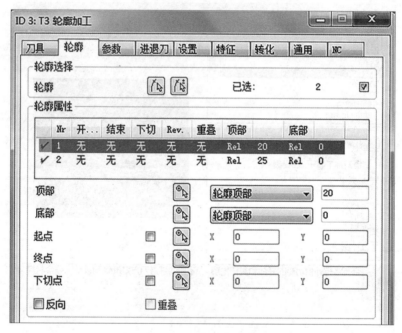

图 2-34　轮廓选项卡

【起点】：该点为轮廓线指定加工的起始位置。只有在勾选【起点】右侧的单选框后才被激活。输入方式为通过【点选】 按钮在模型中选取或直接输入坐标值。

【终点】：该点为轮廓线指定加工的结束位置。只有在勾选【终点】右侧的单选框后才被激活。输入方式为通过【点选】 按钮在模型中选取或直接输入坐标值。【终点】和【起点】配合使用，可以控制所选轮廓的加工范围。

【反向】：在默认设置情况下，刀具加工进给方向和所选的轮廓的方向一致，如果勾选此选项，则刀具加工的进给方法相反。

2.2.3　参数选项卡

　　【参数】选项卡定义刀具的进给、刀具位置和安全余量等参数，如图 2-35 所示。与型腔加工的【参数】选项卡相比，除了基本的【进给量】、【安全余量】和【退刀模式】外，还增加了【刀具位置】、【路径补偿】和【选项】等参数。

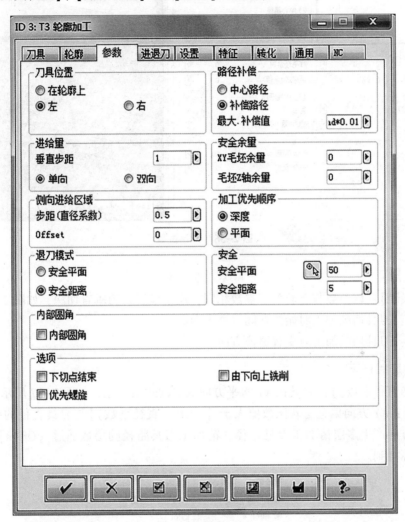

图 2-35　参数选项卡

1. 刀具位置

　　刀具位置用于控制刀具在轮廓的位置侧。在 2D 模式轮廓加工中，是没有模型保护的，因此必须准确设置刀具在轮廓的位置侧，才能保护材料不过切。

　　【刀具位置】选项卡包含 3 种，分别是【左】、【右】和【在轮廓上】。

　　【在轮廓上】表示刀具中心刚好位于轮廓线上。

　　【左】表示刀具位于刀具进给方向的左侧，刀具边缘与轮廓相切。

　　【右】表示刀具位于刀具进给方向的右侧，刀具边缘与轮廓相切。

在选择刀具位置时，模型视图里用不同颜色的箭头提示刀具的位置和刀具进给方向。如图 2-36 所示，蓝色箭头表示刀具加工时的进给方向，红色箭头表示刀具所在的位置。

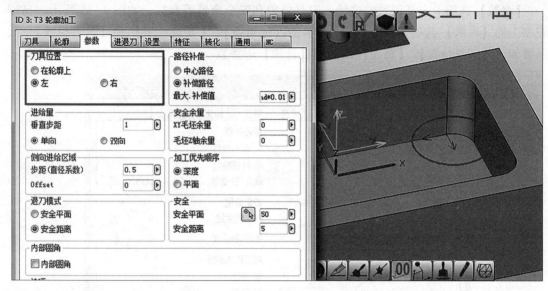

图 2-36　刀具位置

2. 进给量

【垂直步距】：该参数与型腔加工参数相同，用于设置每刀垂直切深，如图 2-37 所示。

【单向】：刀具切削加工时始终在同一个方向。

【双向】：刀具切削加工时交替更换方向。

3. 侧向进给区域

【步距（直径系数）】：刀具在 XY 水平方向的侧向进给步距，如图 2-37 所示。

【Offset】：XY 方向偏置。若该数值大于【步距（直径系数）】与刀具直径的乘积，则刀具将在 XY 方向产生多层精加工刀具路径。精加工刀具路径的层数通过【Offset】偏置值和【步距】计算得到。

图 2-37　进给量和侧向进给区域

4. 安全余量

【安全余量】栏用于设置【XY 毛坯余量】和【毛坯 Z 轴余量】。此参数的设置与型腔加工是完全一致的，此处不再赘述。

5. 路径补偿

当实际刀具加工时出现磨损，导致实际刀具半径小于编程时的半径时，需要对刀具路径进行补偿。一般来说，这一功能是通过机床控制器实现的。如果机床控制器不支持刀具补偿功能，则可以使用路径补偿来实现，如图 2-38 所示。

图 2-38　路径补偿

【中心路径】：勾选该选项，不对刀具路径进行补偿。

【补偿路径】：勾选该选项，对刀具路径进行补偿，刀具半径补偿值在【最大．补偿值】中设置。

【最大．补偿值】：用于设置刀具半径补偿值，默认值为刀具半径值×0.01。

6. 加工优先顺序

当存在多个独立的型腔时，用于确定多个独立型腔的加工方式和顺序。【加工优先顺序】栏有两个选项，分别是【深度】模式和【平面】模式，如图 2-39 所示。对于两个独立型腔的加工来说，这两个选项对应的刀具路径从表面看是相似的，但是实际上它们的加工顺序完全不同。

【深度】：在【深度】模式下，刀具首先完成型腔 1 的侧壁加工，然后退刀到安全高度，再移动的型腔 2 位置完成型腔 2 的加工；而在型腔 1 和型腔 2 的加工过程中，刀具完成层切后刀具只退到安全距离 5 mm 处；该方法抬刀较少。

【平面】：在【平面】模式下，刀具将会同时逐层铣削型腔 1 和型腔 2 的侧壁，在每一次型腔切换过程中均需要退刀到安全平面 50 mm 高度处；抬刀较多。

图 2-39　优先加工顺序

7. 退刀模式与安全

【安全平面】：退刀方式与型腔加工中的【安全平面】相同。刀具在完成一个平面加工后，沿 Z 轴正向抬刀到安全平面位置，然后重新进刀铣削下一层平面。

【安全距离】：退刀方式与型腔加工中的【固定位置切入】相同。刀具在完成一个平面加工后，沿 Z 轴正向抬刀一个安全距离高度（相对值），然后重新进刀铣削下一层平面，如图 2-40 所示。

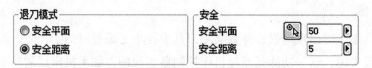

图 2-40 退刀模式与安全

8. 内部圆角

【内部圆角】：轮廓型腔或岛屿的内部加工路径进行光滑修圆处理，并以较低的进给率加工内部圆角，如图 2-41 所示。

9. 选项

【下切点结束】：控制刀具路径在轮廓的切入点结束加工。如需启用该功能，必须要先在轮廓选项卡定义切入点，如图 2-41 所示。

图 2-41 内部圆角和选项

【由下向上铣削】：刀具在加工时由下向上铣削。

【优先螺旋】：加工型腔时优先采用螺旋线刀具路径进行铣削。

2.2.4 进退刀选项卡

【进退刀】选项卡用于对刀具切入材料（进刀）和切出材料（退刀）的运动进行设置。【进退刀】选项卡有 5 栏，分别是【进刀】、【退刀】、【轮廓延伸】、【进退刀位置】和【进刀进给率】，如图 2-42 所示。

【进刀】栏和【退刀】栏均有 4 个选项，分别是【垂直】、【切线】、【四分之一圆】和【半圆】，如图 2-43 所示。

1. 进刀/退刀

【垂直】：进/退刀的运动路径垂直于轮廓切线，需要输入【长度】参数，作为进/退刀具路径的长度。

【切线】：进/退刀的运动路径在轮廓的切线上，需要输入【长度】参数，作为进/退刀具路径在切线上的长度。

【四分之一圆】：进/退刀的运动路径为与轮廓相切的 1/4 圆，需要输入【圆角】和【进退刀延伸】参数，作为圆弧半径值和圆弧半径在切削路径上相切的切线长度。

【半圆】：进/退刀的运动路径为与轮廓相切的半圆，需要输入【圆角】参数，作为圆弧半径。

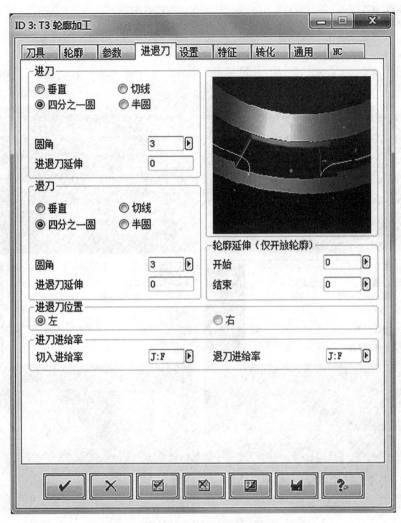

图 2-42 进退刀选项卡

2. 轮廓延伸

对于开放轮廓而言，可以通过轮廓延伸来延长实际的加工范围，使实际加工范围超过所选择的轮廓线长度。

【开始】：在轮廓线的起点位置向外延长轮廓，需要输入具体的延伸长度，如图 2-44 所示。

【结束】：在轮廓线的终点位置向外延长轮廓，需要输入具体的延伸长度，如图 2-44 所示。

3. 进刀进给率

该栏用于单独设置刀具的进刀和退刀时的进给率，如图 2-45 所示。

【切入进给率】：设置刀具在切入材料时的进给率。

【退刀进给率】：设置刀具在切出材料时的进给率。

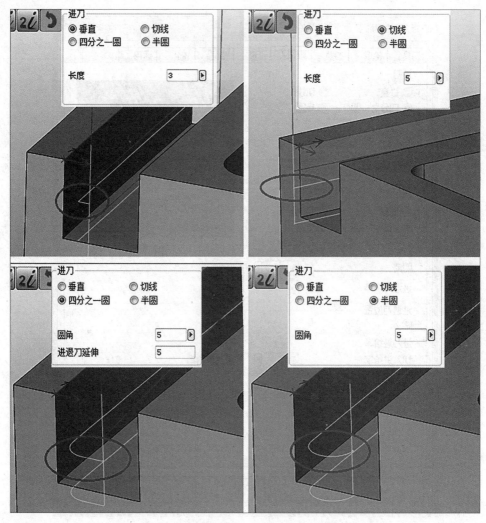

图 2-43　进/退刀示例

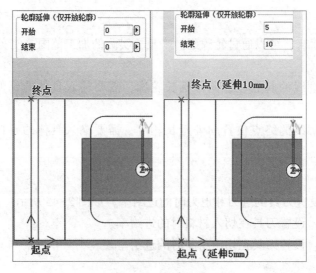

图 2-44　轮廓延伸

进刀进给率

| 切入进给率 | J:F ▶ | 退刀进给率 | J:F ▶ |

图 2-45 进刀和退刀的进给率

步骤 1：设置工作目录

鼠标左键单击 hyperMILL 工具条中的【设置】 按钮，弹出【hyperMILL 设置…】对话框，切换到【文档】选项卡，选择【路径管理】栏中的【项目】，并单击【模型路径】按钮，将模型文件所在的文件夹作为本项目的工作目录，如图 2-46 所示。hyperMILL 软件产生的所有刀具路径文件、NC 文件及一些中间过程数据都将保存在该工作目录中。

图 2-46 设置工作目录

为每个项目指定单独的工作目录，有利于管理每个项目的数据。如果采用【全局工作区】，则所有的 NC 文件都存放在同一个文件下，这会造成文件相互覆盖，容易混淆。

步骤 2：模型分析与加工工艺

1. 分析模型基本尺寸

鼠标左键单击【CAD 工具条】中的【物体属性】 按钮，弹出【物体属性】对话框。在模型视图中框选整个模型，【物体属性】对话框自动显示该模型的尺寸信息，如图 2-47 所示，该物体的尺寸为 150 mm×80 mm×37 mm。

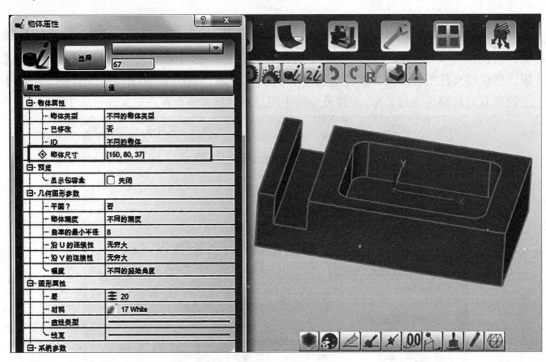

图 2-47　模型整体尺寸

注：物体属性还可以显示该物体的网格线、图层、材料、颜色等很多信息，具体请见【物体属性】对话框。

2. 测量开口槽宽

鼠标左键单击【CAD 工具条】中的【两个物体信息】 按钮，弹出【两个物体信息】对话框。在模型视图中开口槽有两个顶点，【两个物体信息】对话框自动显示两点之间的距离为 20，同时在视图中也会显示所选择两个点之间的最短距离为 20，如图 2-48 所示。

3. 分析圆角半径

鼠标左键单击 hyperMILL 工具条中的【分析】 按钮，弹出【分析】对话框。在【分析】对话框中，选择下拉列表栏的【圆角分析】命令，然后单【击圆角信息】栏内的【曲面】栏，接着单击其右侧出现的【重新选择】 按钮，选择模型封闭型腔中的圆角面，该圆角半径值为 8 mm，如图 2-49 所示。

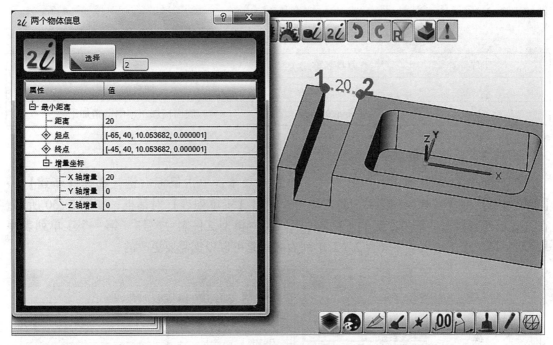

图 2-48　测量开口槽宽

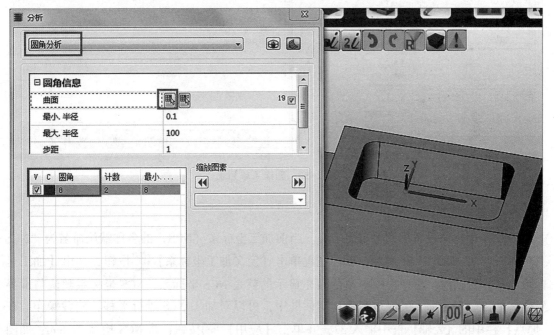

图 2-49　分析圆角半径

4. 确定 NC 刀具

根据模型分析的结果，应确定可用的最大刀具直径不超过 16 mm，否则圆角处会加工不干净。由于该模型是直壁类零件，即零件只有水平面和垂直面，因此采用平底立铣刀即可完成加工。最终，我们选择 ϕ14 mm 的立铣刀进行开粗，ϕ8 mm 的立铣刀进行精加工。加工刀具如表 2-1 所示。

表 2-1　加工刀具

工序	刀具名称	备注
1	φ14 mm 立铣刀	槽粗加工
2	φ8 mm 立铣刀	底面精加工、侧壁精加工

步骤 3：新建工单列表

在 hyperMILL 浏览器中，切换到【工单】选项卡，单击鼠标右键，选择【新建】→【工单列表】命令（快捷键为 "Shift+N"），弹出【工单列表】对话框，如图 2-50 所示。在【工单列表】对话框中，工单列表名称默认为 "模型文件名_序号"。第一个工单列表序号为 1，第二个工单列表序号为 2。工单列表名称是可以根据需要更改的。

图 2-50　新建工单列表

1. 设置加工坐标系

将 G54 坐标系设置模型上表面中心。当前加工坐标系（NCS）的名称默认命名为 "NCS 工单列表名"，如图 2-51 所示。鼠标左键单击【定义加工坐标系】 按钮，弹出【加工坐标系定义】对话框。模型视图中黄色高亮显示的就是 NCS 坐标系，NCS 坐标系默认与世界坐标系重合。在【加工坐标系定义】对话框中，可以对加工 NCS 进行平移、旋转操作。在【原点】栏中的【Z 轴】框中输入 37，并单击【应用】 按钮，将 NCS 抬高 37 mm，如图 2-52 所示。这样，就将 NCS 设置在模型上表面的中心位置了。单击【确认】 按钮，退出【加工坐标系定义】对话框，返回到【工单列表】对话框。

2. 设置工件

在【工单列表】对话框中，切换到【零件数据】选项卡。【零件数据】选项卡用于设置毛坯模型、模型、材料和夹具。

图 2-51　NCS 定义

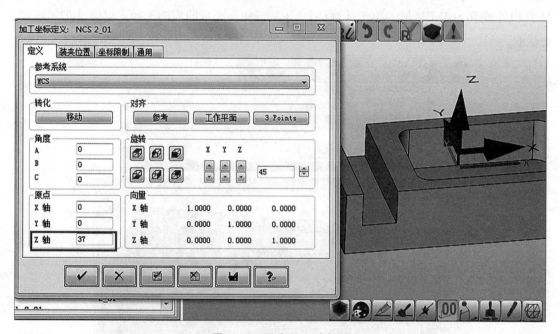

图 2-52　平移 NCS 坐标系

取消勾选【材料】栏中的【已定义】单选框，无须定义材料。

勾选【模型】栏的【已定义】单选框，模型定义功能被激活，【模型】栏会出现新的操作界面，如图 2-53 所示。在【分辨率】输入框中输入模型精度 0.1。模型分辨率影响后面模型的仿真效果。鼠标左键单击【新建加工区域】　　按钮，弹出【加工区域】对话框。

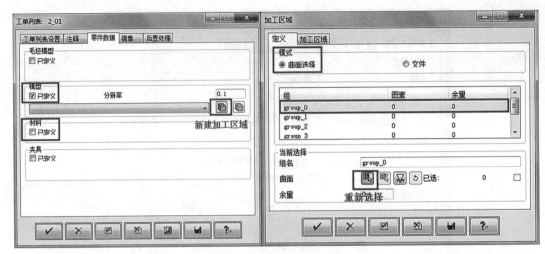

图 2-53 零件加工区域设置

在【加工区域】对话框中，切换到【加工区域】选项卡，可对该加工区域的名称进行命名，默认名称为"工单列表名称"。切换到【定义】选项卡，选择【模式】为【曲面选择】，在【当前选择】栏中，单击【重新选择】████按钮，弹出【选择曲面/实体】对话框，该对话框为非模态对话框，使用鼠标框选整个模型作为加工区域。如图 2-54 所示，一共选择了 19 个面作为加工区域。单击【确认】████按钮，完成曲面的选择，返回【加工区域】对话框。

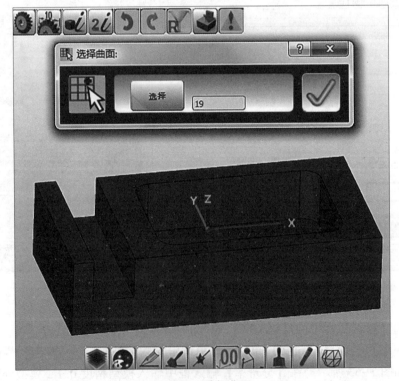

图 2-54 选择曲面

此时,【加工区域】对话框中显示在【group_0】组已经选定了 19 个曲面作为加工区域,如图 2-55(a)所示。检查加工区域是否正确。如果发现有漏选的面或多选的面,可以单击【重新选择】右侧的【编辑选择】按钮,重新进入【选择曲面/实体】对话框对曲面进行增选或取消选择操作。如果正确,则单击【确认】 按钮,完成加工区域定义,返回【工单列表】对话框。

此时,【工单列表】对话框中的【模型】栏,自动选择了刚定义的加工区域(名称为"2_01"),如图 2-55(b)所示。如果需要更改零件模型,可单击【改变加工区域】重新进入【加工区域】对话框进行修改。或者单击【新建加工区域】,重新定义一个新的加工区域。

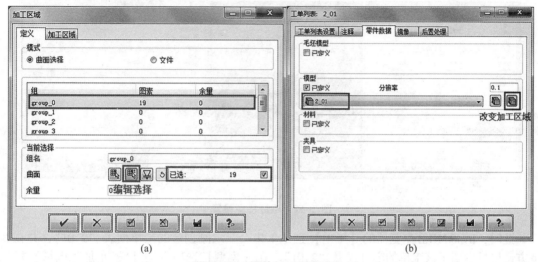

(a)　　　　　　　　　　　　　　　　(b)

图 2-55　零件加工区域定义

3. 设置毛坯

勾选【毛坯模型】栏的【已定义】单选框,然后鼠标左键单击被激活的【新建毛坯】按钮,弹出【毛坯模型】对话框,如图 2-56 所示。

图 2-56　新建毛坯模型

多轴数控编程基础与实例

在毛坯模型对话框的【模式】栏中，选择【几何范围】；然后【几何范围】栏中，选择【立方体】选项；修改分辨率为0.1，并单击【计算】按钮，则软件自动计算模型的最小包容块作为零件的毛坯模型，如图2-57（b）所示。这里一定要单击【计算】按钮，否则无法形成包容块。然后单击【确认】 ✔ 按钮，返回【工单列表】对话框。

此时，【工单列表】对话框如图2-57（b）中的右图所示，当前定义的毛坯模型为"Stock 2_01"，零件模型为"2_01"。单击【确认】 ✔ 按钮，退出【工单列表】对话框，完成工单列表的创建。

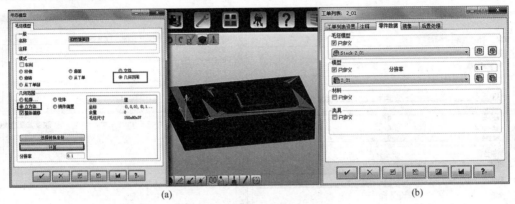

(a)   (b)

图 2-57　毛坯模型设置

此时，hyperMILL浏览器的【工单】选项卡中会显示刚创建的工单列表"2_01"，并在其下方窗格显示属于该工单的零件模型"2_01"。在【模型】选项卡的【铣/车加工区域】栏显示当前的零件模型，在【毛坯模型】栏显示当前的毛坯模型，如图2-58所示。在模型视图中，毛坯模型默认不显示，可以通过单击毛坯名称前面的小灯泡来切换显示/隐藏毛坯模型。

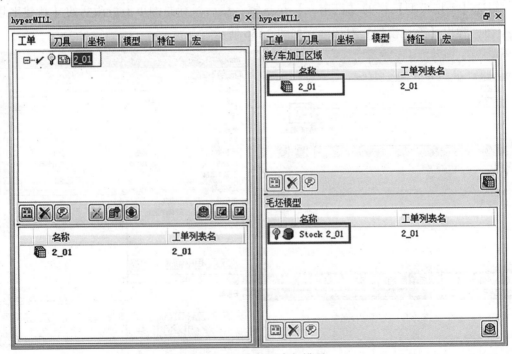

图 2-58　工单列表与模型

步骤4：创建刀具

切换 hyperMILL 浏览器到【刀具】选项卡，创建刀具。

在【铣刀】栏中的空白部分单击鼠标右键，选择【新建】→【立铣刀】命令，弹出【编辑端刀（公制）】对话框，如图 2-59 所示。

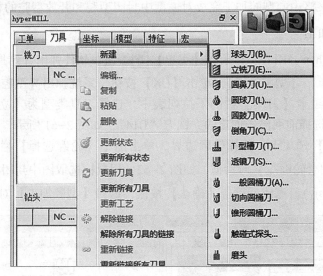

图 2-59　新建立铣刀

在编辑端刀（公制）对话框的【几何图形】选项卡的【通用】栏，设置【刀具名称】为 "D14"，设置【直径】参数为 14，设置【长度】参数为 45。这里的长度实际上是指刀具伸出刀柄的长度，如图 2-60（a）所示。

切换到【工艺】选项卡，设置刀具【主轴转速】为 6 000 r/min，【XY 进给】为 3 000 mm/min，轴向进给为 1 600 mm/min【减速进给】为 1 500 mm/min，如图 2-60（b）所示。

完成后单击【确认】　✔　按钮，完成刀具创建。

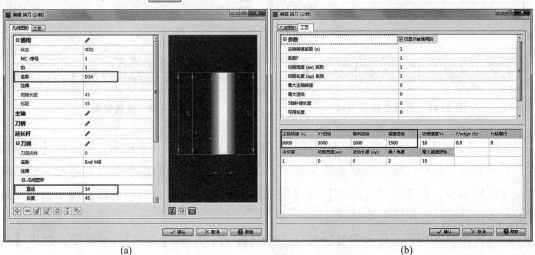

(a)　　　　　　　　　　　　　　(b)

图 2-60　设置刀具参数

使用同样的方法，完成直径为 8 mm 的立铣刀的创建，刀具的名称为 "D8"，【直径】参数为 8，【长度】参数为 50，刀具的【主轴转速】为 8 000 r/min，【主轴转速】为 3 000 mm/min，【主轴转速】和【减速进给】为 2 000 mm/min。

步骤 5：型腔粗加工

运用 2D 铣削策略中的型腔加工完成对模型中封闭型腔和开放型腔的粗加工编程。

1. 封闭槽粗加工

鼠标左键单击 hyperMILL 工具条的【工单】 按钮，软件弹出【选择新操作】对话框，依次选择【2D 铣削】、【型腔加工】，单击【OK】按钮，系统弹出【型腔加工】对话框。

在【刀具】选项卡【刀具】栏的下拉列表中，选择刀具类型为【立铣刀】，然后在第二行的下拉列表中选择前面已经创建的立铣刀 "D14"，如图 2-61 所示。

切换到【轮廓】选项卡，选择轮廓边界。单击图中【轮廓选择】栏中的【重新选择】 ，弹出【选择闭合轮廓线】对话框，如图 2-62。用鼠标选取图中封闭槽底部的轮廓曲线（图 2-63 中橙色显示），完成后单击【确认】按钮，返回【型腔加工】对话框。

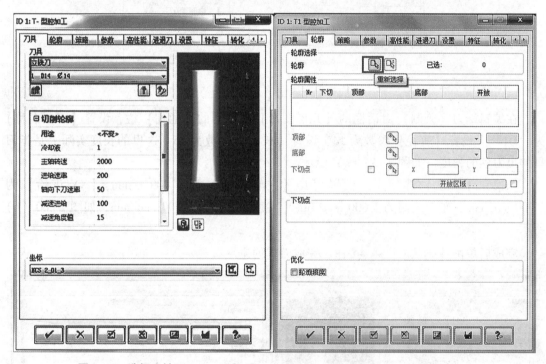

图 2-61　选择立铣刀 D14　　　　　　　　　　图 2-62　设置轮廓

此时，【轮廓】选项卡里【轮廓选择】栏里显示已经选择了一条轮廓，但是在【轮廓属性】栏里显示该轮廓的标示为红色错误符号 "✗"，说明该轮廓的参数设置还没完成。软件在【轮廓属性】栏下方的【顶部】和【底部】右侧显示有两个红色的框，提示这两个地方的参数设置错误，如图 2-63 所示。

将【顶部】坐标模式修改为【绝对（工单坐标）】，单击【点选】 按钮，弹出【选择顶部】对话框，用鼠标点选图 2-64 右边的顶部点，作为轮廓在 Z 向的起始加工高度。

将【底部】坐标模式修改为【绝对（工单坐标）】，单击【点选】按钮，弹出【选择底部】对话框，用鼠标点选图 2-64 右边的底部点，作为轮廓在 Z 向的底部加工高度。

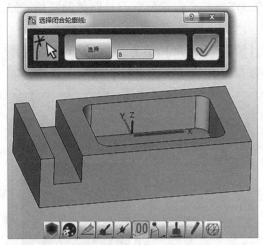

图 2-63 选择封闭型腔轮廓

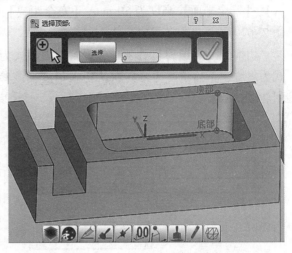

图 2-64 设置轮廓顶部和底部

此时，软件自动计算顶部坐标为 0，底部坐标为-25，此时模型显示区蓝色线表示顶部轮廓线，绿色线表示底部轮廓线。在计算刀具路径时，软件将从顶部轮廓线位置开始加工，然后一直加工到底部轮廓线位置结束。至此，【轮廓属性】栏中的轮廓线属性显示为绿色正确 "✔" 状态，表示轮廓线设置完成如图 2-65 所示。

切换到【策略】选项卡，选择加工模式为【3D 模式】，路径方向为【顺铣】，如图 2-66 所示。

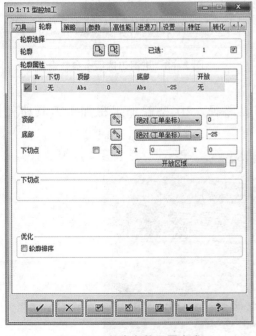

图 2-65 轮廓参数设置完成

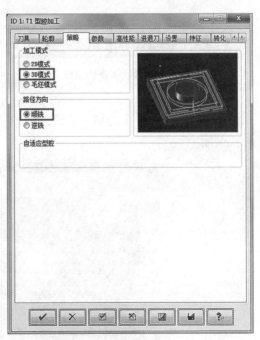

图 2-66 策略选项卡参数设置

切换到【参数】选项卡，设置【垂直步距】为 1 mm，【步距（直径系数）】为 0.6；设置 XY 毛坯余量为 0.3 mm，毛坯 Z 轴余量为 0.3 mm；【退刀模式】设置为【固定位置切入】，【安全平面】高度为 50 mm，【安全距离】值为 2 mm。勾选所有刀具路径倒圆角，如图 2-67 所示。

切换到【进退刀】选项卡，设置退刀模式为【圆】，【圆角】值为 5；设置下切进刀模式为斜线，下插角度为刀具默认切入角度，该参数在刀具的【工艺参数】选项卡设置，如图 2-68 所示。

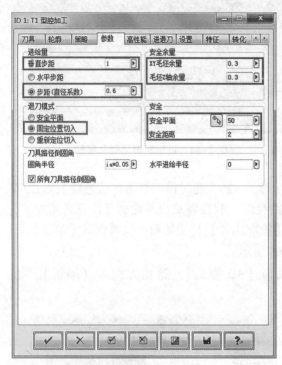

图 2-67　参数选项卡参数设置

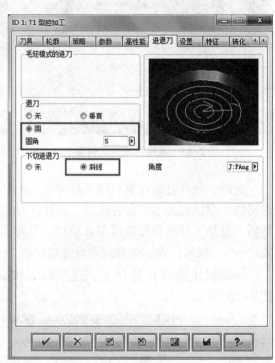

图 2-68　进退刀选项卡参数设置

最后，单击【计算】　按钮，生成刀具路径。2D 型腔加工粗加工刀具路径如图 2-69 所示。

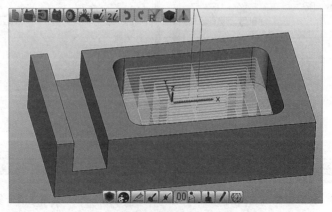

图 2-69　2D 型腔加工刀具路径

2. 开口槽粗加工

在 hyperMILL 浏览器的【工单】栏，鼠标左键单击刚刚创建的"1：T1 型腔加工"工单不放松，同时按住"Ctrl"键，鼠标往下拖动到空白处，复制出一个新的型腔加工"2：T1 型腔加工"。双击"2：T1 型腔加工"工单，打开型腔加工对话框，对该工单的轮廓线等参数进行编辑。

切换到【轮廓】选项卡，单击【重新选择】 按钮，重新定义轮廓曲线。选择开口槽底部的矩形曲线作为轮廓曲线，如图 2-70 所示。由于开口槽的深度为 20 mm，因此在【轮廓属性】栏，更改轮廓线的【底部】坐标，该数值为-20。

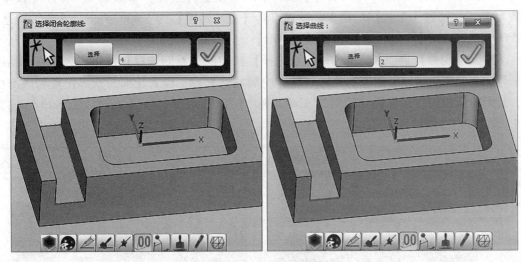

图 2-70 设置开放轮廓

单击【轮廓属性】栏中的【开放区域】按钮，弹出【开放区域】对话框。然后单击【通过曲线增加】按钮，用鼠标选择图 2-70 中高亮显示的 2 条曲线作为开放轮廓。单击【确认】按钮返回【型腔加工】对话框。

最后单击【计算】 按钮，生成刀具路径，如图 2-71 所示。

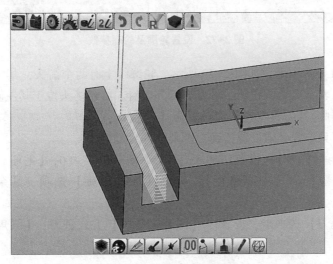

图 2-71 开放型腔刀具路径

步骤6：侧壁精加工

运用2D铣削策略中的轮廓加工完成对零件中型腔侧壁的精加工。

1. 封闭型腔侧壁精加工

鼠标左键单击hyperMILL工具条的【工单】按钮，软件弹出【选择新操作】对话框。依次选择【2D铣削】、【轮廓加工】，单击【OK】按钮，系统弹出【轮廓加工】对话框。

在【刀具】选项卡【刀具】栏的下拉列表中，选择刀具类型为【立铣刀】，然后单击【新建刀具】 按钮，新建一把直径为8 mm的立铣刀"D8"。在编辑端刀（公制）对话框的【几何图形】栏，设置【刀具名称】为"D8"，设置【直径】参数为8，设置【长度】参数为45。切换到【工艺】选项卡，设置刀具【主轴转速】为5 000 r/min，【主轴转速】为3 000 mm/min，【主轴转速】和【减速进给】为1 600 mm/min。

切换到【轮廓】选项卡，单击【轮廓选择】栏中的【重新选择】按钮，选择封闭型腔底面轮廓曲线作为精加工侧壁的轮廓。在【轮廓属性】栏，设置轮廓的顶部位置和底部位置，封闭轮廓线的顶部位置【绝对（工单坐标）】为0，底部位置【绝对（工单坐标）】为−25，如图2-72所示。

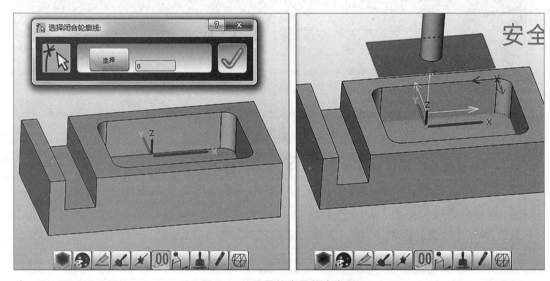

图2-72 设置轮廓及轮廓参数

切换到【参数】选项卡，如图2-73所示，轮廓线上有两个箭头，其中蓝色箭头表示加工方向，红色箭头表示刀具所在侧。沿着加工方向看，红色箭头位于其左侧，即刀具位置位于轮廓线左侧。因此，【刀具位置】应设置为【左】。

注意此处，刀具位置必须设置正确，否则零件会过切。

设置【垂直步距】为1；设置精加工【XY毛坯余量】为0，【毛坯Z轴余量】设置为0；设置【路径补偿】为【中心路径】；勾选【优先螺旋】选项，其余参数如图2-74所示。

切换到【进退刀】选项卡，设置以【四分之一圆】方式进刀，【圆角】半径为3 mm，如图2-75所示。

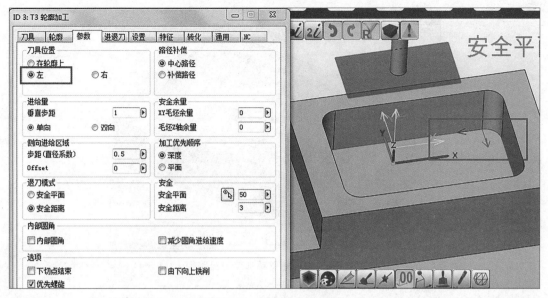

图 2-73　设置参数选项卡

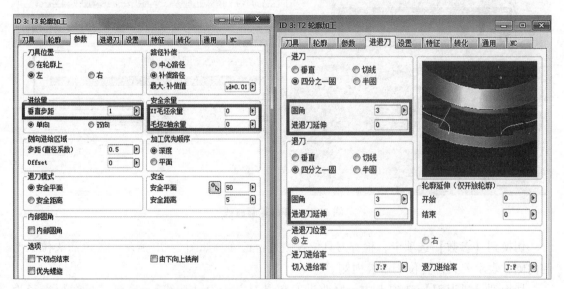

图 2-74　设置步距和余量　　　　　　　　图 2-75　设置进退刀参数

最后单击【计算】按钮，生成侧壁精加工刀具路径，如图 2-76 所示。

2. 开放型腔侧壁精加工

按住 "Ctrl" 键的同时，鼠标左键单击工单【3：T3 轮廓加工】，按住不放向下拖动，复制一个轮廓工单【4：T3 轮廓加工】。双击工单【4：T3 轮廓加工】进行编辑。

切换到【轮廓】选项卡，单击【轮廓选择】栏中的【重新选择】 按钮，选择图 2-77 所示开放型腔的两条长边曲线作为轮廓。在【轮廓属性】栏，分别设置两条轮廓线的顶部位置为【绝对（工单坐标）】0，底部位置为【绝对（工单坐标）】-20。

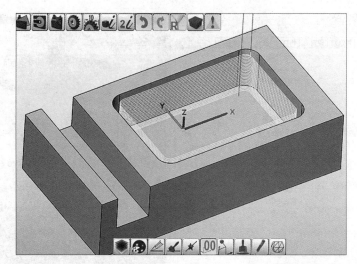

图 2-76　型腔侧壁精加工刀具路径

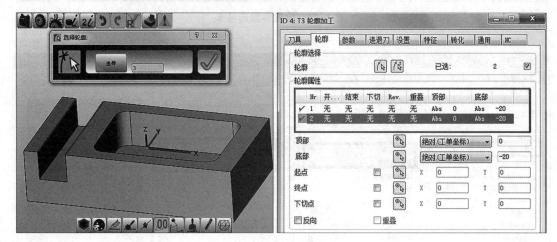

图 2-77　开放轮廓曲线

切换到【参数】选项卡，检查刀具位置侧是否正确。如图 2-78 所示，红色箭头位于型腔内侧，表示刀具位置位于型腔内侧。

切换到【进退刀】选项卡中，修改进刀和退刀方式为【切线】，设置【长度】半径为 3 mm，如图 2-79 所示。

最后单击【计算】按钮，生成侧壁精加工刀具路径，如图 2-80 所示。

步骤 7：底面精加工

新建一个新的【2D 铣削】、【型腔加工】工单。

在【刀具】选项卡中，选择已经创建的立铣刀"D8"。

切换到【轮廓】选项卡，选择图 2-81 所示的封闭型腔底面和开放型腔的底面轮廓线作为轮廓。

此时，【轮廓属性】列表中列出了两条轮廓线。在【轮廓属性】列表中，选择封闭槽的轮廓线，设置其 Z 向加工范围是【轮廓顶部】5 mm 到【轮廓顶部】0 mm，如图 2-82 所示。

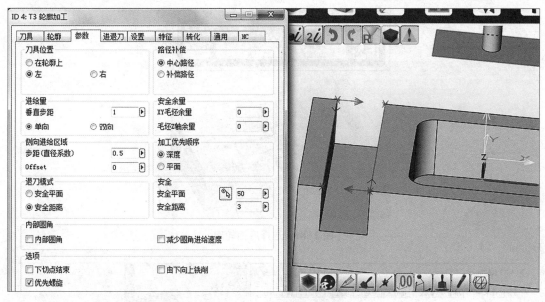

图 2-78 刀具位置检查

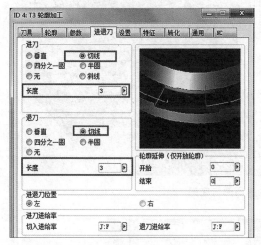

图 2-79 进退刀参数

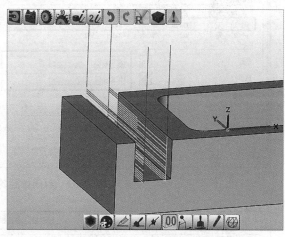

图 2-80 开放型腔侧壁精加工

接着再选择开放槽的轮廓线，设置其 Z 向加工范围是【轮廓底部】5 mm 到【轮廓顶部】0 mm，如图 2-83 所示。这一组数据表明，加工范围是以轮廓底部为基准，起始加工位置为轮廓线所在平面向上 5 mm 的高度，终止加工位置为轮廓线所在平面。

与粗加工一样，设置开放槽的两个短边为开放区域（参见步骤 5 型腔粗加工）。

切换到【策略】选项卡，选择加工模式为【2D 模式】或者【3D 模式】。如果选择 3D 模式，则需要在【设置】选项卡的【模型】栏中选择零件模型 "2_01"，如图 2-84 所示。

切换到【参数】选项卡，设置【垂直步距】为 100。由于垂直步距超过了前面设置的轮廓 Z 向范围 5，所以这里只走一刀。设置安全余量，将【XY 毛坯余量】设置为 0，将【毛坯 Z 轴余量】设置为 0，如图 2-85 所示。

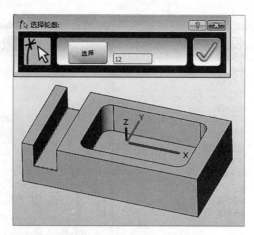

图 2-81 选择底面轮廓

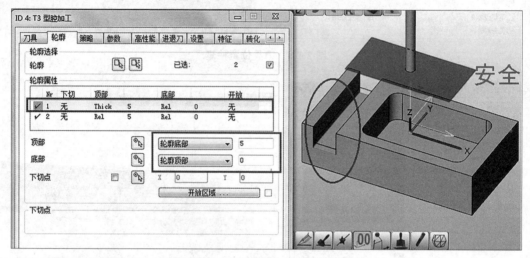

图 2-82 封闭型腔轮廓顶部与底部

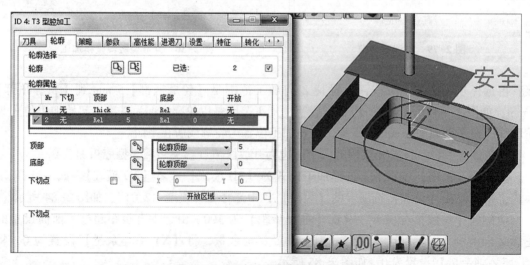

图 2-83 开放型腔轮廓顶部与底部

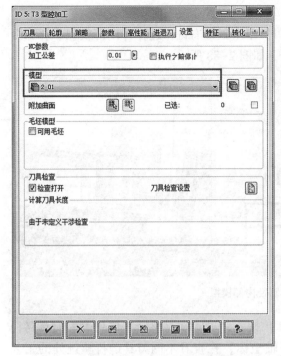

图 2-84　设置工件模型

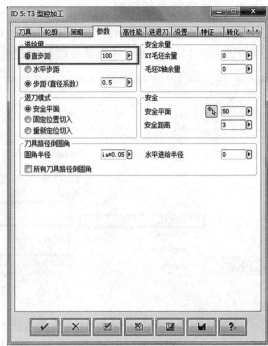

图 2-85　设置参数选项卡

　　切换到【进退刀】选项卡，选择下切进退刀为【螺旋】方式，【角度】为默认的 J：PAng，J：PAng 表示刀具的下插角度，该角度值在刀具的工艺选项卡中设置；【设置螺旋半径】值为 5，如图 2-86 所示。

　　最后单击【计算】按钮，生成刀具路径。底面精加工刀具路径如图 2-87 所示。

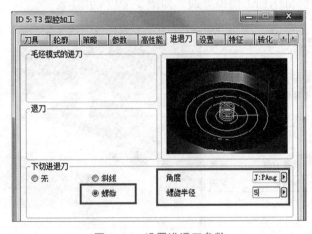

图 2-86　设置进退刀参数

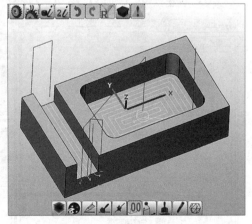

图 2-87　底面精加工刀具路径

步骤 8：刀具路径模拟与仿真

运用 hyperMILL 自带的模拟功能对整个刀具运动路径进行仿真。

1. 刀具路径内部模拟

在 hyperMILL 浏览器中，选择工单列表 2_01，单击鼠标右键，选择【内部模拟…】命令（快捷键为"T"），弹出【内部模拟】对话框，如图 2-88 所示。

图 2-88　刀具路径内部模拟

单击【内部模拟】对话框中的【开始仿真】按钮，可实现对整个工单列表的刀具路径进行仿真，可在对话框下面的【工艺】栏和【轴坐标】栏查看不同刀具运行轨迹处的工艺参数和坐标参数。通过对刀具路径轨迹进行内部模拟，可简单判断刀具轨迹是否正确、刀具位置是否正确。

2. 内部机床模拟

在 hyperMILL 浏览器中，选择工单列表"2_01"，单击鼠标右键，选择【内部机床模拟】命令（快捷键为"Shift+T"），可实现对材料的切削仿真。此时，弹出【毛坯计算】对话框，直接单击【确认】按钮，进入内部机床加工模拟界面，如图 2-89 所示。

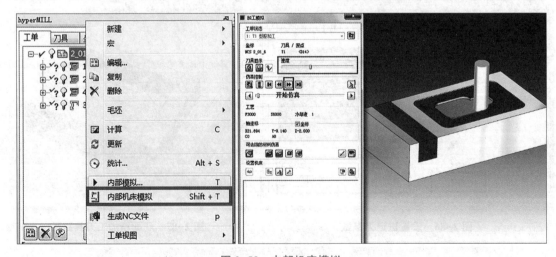

图 2-89　内部机床模拟

通过拖动【速度】进度条，选择一个合适的仿真速度，单击【开始仿真】按钮，软件将自动开始对整个刀具进行切削模拟，模拟效果如图 2-89 所示。

步骤 9：后置处理

双击工单列表"2_01"，对该工单列表进行编辑，切换到【后置处理】选项卡。勾选【NC-文件】栏中的【机床】单选框后，然后单击右侧出现的【选择机床】按钮，弹出【机床管理】对话框，如图 2-90 所示。在列表框中选择所需的机床后置处理器，单击【确认】✔按钮返回【工单列表】对话框。

图 2-90 后置处理选项卡

例如，本文选择的是"AG MILL E700U"后置处理器，如果你没有该机床的后置处理器，也可以用系统自带的"DIN ISO"。

此时，【工单列表】对话框中，机床右侧会显示已经选择的后置处理器名称，如图 2-91 所示。勾选【NC-目录】，将 NC 文件输出到当前工作目录中的 NC 子目录下。如果不勾选，则 NC 文件将被输出到 C 盘的默认文件夹下。

完成后置处理器设置后，单击【确认】✔按钮，退出【工单列表】对话框。

图 2-91 NC 文件目录

鼠标右键单击【工单列表】，在弹出的快捷菜单中，选择【生成NC文件】命令（见图2-92），软件将自动生成NC代码，保存在工作目录的NC文件夹下。

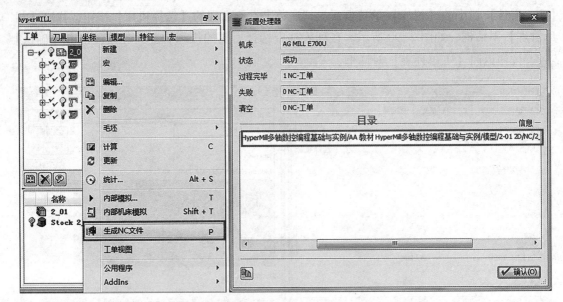

图2-92　输出NC文件

用户可以将整个工单列表输出为一个NC文件，也可以选择单独的某个或某几个工单输出为单独的NC文件。

在2D铣削策略中，刀具路径的计算依赖于模型的点和线，由于模型实体没有参与计算，因此容易因为参数设置错误而导致过切的问题。过切是零件加工过程中的一个严重错误，这个错误会导致零件报废，因此必须避免出现刀具路径过切。下面对2D型腔加工和轮廓加工中容易出现的过切的参数设置予以进一步的讨论。

1. 型腔加工的过切问题

在型腔加工中，轮廓的底部位置设置错误，容易导致零件底部过切。

例如，粗加工中零件封闭型腔的深度为25，图2-93中误将轮廓底部参数设置为-50，将导致零件底部被铣穿。轮廓底部的位置坐标值的含义是取决于坐标模式的，如果坐标模式和坐标值没有对应起来，也容易发生过切。

如图2-94所示，轮廓顶部位置为0，轮廓底部位置为-25，但是坐标模式设置了轮廓顶部，导致Z向加工区域出现错误，零件底部过切。

因此，在2D模式下，设置轮廓属性参数时，必须仔细检查顶部和底部位置。轮廓顶部和底部的位置可通过查看模型视图区的蓝色轮廓线和绿色轮廓线的位置进行检查。

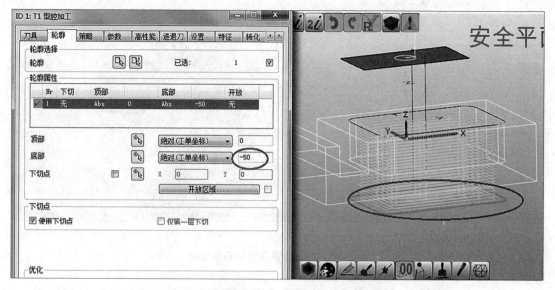

图 2-93　轮廓底部位置坐标错误导致过切

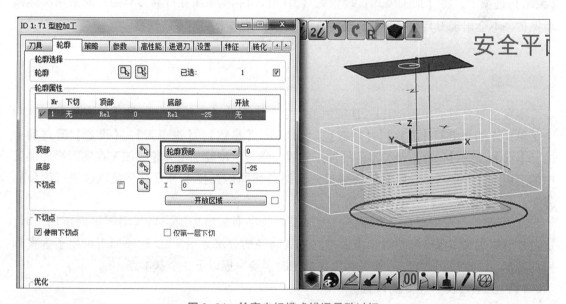

图 2-94　轮廓坐标模式错误导致过切

2. 轮廓加工的过切问题

在轮廓加工中，除了轮廓的顶部和底部位置参数之外，刀具位置参数的设置正确与否也会导致过切。

在封闭型腔的侧壁精加工中，如果参数选项卡的【刀具位置】参数设置为【右】，则刀具路径位于零件内部，导致零件被严重过切，如图 2-95（a）所示。如果【刀具位置】参数设置为【在轮廓上】，则刀具路径位于轮廓上，导致零件过切一个刀具半径值，如图 2-95（b）所示。

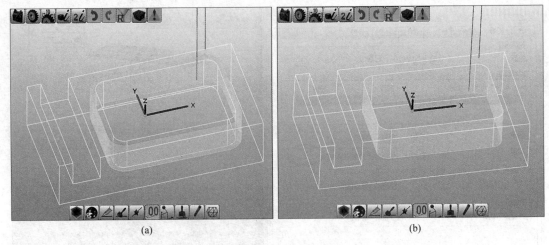

(a)　　　　　　　　　　　　　(b)

图 2-95　刀具位置侧错误导致过切

hyperMILL 也提供了【3D 模式】的策略来避免由前者导致的刀具路径过切问题。在【策略】选项卡，将【加工模式】设置为【3D 模式】，则系统在计算刀具路径时采用实体模型保护，不会出现刀具路径过切。需要在【设置】选项卡制定零件模型。

 总　结

本章主要介绍了 hyperMILL 2D 铣削策略中最常用的【型腔加工】和【轮廓加工】这两个工单，详细介绍了【刀具】、【轮廓】、【策略】、【参数】、【进退刀】、【设置】等选项卡的基本参数。通过一个直壁类零件的加工编程，学习了型腔加工和轮廓加工在实际零件加工中的应用方法和技巧，学习了如何通过刀具路径切削仿真技术对刀具路径轨迹进行评价的方法。

2D 型腔加工可用于直壁类零件的粗加工以及平面的精加工，当其用于平面精加工时，通过控制轮廓加工深度和垂直步距来控制刀具路径的分层数量。2D 轮廓加工可用于垂直侧壁的精加工。在应用 2D 型腔加工和轮廓加工时，要掌握以下 3 个基本点：

（1）工单列表中 NCS 的设置。

（2）轮廓的选择和轮廓属性的设置。

（3）刀具位置的设置。

在 2D 策略中还有很多工单，这些工单基本上都是在 2D 型腔加工和 2D 轮廓加工的基础上延伸出来的，用于针对某些特殊型腔的加工，其基本参数设置非常相似。由于本书篇幅有限，此处不予详细叙述，请读者自行学习。2D 铣削策略其余工单如表 2-2 所示。

表 2-2　2D 铣削策略其余工单

序号	工单名称	功能用途
1	基于 3D 模型的轮廓加工	在轮廓加工的基础上，增加了 3D 模型保护，需要在设置选项卡选择模型，保证不会过切

序号	工单名称	功能用途
2	倾斜轮廓	用于具有固定角度的倾斜侧壁的加工
3	倾斜型腔	用于具有固定倾斜角度的侧壁的型腔的粗加工
4	矩形型腔	特定的用于矩形型腔这种规则型腔的加工
5	端面加工	端面平面铣削，可用于光毛坯
6	残料加工	在型腔或轮廓铣削加工后，加工残余材料区域
7	基于 3D 模型的 T 形槽刀加工	使用 T 形槽刀沿平面轮廓粗加工及精加工
8	回放加工	路径铣削过程，通过鼠标交互在平面中手动产生
9	下插铣削	该循环由轮廓导引，生成插铣刀具路径

项目三

3D 铣削策略与型腔零件加工案例

任务目标

本项目通过一个模具型腔零件的加工编程案例，学习 hyperMILL 软件 3D 铣削策略中的 3D 任意毛坯粗加工、3D 等高精加工和 3D ISO 加工的基本参数设置，并掌握模具型腔零件的粗加工和曲面精加工方法。

知识目标

(1) 理解 3D 铣削策略的刀具路径计算原理；

(2) 理解工单列表中 NCS 坐标系的设置；

(3) 理解工单列表中加工区域和毛坯模型的设置；

(4) 理解 3D 策略中 3D 任意毛坯粗加工的基本参数；

(5) 理解 3D 策略中 3D 等高精加工的基本参数；

(6) 理解 3D 策略中 3D ISO 加工的基本参数；

(7) 理解刀具路径的裁剪。

技能目标

(1) 掌握 3D 铣削策略中 3D 任意毛坯粗加工在型腔模具零件加工中的应用；

(2) 掌握 3D 铣削策略中 3D 等高精加工在型腔模具零件加工中的应用；

(3) 掌握 3D 铣削策略中 3D ISO 加工在型腔模具零件加工中的应用；

(4) 掌握模具型腔零件的粗加工和精加工的基本方法；

(5) 掌握刀具路径的模拟和后置处理方法。

素养目标

(1) 培养认真、负责、科学的工作态度；

(2) 强化严谨细致、一丝不苟的工作精神；

(3) 提高 CAM 操作的规范性职业素养。

任务导入

模具型腔零件，即模具的定模仁（也叫上模仁），安装在模具的定模框中。该类零件通常包含虎口和独立的型腔等特征。如图 3-1 所示，本案例所采用的模具型腔零件，包含四个独立的虎口特征和一个独立的型腔。型腔的底面为曲面，侧壁为带有拔模角度的斜面；虎口的底面为平面，侧壁为带有斜角的斜面。

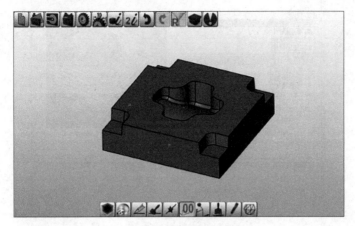

图 3-1　型腔零件模型

利用 hyperMILL 软件，完成对该模具型腔零件的加工编程任务，具体要求如下：

（1）正确设置项目路径；

（2）建立工单列表，确定 NCS 坐标系、加工区域和毛坯模型；

（3）分析模型，确定加工用的刀具和工艺参数；

（4）运用 3D 任意毛坯粗加工完成该模型的粗加工 NC 编程；

（5）运用等高精加工和 ISO 加工完成该模型的精加工 NC 编程；

（6）对粗加工和精加工进行模拟仿真；

（7）通过后置处理生成加工程序。

知识点 3.1　3D 任意毛坯粗加工

3D 铣削策略中的 3D 任意毛坯粗加工，适用于任意毛坯形状的零件粗加工，以恒定的垂直步距逐层铣削的方式完成材料的切除，系统自动根据零件和毛坯计算刀具路径。

鼠标左键单击 hyperMILL 菜单下的【工单】命令，或者 hyperMILL 工具栏中的 ■ 按钮，弹出【选择新操作】对话框，依次选择【3D 铣削】和【3D 任意毛坯粗加工】，单击【OK】按钮，即可进入【3D 任意毛坯粗加工】对话框，如图 3-2 所示。

3.1.1　刀具选项卡

【刀具】选项卡用于设置 3D 任意毛坯粗加工中使用的刀具以及坐标系信息。hyperMILL 每一个工单都必须包含【刀具】选项卡，并且【刀具】选项卡的设置参数和操作是基本一致的。

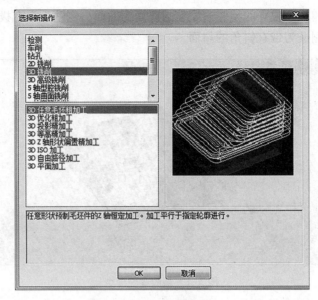

图 3-2　3D 任意毛坯粗加工

1. 刀具栏

【刀具】栏主要用于选择编程的 NC 刀具，设置和编辑刀具的几何参数和工艺参数。

【3D 任意毛坯粗加工】一共支持 4 种刀具类型，分别是【球头刀】、【立铣刀】、【圆鼻铣刀】和【圆球刀】，如图 3-3 所示。

图 3-3　刀具选项卡

当【刀具】栏选择的刀具类型为【圆鼻铣刀】时，【刀具】栏下方的【考虑圆角半径】选项被激活。若勾选【考虑圆角半径】选项，则在计算刀具路径时，刀具横向进给的步距值的计算参考圆鼻铣刀的有效直径（圆鼻铣刀直径值−2×圆鼻铣刀的 r 角半径）；否则，刀具横向进给的步距值的计算参考圆鼻铣刀的直径值。由于使用圆鼻铣刀进行粗加工时，刀具的 r 角半径是不参与切削的，因此为了减少刀具横向进给刀具路径之间的残料，一般都需要勾选【考虑圆角半径】选项。

2. 坐标栏

【坐标】栏的参数设置与 2D 铣削策略工单是完全一致的，这里不再赘述。

3.1.2　策略选项卡

【策略】选项卡用于定义刀具路径计算的算法策略，主要由【加工方向】、【加工优先顺序】、【平面模式】、【刀具路径倒圆角】和【满刀切削状况】栏组成，如图 3-4 所示。

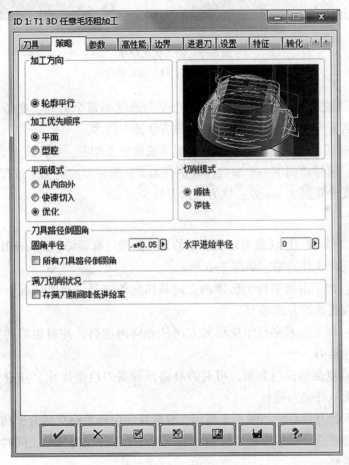

图 3-4　策略选项卡

1. 加工方向

在【加工方向】栏，只有一个【轮廓平行】选项，而且该选项是默认选择状态，用户无法编辑取消。

【轮廓平行】：加工以平行于轮廓的方向进行水平步距进给，横向进给方向垂直于加工方向进行。加工方向取决于选定的切削模式。切削模式为【顺铣】和【逆铣】时，刀具的水平方向是相反的。

2. 加工优先顺序

当存在多个独立的型腔时，用于确定多个独立型腔的加工方式和顺序。加工优先顺序有两个选项，分别是深度模式和平面模式，如图 3-5 所示。

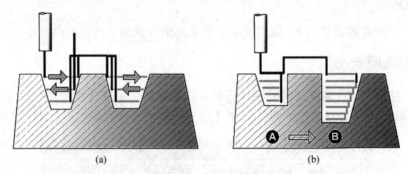

图 3-5　加工优先顺序
(a) 平面模式；(b) 深度模式

【平面】：在该模式下，刀具将会同时逐个平面地铣削每个型腔，在每一次型腔切换过程中均需要退刀到安全平面 50 mm 高度处；该方法抬刀较多。

【型腔】：该模式也叫深度模式，刀具按顺序铣削每个型腔，在完成当前型腔的加工后，退刀到安全高度，再移动到下一个型腔位置进行加工；而在型腔的加工过程中，刀具完成层切后刀具只退到安全距离 5 mm 处；该方法抬刀较少。

3. 平面模式

【平面模式】栏定义 3D 任意毛坯粗加工的刀具路径计算策略，hyperMILL 提供了从内向外、快速切入和优化 3 种策略，如图 3-6 所示。

【从内向外】：加工沿着平行于轮廓的方向从内向外进行。通常情况下切进刀位置在模型内部，以螺旋或折线的方式进刀。

【快速切入】：加工沿着平行于轮廓的方向从外向内进行，并对边界的冗余刀具路径进速修剪以实现快速走刀。

【优化】：针对复杂的模型方面，可对刀具路径的退刀运动优化，并避免不必要的铣削运动。加工沿轮廓从外向内进行。

这 3 种模式下的刀具路径如图 3-6 所示，显然从内向外策略更适合于凸台类零件的粗加工，快速切入策略更适合于型腔类零件的加工。当一个零件较为复杂，同时包含型腔和凸台时，可选用优化策略。

4. 刀具路径倒圆角

在平行于轮廓的加工过程中，使刀具路径在轮廓平面内光顺化，使一阶连续的曲线转变为二阶连续。简而言之，即将尖点的刀具路径由光滑曲线替换。在高速加工中，刀具路径的光顺是十分重要的。

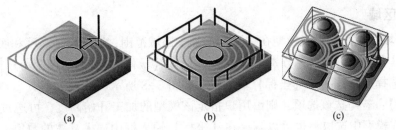

图 3-6 切削模式示意图

（a）从内向外；（b）快速切入；（c）优化

该参数的含义和设置与 2D 型腔加工中的参数选项卡一致。

5. 满刀切削状况

刀具满刀切削时，工作载荷大，磨损快。可通过降低进给率，避免切削力过大对刀具造成损害。

【在满刀期间降低进给率】：当刀具满刀加工时，降低刀具的进给速度。满刀进给率值可在刀具编辑对话框中【工艺参数】选项卡的【减速进给】栏设置。

3.1.3 参数选项卡

【参数】选项卡主要用于定义一些加工参数，包括【进给量】、【退刀模式】和【安全】等。【参数】选项卡由【加工区域】、【进给量】、【检测平面层】、【例加参数】、【退刀模式】和【安全】组成，如图 3-7 所示。

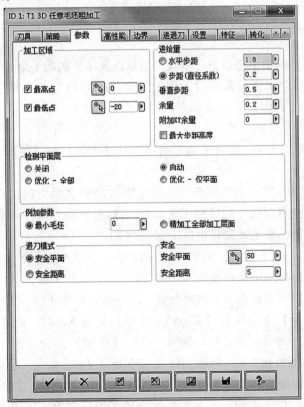

图 3-7 参数选项卡

1. 加工区域

【加工区域】栏用于设置模型在 Z 方向的加工区域范围，通过顶部高度和底部高度进行定义。该栏具有两个单选框，分别是【最高点】和【最低点】。当这两个单选框被勾选时，右侧出现【选择点】按钮和【坐标】输入框，如图 3-8 所示。

【最高点】：若勾选该选项，则由用户指定该模型的加工开始高度，可通过右侧的【点选择】按钮在模型中选取，也可以直接在【坐标】输入框中输入具体的数值。若该选项未勾选，则软件自动设置模型的最高点作为加工开始高度值。

【最低点】：若勾选该选项，则由用户指定该模型的加工结束高度，可通过右侧的【点选择】按钮在模型中选取，也可以直接在【坐标】输入框中输入具体的数值。若该选项未勾选，则软件自动设置模型的最低点作为加工结束高度值。

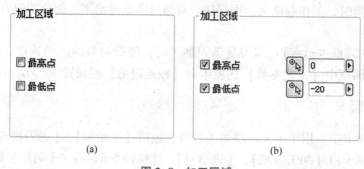

图 3-8 加工区域

(a) 勾选；(b) 未勾选

2. 进给量

此栏用于设置刀具的水平进给量、垂直进给量以及零件的加工余量等参数。

【水平步距】、【步距（直径系数）】：用于设置刀具在 XY 方向的横向进给步距。

【垂直步距】：用于设置刀具在 Z 轴方向的垂直进给步距。

上述参数已经在 2D 策略型腔加工中予以介绍，本章节不予赘述。

在 3D 任意安排粗加工中，零件的加工余量通过【余量】和【附加 XY 余量】这两个参数来设置，其含义如下：

【余量】：该参数表示零件的整体余量，即水平方向和 Z 轴方向的余量。如果没有启用平面层检测功能，该余量只适于最后加工平面的 X 轴和 Y 轴方向，并不适于 Z 轴方向。如果启用平面层检测功能，该毛坯余量也适于 Z 轴方向。

【附加 XY 余量】：在【余量】的基础上，设置一个额外的水平（XY 轴方向）毛坯余量。通过该参数，可以额外增加或减少 X 和 Y 两个方向上的余量值。该功能和余量结合使用，可以设置零件不同的底面余量和侧面余量。该参数可以取正值，也可以取负值。

例如，设置【余量】值为 0.2，【附加 XY 余量】值为 0.3 时，则 Z 轴方向保留 0.2 mm 的余量，XY 方向保留 0.5 mm 余量时；例如，设置【余量】值为 0.5，【附加 XY 余量】值为 -0.3 时，则 Z 方向保留 0.5 mm 余量，XY 方向保留 0.2 mm 余量。也就是说，零件底面余量即设置的余量值，而侧面余量为余量的值加上附加 XY 余量的值，如图 3-9 所示。

【最大步距高度】：用于大切深下毛坯台阶余量的快速切除，如图 3-10（a）所示。激

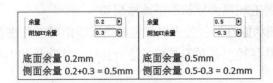

图 3-9 毛坯余量

活该功能，可以提供较大的轴向进给，此外还可实现持续的余量。该策略特别适合高性能地加工斜壁和平坦过渡区域。当【垂直步距】设置大步距时，如垂直步距为每刀 10 mm 时，那么在工件侧壁会留下非常大的余量台阶，如图 3-10（b）所示。当勾选最大步距高度后，如设置最大步距高度为 1 mm 时，那么在加工时，会先每刀 10 mm 进行开粗，然后一层加工完后会以从下往上的方式把大的余量台阶去除，侧壁留下 1 mm 的均匀小台阶，如图 3-10（c）所示。

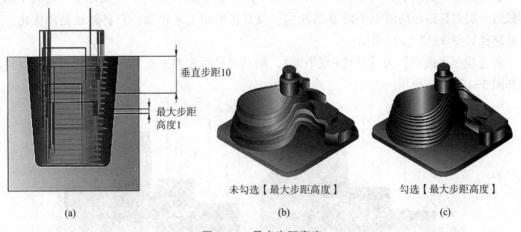

(a)　　　　　　　　　　　　(b)　　　　　　　　　　　　(c)

图 3-10 最大步距高度

3. 检测平面层

检测平面层主要用于对台阶平面的刀具路径进行优化，避免由于步距参数不合理导致台阶平面加工不到位。检测平面层栏共有 4 个选项，分别是【关闭】、【自动】、【优化-全部】和【优化-仅平面】，如图 3-11 所示。

图 3-11 检测平面层

【关闭】：关闭检测平面层，软件以指定的垂直步距对零件进行粗加工，刀具路径在 Z 方向的垂直步距恒定为【垂直步距】值。如果平面之间的距离小于【垂直步距】值，则不加工导致余量加工得不到位。

【自动】：检测平面层为自动模式，即首先以指定的垂直步距对零件进行粗加工，然后系统自动检测两个相邻平面的距离。若两个面之间的距离小于垂直步距，则系统将自动插入中间级别的步距,并沿着毛坯最大周长的平面做层切。

【优化-全部】:检测功能打开,首先以指定的垂直步距对零件进行粗加工,然后对平面自动插入中间级别的刀具路径,并对刀具路径进行优化,优化后的刀具路径仅切削平面上方的余量。

【优化-仅平面】:只是对边界内平行 XY 轴的平面进行加工。

以图 3-12 所示台阶零件加工为例,平面 A 台阶高度差为 5 mm,平面 B 的台阶高度为 10 mm,设置垂直步距为 8 mm。

若【检测平面层】为【关闭】,则平面 A 不加工,平面 B 加工后余量为 3 mm,其刀具路径如图 3-12(a)所示。

若【检测平面层】为【自动】,则平面 A 和平面 B 都得到正确加工,其刀具路径如图 3-12(b)所示。

若【检测平面层】为【优化-全部】,则平面 A 和平面 B 都得到正确加工,同时平面 B 的最后一层刀具路径局限于平面 B 的轮廓,没有扩展到毛坯轮廓,刀具路径更加优化,其刀具路径如图 3-12(c)所示。

若【检测平面层】为【优化-仅平面】,则只对平面 A 和平面 B 进行精加工,其刀具路径如图 3-12(d)所示。

图 3-12 检测平面层示例

(a)关闭;(b)自动;(c)优化-全部;(d)优化-仅平面

4. 退刀模式和安全

【退刀模式】和【安全】的参数设置和操作与 2D 铣削轮廓加工是完全一致的，这里不再赘述。

3.1.4 边界选项卡

该选项卡用于设置裁剪刀具路径的边界，如图 3-13 所示。边界用于定义刀具路径在 *XY* 方向上的范围，如果设置了边界，则刀具路径被限制在边界范围内；如果没有定义边界，则软件以毛坯的最大外轮廓为边界。边界可以嵌套，但是嵌套层数不宜过多。边界不会影响刀具路径在 *Z* 方向上的范围。

图 3-13 边界选项卡

1. 边界与刀具参考

边界的选择通过边界栏右侧的【重新选择】和【编辑选择】来进行，如图 3-14 所示。

【重新选择】：清空当前已经选择的边界曲线，重新选择新的曲线。

【编辑选择】：对当前已经选择好的边界曲线进行编辑，可以新增或删除边界曲线。

【刀具参考】用于设置刀具的位置与边界曲线的相对位置关系，有 3 个选项（见图 3-15）。

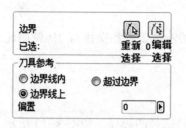

图 3-14　边界与刀具参考

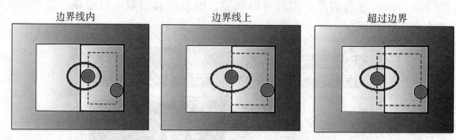

图 3-15　刀具参考位置（黄线为刀具路径，紫线为边界）

(a) 边界线内；(b) 边界线上；(c) 超过边界

【边界线内】：刀具位于边界线内，并与边界线相切。

【超过边界】：刀具位于边界线外，并与边界线相切。

【边界线上】：刀具的中心轴线位于边界线上方。当选择【边界线上】时，【偏置】功能被激活。

【偏置】：可选择任何给定的偏置值。正值将扩大边界，负值将使边界缩小。

2. 下切点

【下切点】：用户自定义刀具下插切入点的位置，如图 3-16 所示。

对于下切点的选择具有以下要求：

(1) 所设置的下切点位置在零件中有对应的孔或型腔，否则下切点无效。

(2) 下切点和模型壁之间的距离必须大于或等于刀具直径的两倍。

【重新选择】：在模型中选择相应的下切点。

图 3-16　下切点

3. 残余材料

残余材料用于设置槽的加工刀具路径范围，如图 3-17 所示。

【使用槽限值】：勾选该选项，则软件仅加工开放槽区域，此时【搜索宽度】和【最小槽深度】选项被激活。

【搜索宽度】：用于设定槽的最大宽度，软件加工比指定搜索宽度窄的区域。

【最小槽深度】：用于设定槽的深度，软件加工比指定槽深更深的区域。

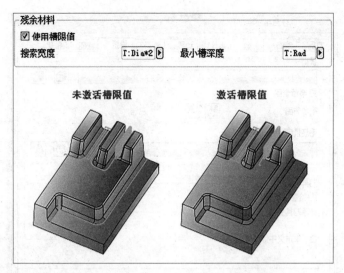

图 3-17　残余材料

3.1.5　进退刀选项卡

在 3D 任意毛坯粗加工中，下切进退刀只有两种模式，分别是【斜线】和【螺旋】，如图 3-18 所示。这两种下切进退刀模式在 2D 型腔加工中已经介绍，本章节不再赘述。

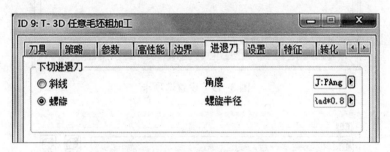

图 3-18　进退刀选项卡

3.1.6　设置选项卡

【设置】选项卡用于设置零件【模型】和【毛坯模型】、【刀具检查】和【NC 参数】等，如图 3-19 所示。

1. 模型和毛坯模型

这两栏的基本功能在 2D 型腔加工中已做介绍，这里只介绍一些新的功能，如图 3-20 所示。

【多重余量】：如果铣削区域包括不同余量的群组，启用此功能，在加工过程中会考虑这些余量。

【附加曲面】：为毛坯指定安全曲面，防止不必要快速移动走刀运动。

在【毛坯模型】栏中的毛坯列表中选中一个毛坯模型后，【产生结果毛坯】和【倒扣裁剪】选项被激活。

图 3-19 设置选项卡

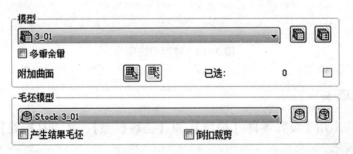

图 3-20 模型和毛坯模型

【产生结果毛坯】：启用该选项，则在 3D 任意毛坯粗加工的刀具路径计算完成后，将加工完成后的剩余模型作为结果毛坯，结果毛坯默认以当前工单名称命名。

【倒扣裁剪】：在毛坯模型的多侧加工过程中，可使用倒扣裁剪功能避免在倒扣区域中出现不必要的自由行进。

2. 刀具检查

【刀具检查】栏用于设置刀具和零件之间的碰撞检查及相关参数，如图 3-21 所示。

【检查打开】：勾选该选项，激活刀具检查和碰撞检查功能。

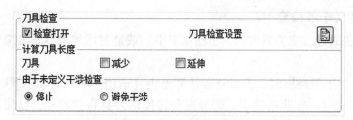

图 3-21 刀具碰撞检查

【刀具检查设置】：单击右侧的按钮，可打开【刀具检查设置】对话框，如图 3-22 所示。在对话框中，可对以下刀具检查参数进行设置。一般来说，这些参数用户无须设置，默认即可。

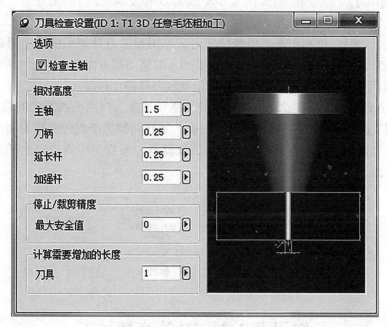

图 3-22 刀具检查设置对话框

（1）【检查主轴】：是否检查主轴碰撞。

（2）【相对高度】：设置主轴、刀柄、延长杆、加强杆的安全碰撞间隙。

（3）【停止/裁剪精度】：该容差值用于指定无碰撞运动的退刀/进刀点的间隙。

（4）【计算需要增加的长度】：刀具长度伸展或收缩的精度。

3. 计算刀具长度

hyperMILL 提供减少和延伸选项，条件是已有一个刀柄、延伸部分或主轴得到定义。

（1）【减少】：勾选该选项，如果刀具长度足够，hyperMILL 会自动计算刀具延伸长度，计算出最短的无碰撞刀具延伸长度。

（2）【延伸】：如果刀具长度不足，导致刀具延伸部分（刀柄或主轴）发生碰撞，hyperMILL 将自动计算刀具延伸长度，计算出更大的刀具长度。

4. 由于未定义干涉检查

如果碰撞无法通过改变刀具方向（5轴加工中）或通过增加刀具长度来避免，有以下加工策略可供选择。

（1）【停止】：出现碰撞时，刀具路径计算停止（适用于所有的加工策略）。

（2）【避免干涉】：在此选项下，需要避免碰撞的刀具将会侧移，以便尽可能深地以最陡峭的角度加工材料。

5. NC 参数

【NC 参数】栏用于定义输出 NC 代码的一些要求和设置，如图 3-23 所示。

【加工公差】：输入要求的公差。该数值定义了刀具路径生成计算时采用的准确度。

【G2/G3 输出】：平面内的圆弧作为 G02 或 G03 命令输出到 NC 程序内。如果该功能未启用，所有运动作为 G01 命令输出。该参数不适用于进退刀设置。

【最小槽穴尺寸】：可利用最小型腔尺寸定义可用相关刀具加工的最小型腔。默认情况下，该值为 3.5 倍刀具半径。小于该值的型腔加工时将不被考虑在内。

【执行之前停止】：刀具路径中的停止标记导致刀具停止移动。

【使用最小 G0 距离】：定义 G0 走刀的最大路径长度。当两个曲面的间隙小于该值时，刀具直接按加工进给率以 G1 方式运动接近曲面；当其间隙大于规定的最大间隙距离，系统将按照【加工参数】菜单中与退刀模式相关的设置退刀至安全距离或安全平面，再快速进给到下一个曲面。

图 3-23 NC 参数

知识点 3.2 3D 等高精加工

3D 等高精加工是具有基于斜率分析功能并在 Z 轴采用恒定方式的精加工，用于零件曲面的精加工，特别适用于陡峭曲面。3D 等高精加工对水平面不生成刀具路径。

鼠标左键单击【hyperMILL】菜单下的【工单】命令，或者【hyperMILL 工具】栏中的 按钮，弹出【选择新操作】对话框，依次选择【3D 铣削】和【3D 等高精加工】，单击【OK】 按钮，即可进入【3D 等高精加工】对话框，如图 3-24 所示。

3.2.1 刀具选项卡

3D 等高精加工支持 5 种刀具类型，分别是球头刀、立铣刀、圆鼻铣刀、圆球刀和圆鼓刀，如图 3-25 所示。

注意：残留高度模式中进行的层级精加工不支持立铣刀，而斜率分析加工中只能使用圆鼻铣刀和球头刀。

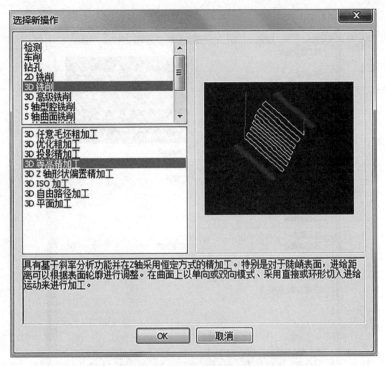

图 3-24 等高精加工

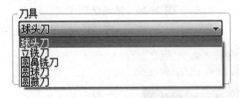

图 3-25 刀具类型

3.2.2 策略选项卡

【策略】选项卡用于定义精加工刀具路径计算的算法策略。3D 等高精加工的策略选项卡包含【加工优先顺序】、【进给模式】、【切削模式】、【刀具路径倒圆角】、【加工模式】、【选项】等栏，如图 3-26 所示。其中，【切削模式】和【刀具路径倒圆角】已经在前面的章节介绍了，此处不予赘述。

1. 加工优先顺序

【平面】：与 3D 任意毛坯粗加工中的【平面】模式相同。

【型腔】：与 3D 任意毛坯粗加工中的【型腔】模式相同。

【优先螺旋】：在切削深度方向，切削层之间的刀具路径不再通过退刀-抬刀-进刀进行，而是直接通过螺旋式的连续刀具路径进行加工。当激活该选项时，【策略选项卡】下方的界面将发生变化，【连接策略】栏被激活，如图 3-27 所示。

（1）【斜线连接】：若激活该选项，则相邻切削层之间的刀具路径通过斜线形状、以修圆角的方式连接。

图 3-26　策略选项卡

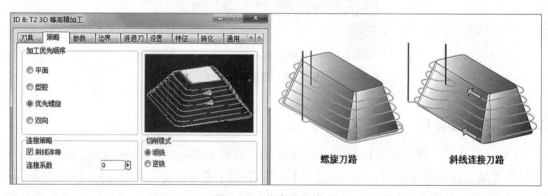

图 3-27　优先螺旋模式

（2）【连接系数】：定义斜线的长度（斜线长度＝刀具直径×连接系数）。如果连接系数值为 0，将以完整的螺旋式垂直路径进行进给。

【双向】：在切削深度方向，切削层之间的刀具路径不再通过退刀→抬刀→进刀进行，而是通过交替改换切削方向进行连接，如图 3-28 所示。

2. 进给模式

【进给模式】栏设置不同层之间刀具路径的连接方式，有 3 个选项，分别是【快速】、【平滑】和【直接】。

【快速】：在两个层之间移动时，两个层间的进刀和退刀设置之间会执行向安全距离或

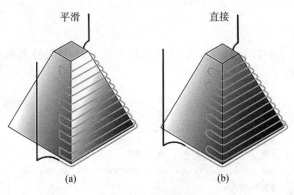

图 3-28　双向模式

安全平面方向的快速运移。在进行逐个平面加工时，如果要对多个型腔进行加工总是要使用该模式。

【平滑】：在两个层之间移动时，上一层路径的终点和下一层路径的起点之间的路径是最短路径，如图 3-28（a）所示。

【直接】：在两个层之间移动时，上一层路径的终点和下一层路径的起点之间的进给运动因经过修圆角处理而圆化，如图 3-28（b）所示。

3. 加工模式

由于算法的原因，等高精加工的刀具路径对于小斜率的曲面而言，加工效果总是不够理想。因此，系统提供了选择不同斜率曲面进行加工的功能，如图 3-29 所示。

图 3-29　斜率模式

【斜率模式】：该模式能够加工的最小的曲面斜率，最小曲面斜率通过【斜率角度】设置。若勾选该选项，则软件只对斜率大于【斜率角度】的曲面进行加工。

斜率分析加工只可以使用圆鼻铣刀和球头铣刀，并且无法与螺旋垂直步距结合使用。

4. 选项

【由下向上铣削】：精加工曲面时，刀具路径首先从曲面的底部开始加工，然后逐层向上方铣削，如图 3-30 所示。

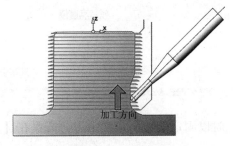

图 3-30　选项-由下向上铣削

121

3.2.3　参数选项卡

3D 等高精加工的【参数】选项卡如图 3-31 所示，其中部分参数已经在前面的章节中介绍过了，此处不予赘述。

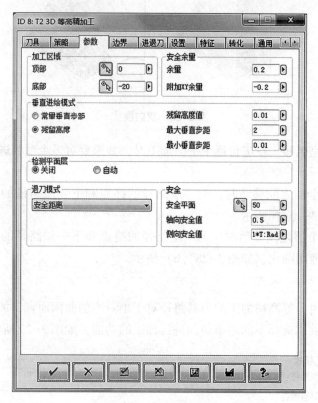

图 3-31　参数选项卡

等高精加工中，【垂直进给模式】是指刀具在 Z 轴方向的垂直步距设置模式，软件提供了两种模式：【常量垂直步距】模式和【残留高度】模式，如图 3-32 所示。

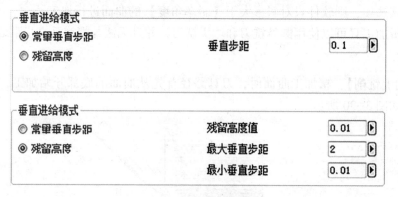

图 3-32　垂直进给模式

【常量垂直步距】：加工时以固定的切削深度走刀，需要在【垂直步距】框中设置具体的步距值。

【残留高度】：球刀在进给时，两个相邻切削刀具路径之间会存在一个切削盲区，即残留区域，如图 3-33 所示。残留区域的高度和刀具进给步距相关，进给步距越小，残留高度越小。因此，可以通过定义一定大小的残留高度值，来控制刀具的进给步距。该模式下，加工时不超过预先定义的残留高度值，刀具 Z 轴的切削深度取决于曲面曲率和陡度。【残留高度】模式有以下 3 个参数需要设置：

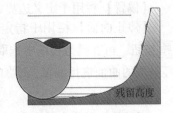

图 3-33　残留高度

（1）【残留高度值】：输入要求的残留高度值。请注意，使用进给模式中的残留高度选项将大大延长计算时间。

（2）【最小垂直步距】：限制刀具路径的垂直步距的下限。如果由于侧壁很陡而不能保持指定的残留高度，就不要采用太精细的垂直步距。如果侧壁很陡（陡度 > 40°）而且曲面很平滑时使用此参数。

（3）【最大垂直步距】：限制刀具路径的垂直步距的上限，用于防止刀具断裂。

3.2.4　边界选项卡

【边界】选项卡用于限定工单在 X-Y 平面上的加工范围。【边界】选项卡提供两种定义加工区域边界的策略，分别是【边界曲线】策略和【加工面】策略，这两种策略下选项卡的界面是不同的，如图 3-34 所示。

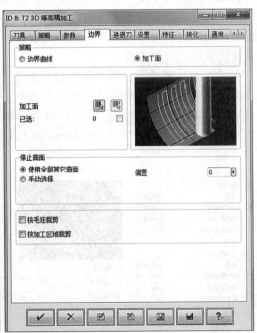

图 3-34　边界选项卡

1. 边界曲线

手动为工单指定加工区域，该区域通过边界曲线划定。

【边界】栏用于设定边界。单击该栏【重新选择】按钮，可在模型视图中选取曲线作为边界线，曲线可以是模型的轮廓曲线，也可以是用户自己创建的曲线。单击该栏【编辑选择】按钮，可对已经选取的曲线进行编辑，增加或删除曲线。

【偏置】栏用于定义边界曲线的偏置量。

【停止曲面】栏用于指定加工区域内某些不需要加工的曲面。单击该栏【重新选择】按钮，可在模型视图中选取需要不加工的曲面。单击该栏【编辑选择】按钮，可对已经选取的曲面进行编辑，增加或删除。

2. 加工面

手动为工单指定加工曲面，工单将以指定加工曲面的轮廓线为边界对刀具路径进行裁剪。

【加工面】栏用于指定加工曲面。单击该栏【重新选择】按钮，可在模型视图中选取需要加工的曲面。单击该栏【编辑选择】按钮，可对已经选取的曲面进行编辑，增加或删除。

【停止曲面】栏用于指定模型中的停止加工面。有两种模式，一种是【使用全部其他曲面】，表示模型中除了被选中的加工面以外所有的曲面都是停止曲面；另一种是【手动选择】，该模式需要用户手动指定停止曲面。

3.2.5 进退刀选项卡

【3D 等高精加工】的【进/退刀】模式有两种，分别是【自动】模式和【手动】模式。

在【自动】模式下，进刀和退刀的参数都是由软件自动设置的。如图 3-35（a）所示，进刀长度、侧向安全量、轴向安全量等都是默认设置的，并且是与刀具直径相关的。这些参数用户一般无须修改。如果确实需要修改，单击参数栏右侧的小三角形按钮，对这些参数进行编辑。编辑时，可以直接输入具体的数值，也可以输入关联到刀具直径参数的计算公式。不建议初学用户修改参数。

在【手动】模式下，用户可以自己指定进退刀的类型，如图 3-35（b）所示。这些进退刀类型在前面章节已经做过介绍，本节不予赘述。

图 3-35 进退刀选项卡

(a) 自动模式；(b) 手动模式

知识点 3.3 3D ISO 加工

3D ISO 加工主要用来对单个或多个连续曲面进行精加工。加工的刀具路径与曲面的 (U，V) 参数线的走向一致，以便与曲面流线充分配合。如果对多个面同时进行加工，要求这些曲面的 (U，V) 参数线之间是平滑过渡的，或者是曲面未经过裁剪的。

鼠标左键单击【hyperMILL】菜单下的【工单】命令，或者【hyperMILL 工具】栏中的 按钮，弹出【选择新操作】对话框，依次选择【3D 铣削】和【3D ISO 加工】，单击【OK】 **OK** 按钮，即可进入【3D ISO 加工】对话框，如图 3-36 所示。

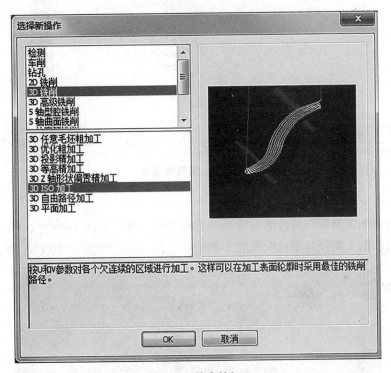

图 3-36 等高精加工

3.3.1 策略选项卡

【策略】选项卡用于定义精加工刀具路径计算的算法策略。

1. 策略与加工方向

【策略】栏用于设定 ISO 加工中刀具路径算法的基本策略，包含【ISO 定位】和【整体定位】两种，如图 3-37 所示。

【ISO 定位】：加工路径与所选曲面的 (U，V) 参数线方向保持一致。如果是单个曲面，则刀具路径与该曲面的 (U，V) 方向一致；如果是多个独立曲面，则每个曲面的刀具路径与该曲面的 (U，V) 方向一致；如果是多个连续曲面，则要求曲面之间必须连续，且曲面间的 (U，V) 线必须是光滑连接的。

ISO 定位刀具路径的进给方向由曲面的 (U，V) 参数指定，曲面 U 参数线方向和 V 参

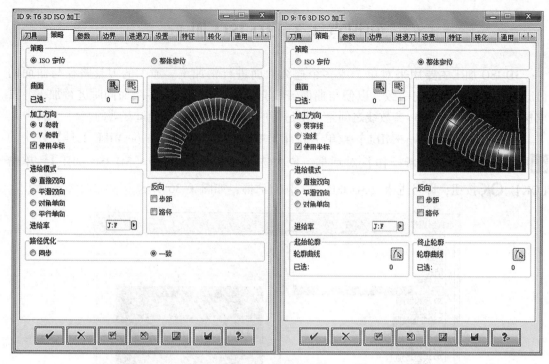

图 3-37　策略选项卡

数线方向相互垂直。

【U 参数】：加工路径与所选曲面的 U 参数线方向一致，如图 3-38（a）所示。

【V 参数】：加工路径与所选曲面的 V 参数线方向一致，如图 3-38（b）所示。

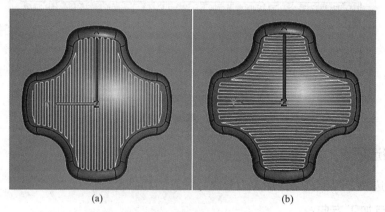

(a)　　　　　　　　　　　　　(b)

图 3-38　U 参数与 V 参数

(a) U 参数；(b) V 参数

【整体定位】：加工路径与所选曲面组的贯穿或流向方向保持一致。理想情况下，要求所选择的曲面之间不应有两个以上的相邻面，否则计算出来的刀具路径无法达到最优。整体定位刀具路径的进给方向由贯穿线和流线方向指定。

【贯穿线】：刀具进给方向与所选面的最长边界曲线平行的方向，如图 3-39（a）所示。

【流线】：贯穿线方向与流线方向垂直，如图 3-39（b）所示。

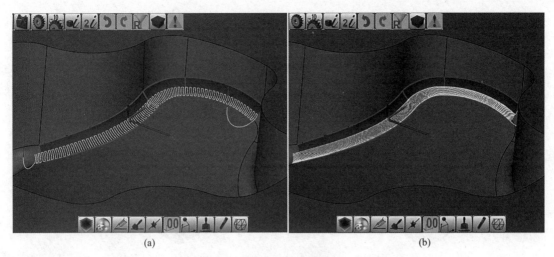

图 3-39　贯穿线和流线
（a）贯穿线方向；（b）流线方向

2. 进给模式

【进给模式】栏用来定义一个加工轨迹的终点和下一轨迹起点之间的水平步距进给模式。hyperMILL 提供 4 种进给模式，即【直接双向】、【平滑双向】、【对角单向】和【平行单向】。

【直接双向】：刀具路径往复切削，第一条刀具路径的终点和下一条刀具路径的起点之间，通过最短路径（直线）方式连接。

【平滑双向】：刀具路径往复切削，第一条刀具路径的终点和下一条刀具路径的起点之间，通过圆角方式平滑连接。

【对角单向】：所有刀具路径沿一个方向切削。在第一条刀具路径的终点位置抬刀，快速移动到相邻的第二条刀具路径的位置，再沿着第二条刀具路径的轨迹平行运动到下一条刀具路径的起点，然后下刀。

【平行单向】：所有刀具路径沿一个方向切削。在第一条刀具路径的终点位置抬刀，然后以对角线的方式快速移动到下一条刀具路径的起点，然后下刀。

不同的进给模式其刀具路径切换形态如图 3-40 所示。

3. 反向

控制刀具路径的整体切削方向。

【步距】：用于调换进刀和抬刀的位置。当勾选【步距】时，原刀具路径的进刀位置转换为退刀位置，原刀具的退刀位置变为进刀位置，如图 3-41 所示。

【路径】：用于调换刀具路径的进刀方向。当勾选【路径】时，新的刀具路径的切削方向与原路径的切削方向相反，如图 3-42 所示。

4. 路径优化

对刀具路径进行优化，该功能只在【ISO 定位】策略下被激活。HyperMILL 提供两种路径优化方法，分别是【一致】和【同步】，如图 3-43 所示。

【一致】：该路径是均匀分布的（整个面上路径之间的距离是一致的）。

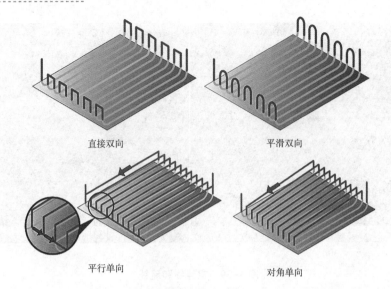

直接双向   平滑双向

平行单向   对角单向

图 3-40　进给模式

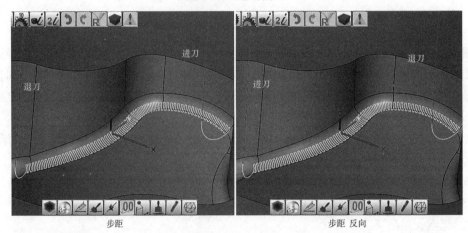

步距   步距 反向

图 3-41　步距反向

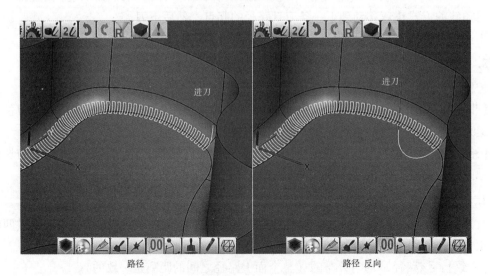

路径   路径 反向

图 3-42　路径反向

【同步】：该路径从要加工的面中心出发，进行对称分割（整个曲面上路径之间的距离不一致）。

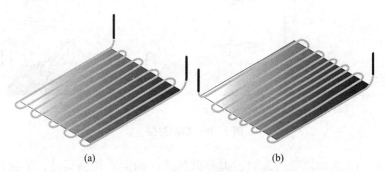

图 3-43　ISO 策略路径优化

（a）一致；（b）同步

5. 起始轮廓/终止轮廓

该功能只在【整体定位】策略下被激活。用于通过曲线控制曲面的加工起始位置和加工终止位置，如图 3-44 所示。

【起始轮廓】：选择起始轮廓曲线，以该曲线在曲面上的位置作为曲面加工的起始位置。

【终止轮廓】：选择终止轮廓曲线，以该曲线在曲面上的位置作为曲面加工的终止位置。

图 3-44　起始轮廓/终止轮廓

3.3.2　参数选项卡

3D ISO 加工的【参数】选项卡设置内容较少，本节主要介绍【进给量】和【切削类型】这两个选项栏。

1. 进给量

进给量用于定义步距和加工余量，如图 3-45 所示。

【3D 步距】：刀具在曲面上切削时，沿着曲面方向上的步距值。该步距值是 3D 的，即综合了 X、Y 和 Z 3 个轴方向上的步距。

【余量】：精加工后，残留在曲面上的毛坯余量。

图 3-45　进给量

2. 切削类型

【切削类型】栏用于定义刀具遇到凸台或型腔时刀具的运动方式，如图 3-46 所示。

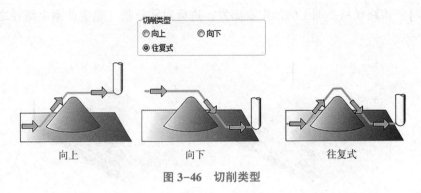

图 3-46　切削类型

【向上】：精加工曲面遇到凸起时，刀具做拉拔（向上）切削运动，清除凸起部分四周的材料。

【向下】：精加工曲面遇到下凹的面时，刀具做类似钻孔（向下）切削运动，清除型腔侧壁的材料。

【往复式】：铣削路径确切地沿着曲面流线，复合了向上和向下切削类型。往复式是加工编程中最常用的切削类型。

步骤1：设置工作目录

鼠标左键单击 hyperMILL 工具条中的【设置】 按钮，弹出【hyperMILL 设置】对话框，切换到【文档】选项卡，选择【路径管理】栏中的【项目】，并单击【模型路径】按钮，将模型文件所在的文件夹作为本项目的工作目录。

注意，在使用 hyperMILL 软件进行数控加工编程，一定要把模型文件保存在一个单独设置的文件夹内，因为 hyperMILL 软件在后面计算过程中会产生刀轨文件、刀具路径文件、NC 程序文件、备份文件等，将这些文件统一放在一个文件夹内容易管理。如果不使用单独的目录，所有模型的过程数据、NC 文件都保存在同一个默认的全局路径中，NC 文件会被覆盖，容易混淆。

步骤2：模型分析与加工工艺

1. 分析模型基本尺寸

鼠标左键单击【默认工具条】或【CAD 工具条】中的【物体属性】 按钮，弹出【物体属性】对话框，如图 3-47 所示。在模型视图区用鼠标框选或者按键盘的"A"键，选择整个模型，此时，在【物体属性】对话框的【物体属性】栏中，显示该模型的【物体尺寸】的长宽高为 90 mm ×90 mm ×25.001 mm。

2. 分析型腔宽度

单击【CAD 工具条】中的【两个物体信息】 按钮，弹出【两个物体信息】对话框，在模型视图中分别选择型腔两边中点，测量型腔的宽度为 50.362 032 mm，如图 3-48 所示。

图 3-47　测量模型整体尺寸

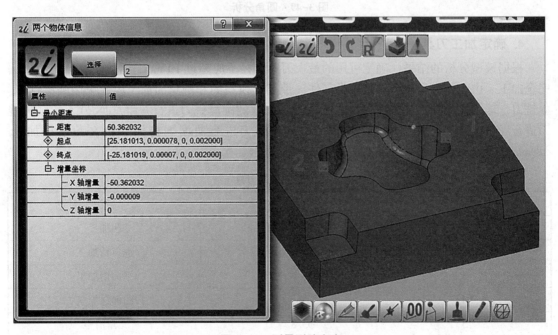

图 3-48　测量型腔宽度

3. 分析圆角

鼠标左键单击 hyperMILL 工具条中的【分析】█按钮，弹出【分析】对话框。在【分析】对话框中，选择下拉列表栏的【圆角分析】命令，然后单击【圆角信息】栏内的【曲面】栏，接着单击其右侧出现的【重新选择】 按钮，选择模型的所有面，分析模型中所有的圆角面。hyperMILL 会计算模型中的所有曲面和曲面的圆角信息，不同曲率的曲面用不同的颜色表示，并显示在列表中。如图 3-49 所示，模型中红色显示的倒圆角面为最小圆角，半径为 1.999 mm。

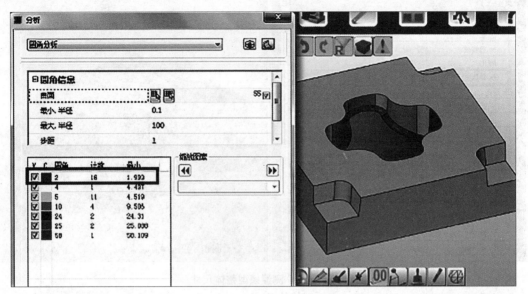

图 3-49　圆角分析

4. 确定加工刀具

根据模型分析的结果，确定可用的最大刀具直径不应超过 10 mm，否则的话圆角处无法完全加工。由于该模型是模具型腔类零件，带有拔模斜面和圆角曲面，因此采用圆鼻铣刀、立铣刀、球刀完成加工。最终，我们选择 ϕ10R0.5 的圆鼻铣刀进行开粗，ϕ8R0.5 的圆鼻铣刀进行虎口精加工，用 ϕ6 mm 和 ϕ3.8 mm 的球刀进行曲面的精加工和 R 角清根加 1，ϕ8 mm 的立铣刀进行平面的精加工，如表 3-1 所示。

表 3-1　加工刀具

工序	刀具名称	备注
1	ϕ10R0.5 圆鼻铣刀	粗加工
2	ϕ8R0.5 圆鼻铣刀	虎口精加工
3	ϕ8 立铣刀	平面精加工
4	ϕ6 球刀	曲面精加工
5	ϕ3.8 球刀	R 角清根

步骤 3：设置工单列表

在 hyperMILL 浏览器中，切换到【工单选项卡】，单击鼠标右键，选择【新建】→【工单列表】命令（快捷键为"Shift+N"），弹出【工单列表】对话框，直接单击【确认】 按钮，完成工单列表的创建。

1. 设置加工坐标系

首先将工作平面设置在分型面位置（模型的上平面）。鼠标单击【工作平面】菜单下的【在面上】（快捷键为 "Shift+S"）菜单，弹出【在面上】对话框。在模型视图中选择图 3-50 中的高亮平面，将当前工作平面设置为高亮平面的中心处，并在【另存为】栏输入当前工作平面的名称 "01" 进行保存，最后单击【确认】按钮完成工作平面设置。

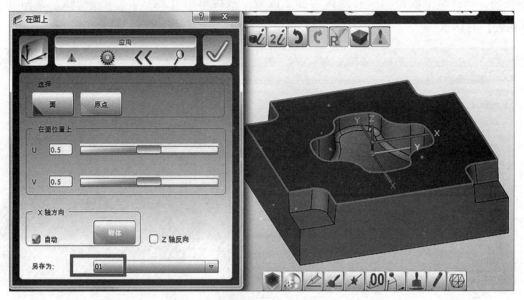

图 3-50　工作平面

双击工单列表进行编辑，在【工单列表设置】选项卡，单击【NCS】栏中的【定义加工坐标系】按钮，弹出【加工坐标系定义】对话框，如图 3-51 所示。在【定义】选项卡，单击【对齐】栏中的【工作平面】按钮，将当前工作平面设置为 G54 坐标系。最后单击【确认】按钮，返回到【工单列表】对话框。

图 3-51　对齐工作平面

2. 设置工件和毛坯

在【工单列表】对话框，切换到【零件数据】选项卡。勾选【模型】栏中的【已定义】单选框，在【分辨率】框中输入模型精度为 0.1，鼠标左键单击【新建加工区域】 按钮，弹出【加工区域】对话框，如图 3-52 所示。在【定义】选项卡，单击【重新选择】 按钮，选择整个模型的所有面作为加工区域。最后单击【确认】 按钮，返回【工单列表】对话框。

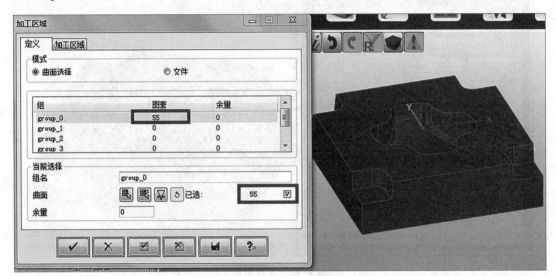

图 3-52　加工区域定义

勾选【毛坯模型】栏中的【已定义】单选框，鼠标左键单击被激活的【新建毛坯】 按钮，弹出【毛坯模型】对话框，在【模式】栏中选择【几何范围】，【几何范围】栏中选择【立方体】，单击【计算】按钮，设置以当前模型的包容块作为毛坯模型，如图 3-53 所示。最后单击【确认】 按钮，返回到【工单列表】对话框。

最后，单击【工单列表】对话框底部的【确认】 按钮，完成工单列表的设置。

步骤 4：型腔粗加工

运用 3D 铣削策略中的 3D 任意毛坯粗加工完成对模型粗加工编程。

鼠标左键单击 hyperMILL 工具条的【工单】 按钮，软件弹出【选择新操作】对话框，依次选择【3D 铣削】、【3D 任意毛坯粗加工】，单击【OK】按钮，系统弹出【3D 任意毛坯粗加工】对话框。

在【刀具】选项卡【刀具】栏的下拉列表中，选择刀具类型为【圆鼻铣刀】，然后单击【新建刀具】 按钮，新建一把圆鼻刀具"D10R0.5"，如图 3-54 所示。刀具的工艺参数可根据自身实际情况设置即可。

切换到【策略】选项卡，设置【加工优先顺序】为【型腔】，设置【平面模式】为【从内向外】；勾选【所有刀具路径倒圆角】和【在满刀期间降低进给率】选项，如图 3-55 所示。

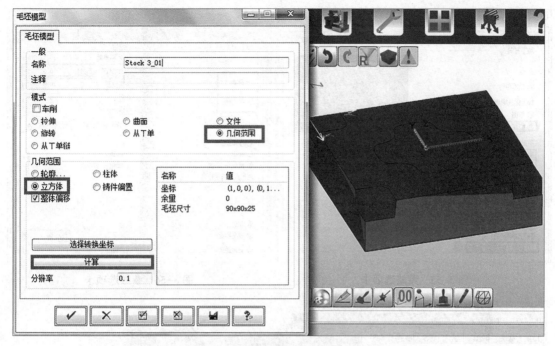

图 3-53 毛坯模型定义

图 3-54 新建刀具

切换到【参数】选项卡，在【加工区域】栏中，取消勾选【最高点】和【最低点】；在进给量板块中，设置水平【步距（直径系数）】为 0.6，【垂直步距】为 0.5；设置【余量】为 0.3，【附加 XY 余量】为 0；设置【检测平面层】为【优化-全部】模式；设置【退刀模式】为【安全平面】，【安全平面】高度为 50 mm，如图 3-56 所示。

切换到【设置】选项卡，设置当前工单使用的模型工单列表中定义的加工区域 "3_01"，设置毛坯模型为工单列表中定义的毛坯模型 "Stock 3_01"，如图 3-57 所示。

最后，单击【计算】按钮，生成刀具路径，如图 3-58 所示。

步骤 5：平面精加工

平面的精加工可通过 2D 型腔加工完成。

鼠标左键单击 hyperMILL 工具条的【工单】 按钮，新建一个【2D 铣削】、【型腔加工】工单。

在【刀具】选项卡，新建一把直径为 8 mm 的平底立铣刀 "D8"。

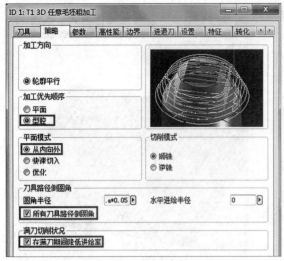

图 3-55 策略选项卡

图 3-56 参数选项卡

图 3-57 设置选项卡

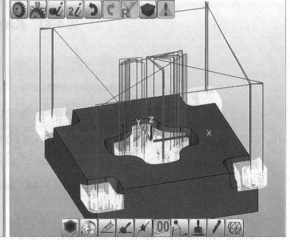

图 3-58 粗加工刀具路径

切换到【轮廓】选项卡，分别选择模型顶面轮廓曲线和虎口底面轮廓曲线作为轮廓边界，共6条边界，设置每条边界的坐标模式为【轮廓顶部】，顶部坐标为1，底部坐标为0，如图 3-59 所示。

因为这些平面都是开放的，因此需要将模型顶面的外轮廓曲线设置为开放曲线，将每一个虎口底面的两条相互垂直的曲线设置为开放曲线，如图 3-60 所示。

切换到【策略】选项卡，设置【加工模式】为【2D 模式】，【路径方向】为【顺铣】。

切换到【参数】选项卡，设置【垂直步距】为 10，【XY 毛坯余量】和【毛坯 Z 轴余量】为 0，设置【退刀模式】为【安全平面】，【安全平面】高度为 50。

单击【计算】按钮，计算平面精加工的刀具路径，如图 3-61 所示。

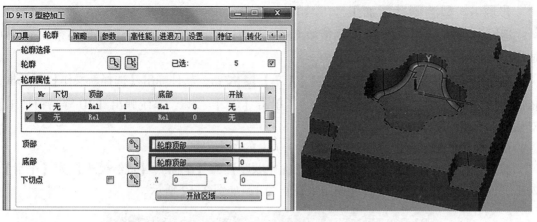

图 3-59　边界曲线

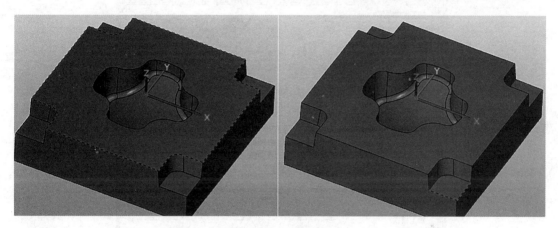

图 3-60　开放区域

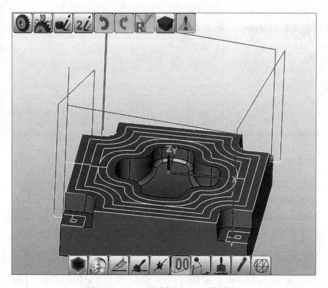

图 3-61　平面精加工刀具路径

步骤6：型腔侧壁精加工

运用3D铣削策略中的3D等高精加工完成对虎口侧壁的加工编程。3D等高精加工特别适用于陡峭的侧壁或曲面的加工。

鼠标左键单击hyperMILL工具条的【工单】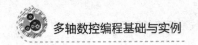按钮，软件弹出【选择新操作】对话框，依次选择【3D铣削】、【3D等高精加工】，单击【OK】按钮，系统弹出【3D等高精加工】对话框。

在【轮廓】选项卡，新建一把直径为6 mm的球头刀具"B6"。

切换到【策略】选项卡，设置【加工优先顺序】为【平面】，【进给模式】为【平滑】，勾选【内部圆角】选项，设置【圆角半径】为1，如图3-62所示。

图3-62　策略选项卡

切换到【参数】选项卡，设置【加工区域】的【底部】值为-25，该值要低于需要加工的侧壁的最低点的坐标。设置【垂直步距】为【常量垂直步距】、【垂直步距】值为0.1；在安全余量栏，设置【余量】值为0.35，【附加XY余量】为-0.35；在【检测平面层】栏，设置平面检测模式为【自动】；设置【退刀模式】为【安全距离】，如图3-63所示。

切换到【边界】选项卡，选择【策略】为【边界曲线】，单击【边界】栏右侧的【重新选择】按钮，选取图3-64中右侧高亮显示的型腔侧壁的外轮廓作为边界曲线。

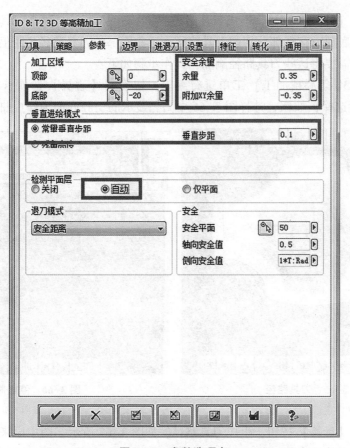

图 3-63 参数选项卡

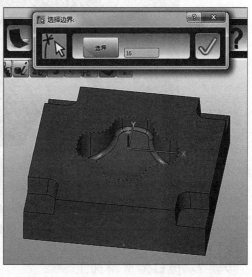

图 3-64 边界选项卡

最后，单击【计算】按钮，生成刀具路径，如图3-65所示。这个刀具路径在加工侧壁的同时，在型腔底部也存在部分切削刀具路径，这些底部的刀具路径步距值很大，完全没有意义。因此我们需要将这些刀具路径删除，操作步骤如下：

鼠标双击【3D等高精加工】工单进行编辑，切换到【边界】选项卡，单击【停止曲面】栏的【重新选择】按钮，选择图3-66中高亮显示的型腔底面为停止曲面。

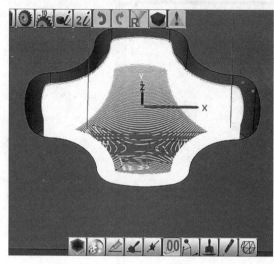

图3-65 刀具路径

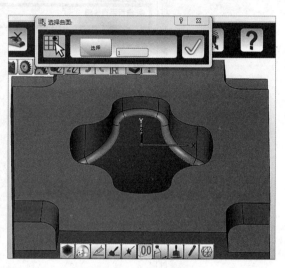

图3-66 停止曲面

最后，单击【计算】按钮，生成刀具路径，如图3-67所示，图中原来底面的铣削刀具路径被红色快速走刀线代替，不对底面进行加工。

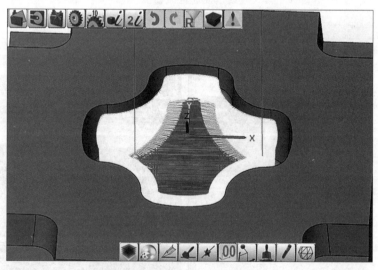

图3-67 型腔侧壁刀具路径

步骤7：虎口侧壁精加工

与型腔侧壁精加工一样，采用【3D等高精加工】工单完成对虎口侧壁的精加工。首先，先绘制裁剪边界曲线：单击【绘图】菜单下的【矩形】命令，弹出【矩形】对话框。

选择【物体类型】为【作为矩形】,【模式】为【对角点】,然后在模型视图中,选择虎口上部的两个对角点(见图3-68),绘制图示中的矩形。使用同样的方法,绘制另外三个虎口的矩形曲线。这些曲线将用于裁剪刀具路径。

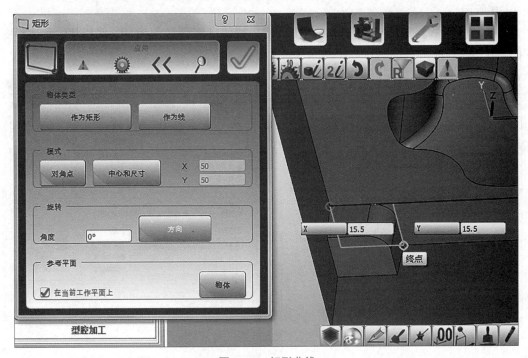

图3-68　矩形曲线

在【可视】栏,新建一个图层,命名为"辅助线"图层。将刚刚绘制好的矩形轮廓线移动到辅助线图层,方便统一管理,如图3-69所示。

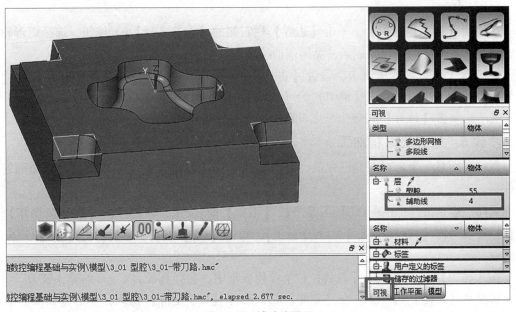

图3-69　辅助线图层

复制一个【3D 等高精加工】工单，并双击进行编辑。

在【轮廓】选项卡，新建一把直径为 8 mm，圆角半径为 0.5 mm 的圆鼻铣刀"D8R0.5"。

切换到【策略】选项卡，修改【加工优先顺序】为【型腔】，保持其他参数不变，如图 3-70 所示。

切换到【参数】选项卡，修改【加工区域】栏的【底部】值为-9，保持其他参数不变，如图 3-71 所示。

图 3-70　策略选项卡　　　　　　　　　　图 3-71　参数选项卡

切换到【边界】选项卡，单击【边界】栏右侧的【重新选择】 按钮，选择矩形轮廓曲线作为边界曲线；选择完成后，关闭辅助线图层的显示，如图 3-72 所示。

切换到【进退刀】选项卡，设置【进/退刀模式】为【手动】；设置【进刀】为【切线】，【长度】值为 3；设置【退刀】为【切线】，【长度】值为 3。

最后，单击【计算】按钮生成虎口精加工的刀具路径，如图 3-73 所示。

步骤 8：型腔底面精加工

型腔底面是一个带有 R 角的曲面，我们通过【3D ISO 加工】工单来完成对该曲面的加工编程。

鼠标左键单击【hyperMILL】工具条的【工单】 按钮，软件弹出【选择新操作】对话框，依次选择【3D 铣削】、【3D ISO 加工】，单击【OK】按钮，系统弹出【3D ISO 加工】对话框。

在【轮廓】选项卡，从【刀具】栏下拉列表框中，选择直径为 6 mm 的球头铣刀。

切换到【策略】选项卡，在【策略】栏，选择【ISO 定位】模式；单击【曲面】栏中的【重新选择】 按钮，选择型腔底部曲面作为加工曲面，如图 3-74 所示。在【加工方

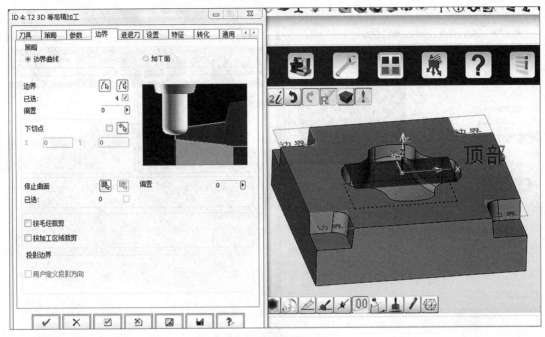

图 3-72　边界选项卡

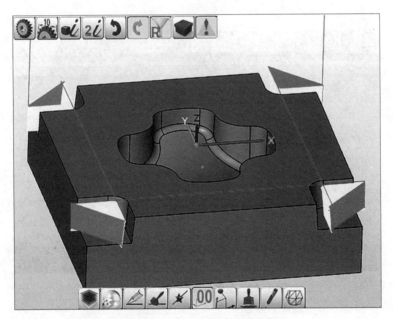

图 3-73　虎口精加工刀具路径

向】栏，选择【V 参数】；在【进给模式】栏，选择【平滑双向】。

切换到【参数】选项卡，在【进给量】栏设置【3D】步距值为 0.1，设置余量为 0。

切换到【进退刀】选项卡，设置【进刀】和【退刀】模式为【圆】，【圆角】值为 3。

最后，单击【计算】按钮，生成型腔底面精加工的刀具路径，如图 3-75 所示。

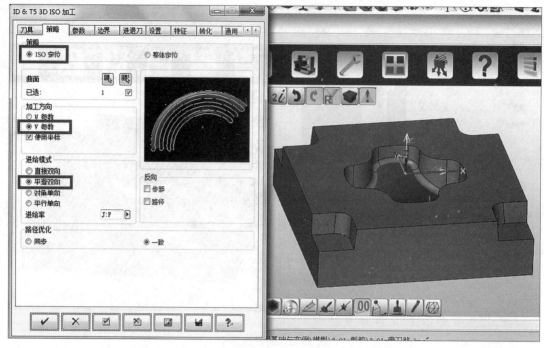

图 3-74　ISO 策略

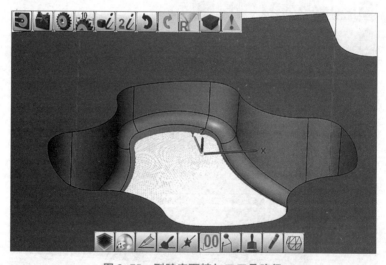

图 3-75　型腔底面精加工刀具路径

步骤 9：圆角清根

复制前一个【3D ISO 加工】工单，然后重新进行编辑。

在【轮廓】选项卡，新建一把直径为 3.8 mm 的球头铣刀。

切换到【策略】选项卡，在【策略】栏，选择【整体定位】模式；单击【曲面】栏中的【重新选择】按钮，选择型腔底部曲面的圆角面（共计 16 个）作为加工曲面，如图 3-76 所示。在【加工方向】栏，选择【流线】。

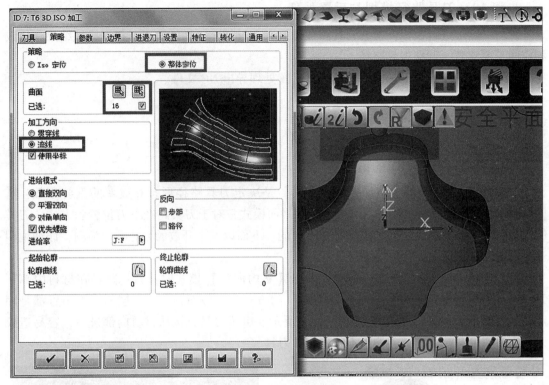

图 3-76　整体定位策略

切换到【进退刀】选项卡，设置【进刀】和【退刀】模式为【圆】，修改【圆角】值为 1。

最后，单击【计算】按钮，生成型腔圆角精加工的刀具路径，如图 3-77 所示。

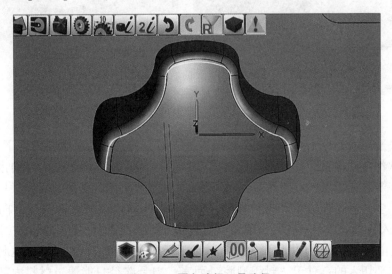

图 3-77　圆角清根刀具路径

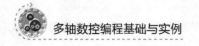
步骤 10：刀具路径模拟与后置处理

对刀具路径进行模拟，检查刀具路径是否存在过切、欠切的情况。根据模拟结果，修改相应的工单参数，调整刀具路径。

当确定刀具路径正确无误后，可通过后置处理导出 NC 文件。

分析与提升

1. 3D 任意毛坯粗加工的策略

在 3D 任意毛坯粗加工中，【平面模式】是决定刀具路径形态和效率的重要参数，有【从内向外】、【快速切入】和【优化】3 种平面模式，对于刀具路径下刀位置和方式、刀具的切削状态、刀具路径之间的连接都是不同的。下面以一个开放的型腔零件为例，详细说明三者之间的区别。

(1)【从内向外】：当开放式型腔采用【从内向外】模式时，刀具路径在材料内部下刀，通常采用【螺旋下刀】或【折线下刀】的方式。一般而言，每一层的下刀位置都是固定的，因此抬刀和退刀比较少，如图 3-78 所示。由于刀具直接从材料内部进刀，容易造成刀具满刀切削的情况。满刀切削不利于保护刀具。

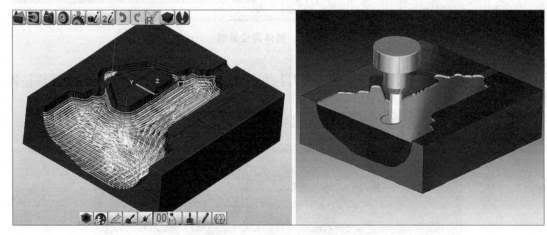

图 3-78　从内向外模式刀具路径

(2)【快速切入】：当采用【快速切入】模式时，刀具路径从材料外部下刀切入材料，进刀方式由软件自动设置，一般都是通过【切线】方式进刀。由于是由外向内切入的，在开放区域存在多个进刀点，不同进刀点之间通过 G0 快速走刀，因此刀具路径中红色的抬刀和进刀线会很多，但是都集中在材料外侧，如图 3-79 所示。相对于【从内向外】模式而言，【快速切入】模式的刀具路径出现满刀切削的方式会少很多，有利于保护刀具。

(3)【优化】：当采用【优化】模式时，对于开放型腔而言，刀具路径也是从材料外部开始向材料内部切入的；对于"封闭型腔"而言，刀具路径只能通过材料内部螺旋或者折线下刀；但是它们的路径是跟随零件轮廓切削的，如图 3-80 所示。由于刀具路径跟随零件的轮廓进给，所以也存在较多满刀切削刀具路径。【优化】模式一般而言更多地针对较为复杂的模型，该模式可以优化刀具路径的退刀运动，减少刀具退刀，还可以避免不必要的铣削运动，提高刀具路径的切削效率。

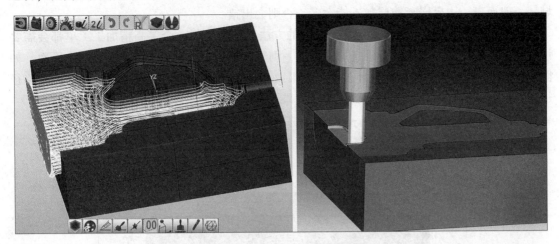

图 3-79　快速切入模式刀具路径

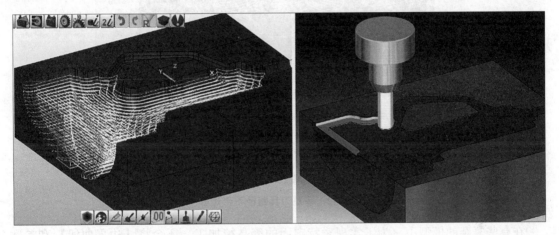

图 3-80　优化模式刀具路径

无论采用哪一种模式，软件都提供了调整满刀切削进给率设置。通常建议勾选【满刀切削状况】栏中的【在满刀期间降低进给率】选项，此选项要求在满刀切削时，刀具进给采用刀具【工艺】选项卡中【减速进给】中的进给值，如图 3-81 所示。

> 满刀切削状况
> ☐ 在满刀期间降低进给率

图 3-81　满刀切削进给

2. 3D 等高精加工中的刀具路径裁剪

在 3D 等高精加工中，确定加工区域（刀具路径范围）的方法一般有两种，分别是【边界】选项卡中的【边界曲线】和【加工面】。

1）边界曲线

当采用【边界曲线】方式确定加工区域时，软件只计算在定义的边界曲线范围内的边界，在边界外的刀具路径会被裁剪。hyperMILL 软件支持多个独立的边界，这时刀具路径被限制在多个独立的边界内；也支持嵌套的边界，这时刀具路径被限制在内外边界之间的区域。一般而言，边界嵌套的层数不能太多，否则会出错。

【边界曲线】是最常用的确定加工区域的方法，基本上每一个等高精加工工单都会需要设定加工区域，因为如果没有限定加工区域，则等高精加工会默认加工所有的非水平面。如图 3-82 所示，在该型腔侧壁精加工中，如果取消型腔的轮廓作为边界，则生成的刀具路径加工了模型中所有的非水平面（为了显示效果，这里垂直步距设置为 10）。

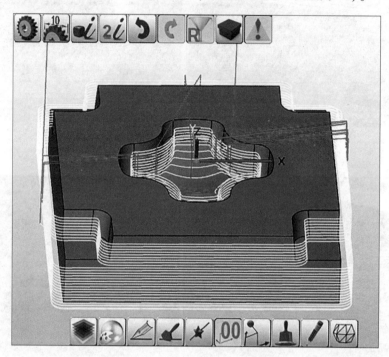

图 3-82　等高刀具路径不带边界

在有些复杂的模型中，为了实现对特定面的等高精加工，还会将【边界曲线】和参数选项卡中【加工区域】栏的【顶部】和【底部】值配合使用，同时在水平方向和 Z 轴方向确定刀具路径范围。

在【边界曲线】模式下，软件还提供了【停止面】功能。该功能的作用是指定边界曲线范围内某些不需要被加工的面，这些被指定为停止面的曲面上将不会产生刀具路径。在本例中，为了只加工型腔的侧壁，除了要为等高精加工工单设置型腔轮廓作为边界外，还需要将型腔的底面设置为【停止面】。图 3-83（a）没有将型腔底面设置为停止曲面，这时底面上会产生一些稀疏的刀具路径。这些稀疏刀具路径的产生是由于等高精加工刀具路径算法对于平坦曲面加工不友好导致的，这些刀具路径实际上并没有什么作用；3-83（b）将型腔底面设置为停止曲面后，型腔底面上就不再生成刀具路径，侧壁的切削刀具路径在碰到底面后就会抬刀并快速移动到下一个侧壁切削的切入点。

2）加工面

【加工面】是【3D 等高精加工】提供的第二种设置加工范围的方法。与【边界曲线】不同，加工面只能指定模型中存在的整个曲面或多个曲面，可以看作是以这些曲面的轮廓线作为边界曲线。因此，该方法无法对曲面进行进一步的划分。

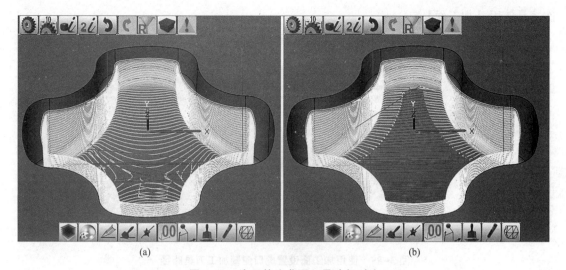

(a)　　　　　　　　　　　　　　　(b)

图3-83　有无停止曲面刀具路径对比

（a）无停止曲面；（b）有停止曲面

如果要用加工面的方式对型腔侧壁进行精加工，操作如下：在【边界】选项卡的【策略】栏，选择【加工面】选项；在【加工面】栏，单击【重新选择】 按钮，选择型腔的侧壁曲面（图3-84（a）中高亮显示）。在【停止曲面】栏，软件自动默认模型中的全部其他曲面为停止曲面。其余选项卡的参数设置和前述一致。

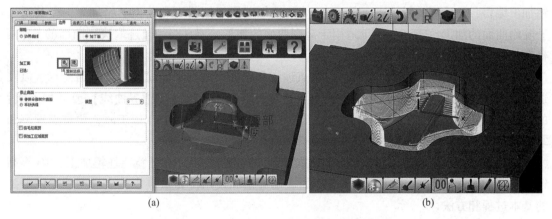

(a)　　　　　　　　　　　　　　　(b)

图3-84　使用加工面设置型腔侧壁刀具路径

图3-84（b）所示为采用加工面方式加工型腔侧壁的刀具路径，很明显这个刀具路径和采用边界曲线方式获得刀具路径有很大的差别，尤其是进刀和退刀的路径。

当采用【加工面】方式确定加工区域时，对于一些曲面来说会出现刀具路径不规则的情况。下面以虎口侧壁加工为例进行说明。在虎口侧壁精加工中，在【边界】选项卡的【策略】栏选择【加工面】策略，加工面设置为虎口侧壁的3个面，得到的刀具路径如图3-85（a）所示。从图3-85（b）中，可以明显地看出，虎口精加工刀具路径的进退刀存在明显的不规则性。

因此，建议在使用3D等高精加工时，优先使用【边界曲线】来确定加工区域范围，其

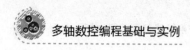
次才是使用【加工面】。

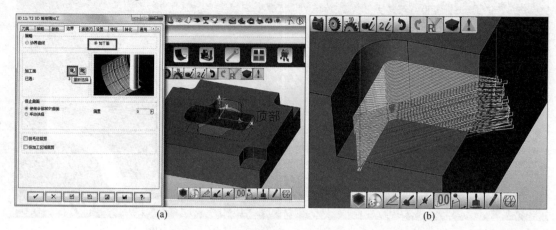

图 3-85　使用加工面设置虎口侧壁加工刀具路径

 总　结

　　本章主要介绍了 hyperMILL【3D 铣削】策略中常用的【3D 任意毛坯粗加工】、【3D 等高精加工】和【3D ISO 加工】这三个工单，详细介绍了其【刀具】、【轮廓】、【策略】、【参数】、【进退刀】、【设置】等选项卡的基本参数。3D 任意毛坯粗加工可用于任意零件的粗加工编程，是通用的粗加工工单；3D 等高精加工用于倾斜面和曲面的精加工，尤其适用于陡峭曲面的加工；3D ISO 加工适用于规则曲面的加工，刀具路径轨迹取决于曲面的 UV 网格线。

　　在应用 3D 任意毛坯粗加工时，要重点理解和掌握不同的平面模式的刀具路径特点以及适用性。在应用 3D 等高精加工时，要重点理解和掌握如何通过【边界曲线】或【加工面】的方法来设置等高精加工刀具路径的加工区域范围。在应用 3D ISO 加工时，要重点理解和掌握【ISO 定位】策略、【整体定位】策略下刀具路径的加工方向。

　　最后通过一个简单的模具型腔零件的加工编程实例，学习 3D 任意毛坯粗加工、3D 等高精加工和 3D ISO 加工在实际零件加工中的应用方法和技巧，要重点掌握模具型腔零件加工的基本过程和方法。

3D 铣削策略与型腔零件加工案例

本项目通过一个模具型腔零件的加工编程案例，学习 hyperMILL 软件 3D 铣削策略中的 3D 投影精加工、3D 清根加工的基本参数设置，并掌握模具型芯零件的粗加工和曲面精加工方法。

知识目标

（1）理解 3D 铣削策略的刀路计算原理；

（2）理解和掌握工单列表的设置；

（3）理解和掌握 3D 策略中 3D 投影精加工的基本参数和设置；

（4）理解和掌握 3D 策略中 3D 清根加工的基本参数和设置；

（5）理解和掌握刀路的裁剪。

技能目标

（1）掌握 3D 铣削策略中 3D 任意毛坯粗加工的应用；

（2）掌握 3D 铣削策略中 3D 投影精加工的应用；

（3）掌握 3D 铣削策略中 3D 清根加工的应用；

（4）掌握模具型芯零件的粗加工和精加工的基本方法；

（5）掌握刀路的模拟和后置处理方法。

素养目标

（1）培养认真、负责、科学的工作态度；

（2）强化严谨细致、一丝不苟的工作精神；

（3）提高 CAM 操作的规范性职业素养。

模具型芯零件，即模具的动模仁，安装在模具的动模框中。该类零件通常包含虎口和独立的型芯。如图 4-1 所示，本案例所采用的模具型芯零件，包含 4 个独立的虎口特征和一个独立的型芯。型芯侧壁为带有拔模角度的斜面或曲面。

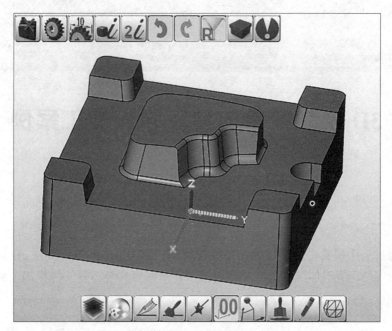

图 4-1　型芯零件模型

利用 hyperMILL 软件，完成对该模具型芯零件的加工编程任务，具体要求如下：

（1）正确设置项目路径；

（2）建立工单列表，确定加工坐标系、模型和毛坯模型；

（3）分析模型，确定加工用的刀具和工艺参数；

（4）运用 3D 任意毛坯粗加工完成该模型的粗加工 NC 编程；

（5）运用 3D 等高精加工、3D 投影精加工和 3D 清根加工完成该模型的精加工 NC 编程；

（6）对粗加工和精加工进行模拟仿真；

（7）通过后置处理生成加工程序。

知识链接

知识点 4.1　3D 投影精加工

3D 投影精加工是通过不同的导引曲线策略进行单个或多个曲面铣削的精加工工单。所谓投影，是指根据设定的引导曲线，在某个理想的 *XY* 平面上计算产生刀路，然后将该刀路投影到待加工零件的曲面上，形成投影后的加工刀路。3D 投影精加工的刀路与引导曲线密切相关的，不同的引导曲线会产生不同的刀路形态。3D 投影精加工也支持边界曲线和加工面来对加工区域进行限制。

鼠标左键单击【hyperMILL】菜单下的【工单】命令，或者【hyperMILL 工具】栏中的按钮，弹出【选择新操作】对话框，依次选择【3D 铣削】和【3D 投影精加工】，单击

【OK】按钮，即可进入【3D 投影精加工】对话框，如图 4-2 所示。

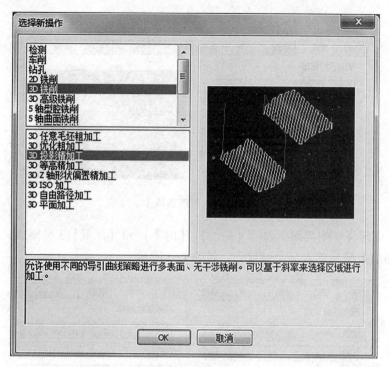

图 4-2　3D 投影精加工

4.1.1　刀具选项卡

3D 投影精加工支持 4 种刀具类型，分别是球头刀、立铣刀、圆鼻铣刀和圆球刀，如图 4-3 所示。

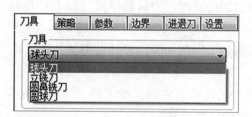

图 4-3　刀具选项卡

注意：残留高度模式进行的投影精加工只能使用球头铣刀，斜率分析加工中只能使用圆鼻铣刀和球头刀。

4.1.2　策略选项卡

【策略】选项卡用于定义投影加工刀具路径的计算策略。

【策略】选项卡中的【横向进给策略】用于定义加工轮廓线及引导线，确定刀具的加工运动（路线）的方向和特定范围。【横向进给策略】有 3 个下拉栏，第一个下拉栏用于定义引导曲线，共有 8 种定义方式，大致上可分为 5 组，分别是 X 轴和 Y 轴、偏置和法向、流线和直纹、引导曲线、型腔，如图 4-4 所示。

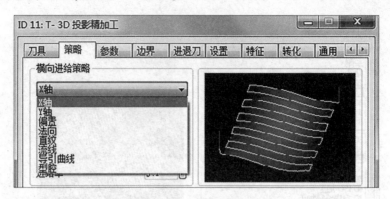

图 4-4　策略选项卡

第二栏用于定义切削类型，包括【向上】、【向下】和【反复】3 种模式，此选项与 ISO 加工中的【切削类型】的含义是一致的，如图 4-5 所示。

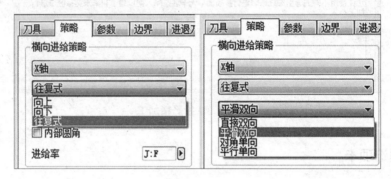

图 4-5　切削类型和进给模式

【向上】：精加工曲面遇到凸起时，刀具做拉拔（向上）切削运动，清除凸起部分四周的材料。

【向下】：精加工曲面遇到下凹的面时，刀具做类似钻孔（向下）切削运动，清除型腔侧壁的材料。

【往复式】：铣削路径确切地沿着曲面流线进给，该方式复合了向上和向下切削类型。往复式是加工编程中最常用的切削类型。

第三栏用于定义进给模式，进给模式给出了一个 NC 轨迹的终点和下一轨迹起点之间的水平步距的类型，包括【直接双向】、【平滑双向】、【对角单向】和【平行单向】4 种模式。

不同的横向进给策略下，【策略】选项卡的界面功能会有所不同。下面将详细介绍每一组策略的含义及对应的参数设置。

1. X 轴和 Y 轴

【X 轴】：以 X 轴作为标准轮廓的引导曲线，刀具的 NC 路径的切削方向与 X 轴的正向平行，横向进给方向为切削方向左侧方向（即 Y 轴的正向）。

【Y 轴】：以 Y 轴作为标准轮廓的引导曲线，刀具的 NC 路径的切削方向与 Y 轴的正向平行，横向进给方向为切削方向左侧方向（即 X 轴的负向）。

当采用 X 轴或 Y 轴策略时，需要在【边界】选项卡指定加工范围，否则软件会将刀路投影到整个零件面上。如图 4-6（a）所示，如果不设置边界曲线或加工面，则刀路沿着 Z 轴方向投影到整个零件表面，产生的刀路是无法使用的。图 4-6（b）通过加工面将刀路限制在型芯顶部曲面内。

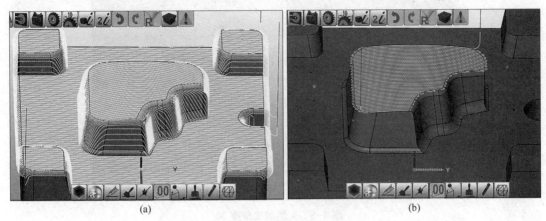

(a) (b)

图 4-6　Y 轴策略刀路

(a) Y 轴无边界；(b) Y 轴有边界

当【横向进给策略】被设定为【X 轴】或【Y 轴】时，【策略】选项卡界面如图 4-7 所示。

（1）【加工角度】：设置刀具路径的切削方向与引导曲线之间的角度。【加工角度】默认为 0，表示切削方向与引导曲线（X 轴或 Y 轴）方向一致。如图 4-8 所示，当加工角度设置为 30° 时，刀具路径方向与引导曲线（X 轴或 Y 轴）呈 30° 夹角。

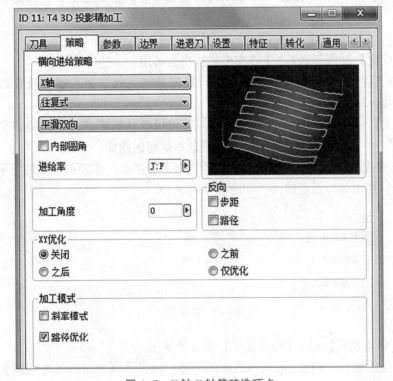

图 4-7　X 轴 Y 轴策略选项卡

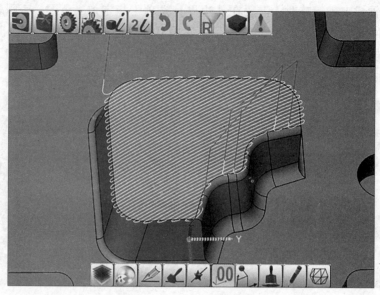

图 4-8　Y 轴加工角度 30°

（2）【XY 优化】：增加去除投影精加工过程中用标准投影加工留下的加工痕迹的最终精加工刀路。该栏包含 4 个选项，分别是【关闭】、【之前】、【之后】和【仅优化】。

【关闭】：关闭 XY 优化功能。

【之前】：同时计算投影精加工刀路和最终精加工刀路，最终精加工刀路在投影加工开始之前执行。

【之后】：同时计算投影精加工刀路和最终精加工刀路，最终精加工刀路在投影加工开始之后执行。

【仅优化】：仅计算产生精加工刀路。

当【XY 优化】功能开启后，【斜率模式】将被禁用。

（3）【加工模式】：在对大斜率曲面进行投影精加工时，加工效果通常都不尽如人意（留有大量的残余材料）。

【斜率模式】：为了节省时间，在加工时，可以根据其斜率通过可选的斜率模式指定一个最大曲面斜率角，以便在加工过程中先避开这些陡峭的曲面。

激活斜率模式，投影加工只加工设定范围内斜率的曲面。曲面斜率值的下限和上限通过【从】和【到】栏中的对话框输入，如图 4-9 所示。

加工模式		
☑ 斜率模式	从	0 ▶
☑ 路径优化	到	45 ▶
☐ 平滑重叠		

图 4-9　斜率模式

当激活【斜率模式】后，【路径优化】功能被禁用。

（4）【路径优化】：优化进给刀路之间的连接，减少不同加工区域之间或者凹孔、槽之间的退刀和进刀动作，如图 4-10 所示。

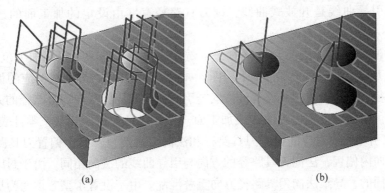

图 4-10 路径优化

（a）未启用路径优化；（b）启用路径优化

2. 偏置和法向

【偏置】：又称等距轮廓，以一条自由轮廓为引导曲线，刀具路径的切削方向是引导曲线的一系列等距偏置，偏置距离通过水平步距值计算得到，如图 4-11 所示。如果引导曲线是开放式曲线，则刀具路径长度与引导曲线长度相等或者由设定的加工面的边界确定。如果引导曲线是封闭曲线，则刀具路径是封闭引导线的等距偏置，从外向内加工，可以通过反转步距方向，将加工方向改为从内向外加工，如图 4-12 所示。

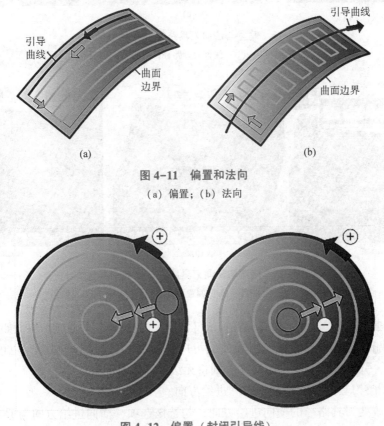

图 4-11 偏置和法向

（a）偏置；（b）法向

图 4-12 偏置（封闭引导线）

【法向】：以一条自由轮廓为引导曲线，刀具路径的切削方向垂直于（法向）引导曲线的方向。如果引导曲线是开放式曲线，则刀具路径宽度由设定的加工面的边界确定，如图 4-11 所示。

当采用【偏置】或【法向】策略时，需要在【边界】选项卡指定加工范围或加工面，否则软件会将刀路投影到整个零件面上。图 4-13 所示为开放引导曲线对应的偏置刀具路径和法向刀具路径，其中偏置刀具路径的方向与引导曲线相同，法向刀具路径的方向与引导曲线的法向相同。由于未设置边界曲线或加工面，刀具路径被投影到整个零件表面上。图 4-14 所示为封闭引导曲线对应的偏置刀具路径和法向刀具路径，其中偏置刀具路径形状是引导曲线的等距向内偏置，法向刀具路径的方向与引导曲线的法向相同。由于封闭曲线上每个点的法向是不同的，导致法向刀具路径方向重叠混乱。由于设置了型芯顶面为加工面，因此刀具路径只投影到型芯的顶部曲面上。

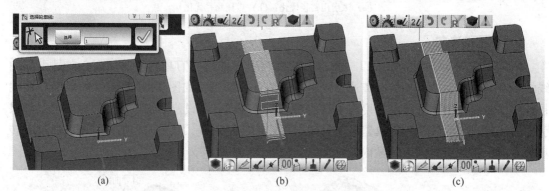

(a) (b) (c)

图 4-13　偏置与法向刀具路径（开放引导线）

（a）引导曲线；（b）偏置刀具路径；（c）法向刀具路径

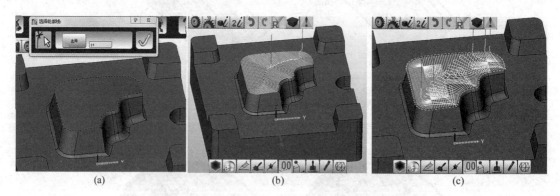

(a) (b) (c)

图 4-14　偏置与法向刀具路径（封闭引导线）

（a）引导曲线（封闭）；（b）偏置刀具路径；（c）法向刀具路径

当【横向进给策略】被设定为【偏置】或【法向】时，【策略】选项卡界面如图 4-15 所示。

【轮廓曲线】：设置引导曲线，引导曲线可以是模型中已有的轮廓线，也可以是用户自己绘制的曲线。引导曲线不要自相交，否则将无法计算刀具路径。

【反向】调整刀具路径的切削方向和进给方向。

【步距】：改变刀具路径的横向进给方向。勾选该选项，横向进给方向与原方向相反。

【路径】：改变刀具路径的加工方向。勾选该选项，加工方向与原方向相反。

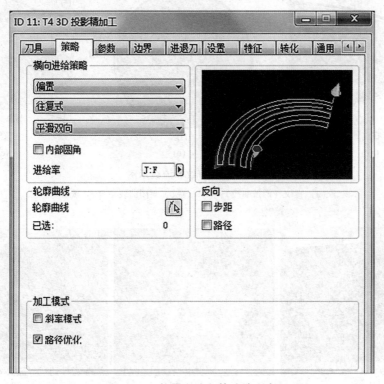

图 4-15　偏置和法向策略选项卡

3. 直纹和流线

【直纹】：直纹策略需要两条引导曲线，引导曲线之间不能相互交叉，而且方向相同。如果两条引导曲线的方向相反，则会计算出扭曲的刀具路径，无法使用。加工范围由两条引导曲线的起点和终点限定，刀具路径不会超出引导曲线起点之间的连线和终点之间的连线，如图 4-16（a）所示。同时可以叠加边界曲线或加工面，对加工范围进行进一步的限制。

在【直纹】策略下，如果一条引导曲线是封闭曲线，另一条引导曲线是封闭曲线内的一个点，则会生成放射性的刀具路径，如图 4-16（b）所示。

【流线】：流线策略需要两条引导曲线，引导曲线不能相互交叉，而且方向相同。如果两条引导曲线的方向相反，则会计算出扭曲的刀具路径，无法使用。加工范围由两条引导曲线的起点和终点限定，刀具路径不会超出引导曲线起点之间的连线和终点之间的连线，如图 4-16（c）所示。同时可以叠加边界曲线或加工面，对加工范围进行进一步的限制。

图 4-17 所示为直纹和流线刀具路径，图中两条紫色曲线为选取的引导曲线，两条引导曲线的红色箭头和蓝色箭头方向都是一致的，生成的刀路限制刚好在引导曲线划定的范围内。其中直纹刀具路径是上下往复切削，流线刀具路径是水平往复切削。

当两条引导曲线的方向不一致时（图 4-18 中引导曲线的红色箭头相反），则会产生扭曲的直纹和流线刀具路径，这些刀具路径是错误的，无法用于加工。

当【横向进给策略】被设定为【直纹】和【流线】时，【策略】选项卡界面如图 4-19 所示。

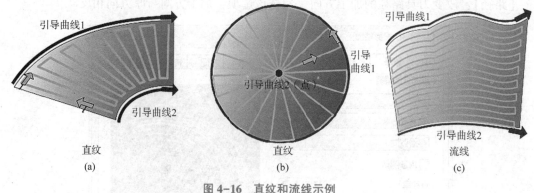

图 4-16　直纹和流线示例

（a）直纹（两条曲线）；（b）直纹（封闭曲线）；（c）流线

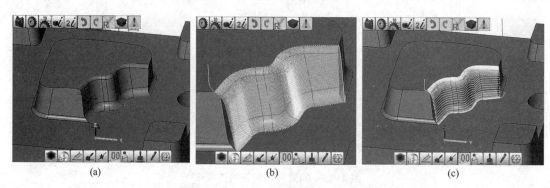

图 4-17　直纹和流线刀具路径对比

（a）引导曲线；（b）直纹刀具路径；（c）流线刀具路径

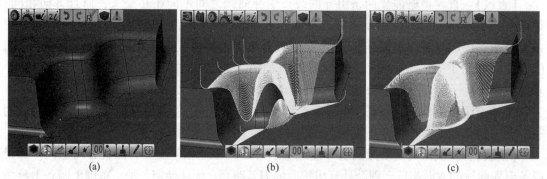

图 4-18　引导曲线方向不一致时的刀具路径

（a）引导曲线（方向不一致）；（b）直纹刀具路径；（c）流线刀具路径

（1）【轮廓曲线】：用于定义引导曲线。引导曲线可以是模型上的轮廓线，也可以是用户自定义的曲线。这里需要选择两条引导曲线，要求引导曲线之间不相交，且方向一致。

（2）【同步刀具路径】：用于定义同步线。同步线是两条引导曲线之间的连接直线或曲线，影响着内引导曲线上的步距计算。可通过不同的同步线组控制曲面加工以及调节进给（步距）距离。

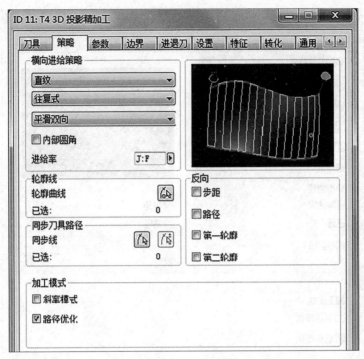

图 4-19　直纹和流线策略选项卡

（3）【反向】。

【第一轮廓】：调整第一条引导曲线的方向，使之反向。

【第二轮廓】：调整第二条引导曲线的方向，使之反向。

4. 引导曲线

引导曲线：刀具路径沿着引导曲线或在平行于引导曲线的窄条上的加工。当【横向进给策略】选择【引导曲线】时，【策略】选项卡的界面如图 4-20 所示。

（1）【轮廓曲线】：用于定义引导曲线。引导曲线可以是一条，也可以是多条。

（2）【偏移区域】：设置平行于引导曲线的窄条的宽度。这里有两个参数值，分别是【从】值和【到】值。【从】值和【到】值可以是正数，也可以是负数。如果【从】值和【到】值的数值相等，则只加工一条轨迹。

如图 4-21 所示，当【从】值等于【到】值时，刀具路径与引导曲线完全重合；当【从】值和【到】值不相等时，加工区域为以引导曲线偏置的一个区域，该区域的边界由引导曲线起点和终点的法向确定，宽度由【从】值和【到】值确定。当【从】值和【到】值都是负数或正数时，加工区域位于引导曲线的左侧或右侧，具体哪一侧取决于引导曲线的方向；当【从】值和【到】值是一正一负时，加工区域拓展到引导曲线的两侧。引导曲线的方向可通过【反向】栏中的【路径】选项进行调整。

5. 型腔

【型腔】：根据带一定余量（偏置）的型腔轮廓对预加工型腔进行平面处理。当【横向进给策略】选择【型腔】时，【策略】选项卡的界面如图 4-22 所示。

（1）【轮廓线】：用于选择型腔轮廓作为引导曲线。轮廓曲线必须是封闭的。

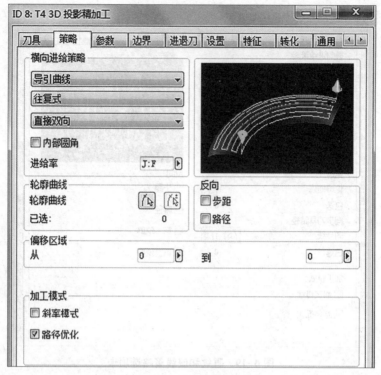

图 4-20　引导曲线策略选项卡

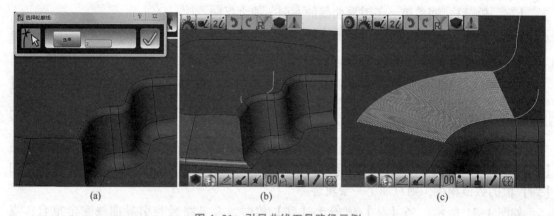

(a)　　　　　　　　　　　(b)　　　　　　　　　　　(c)

图 4-21　引导曲线刀具路径示例

(a) 引导曲线；(b) 从 0 到 0；(c) 从 -10 到 0

（2）【预加工型腔】：设置预加工型腔轮廓偏置量，表示刀具路径的加工范围相对于型腔轮廓之间的偏置距离。

（3）步距方向有以下两个。

【从内向外】：加工方向从型腔内部加工到外部。

【从外向内】：加工方向从型腔外部加工到内部。

如图 4-23 所示，选择图 4-32（a）中高亮显示轮廓线作为型腔轮廓，当预加工型腔余量为 0 时，刀具路径如图 4-23（b）所示；当预加工型腔余量为 5 时，刀具路径如图 4-23（c）所示。

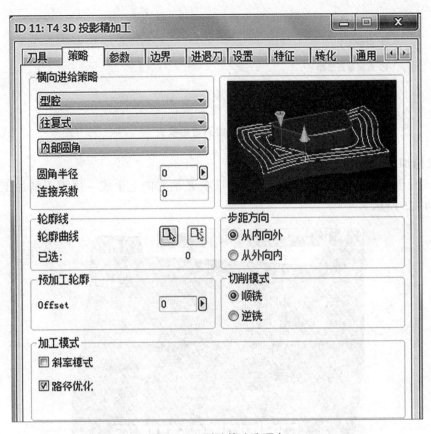

图4-22　型腔策略选项卡

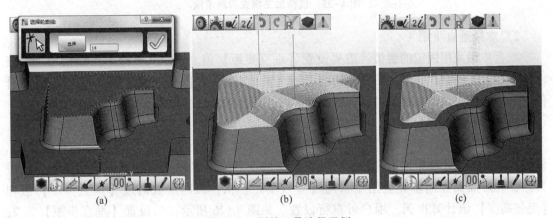

(a)　　　　　　　　　　　(b)　　　　　　　　　　　(c)

图4-23　型腔刀具路径示例

(a) 型腔轮廓；(b) Offset 0；(c) Offset 5

4.1.3　参数选项卡

1. 垂直进给模式

垂直进给模式用于定义各铣削路径之间垂直步距的计算方法。垂直进给模式有3种：
【仅精加工】模式、【常量垂直步距】模式和【平行步距】模式，如图4-24所示。

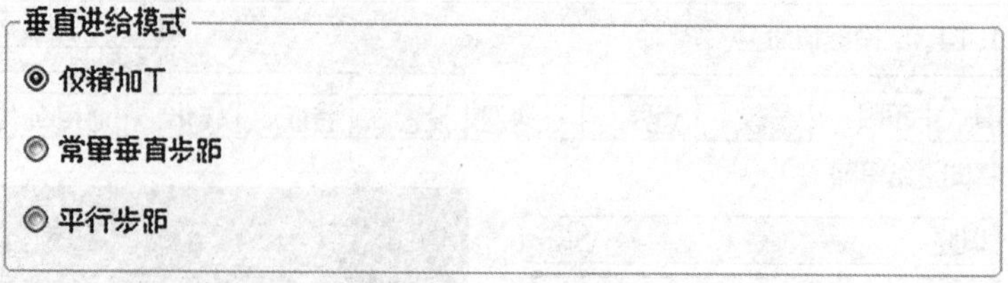

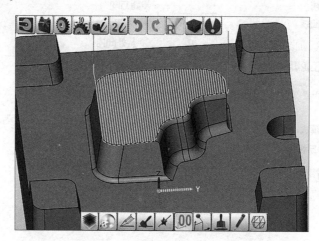

图 4-24 垂直进给模式

1）仅精加工

该模式只创建精加工路径。该模式下，只在 Z 轴方向上生成一层用于精加工曲面的刀路，如图 4-25 所示。

图 4-25 仅精加工模式刀路示例

2）常量垂直步距

垂直步距采用固定的数值，需要设置【垂直步距】值。该模式下除了生成精加工刀路之外，在上方还会存在多层的平面切削刀路，平面切削刀路的垂直进给量采用【垂直步距】值。平面切削刀路的层数是由软件自动计算的，用户无法进行设置。

3）平行垂直步距

垂直步距以平行于工件顶面的方向进行，需要定义【垂直步距】和【毛坯高度】值。该模式下应首先计算精加工刀路，然后将该精加工刀路向 Z 轴正向偏置生成多层的切削刀具路径。刀具路径的垂直进给量采用【垂直步距】值，刀路层数通过【垂直步距】值和【毛坯高度】值计算得到，用户可自行设置。如图 4-26 所示，当设置【垂直步距】为 2，【毛坯高度】为 8 时，一共生成 4 层刀具路径。

2. 水平进给模式

水平进给模式用于确定刀具路径在水平方向上进给步距的计算方式。水平进给模式有 3 种：【常量步距】模式、【残留高度】模式和【曲线投影常量】模式，如图 4-27 所示。

1）常量步距

该模式要求刀具路径水平进给量采用常量值，需要设定【水平步距】值。在曲面精加工中，大都采用球头铣刀进行加工，要求步距值要很小，常用的参考步距值为 0.05~0.15。

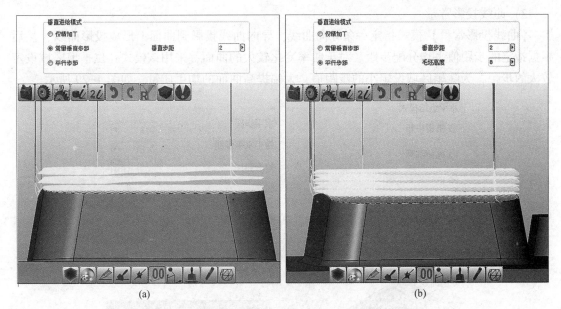

图 4-26　常量垂直步距和平行步距模式刀路示例

(a) 常量垂直步距；(b) 平行步距

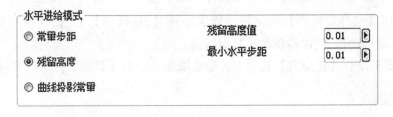

图 4-27　水平进给模式

2）残留高度

【残留高度】模式要求必须采用球头刀进行加工，需要设置【残留高度】值和【最小水平步距】值。【残留高度】模式根据曲面形态和【残留高度】值自动计算步距，保证在切削曲面时留下的残留高度不超过【残留高度】值。

【残留高度】：用于设置球刀加工残留的最大高度，如图 4-28 所示。

图 4-28　残留高度

【最小水平步距】：用于限制水平步距的下限值。铣削陡峭侧壁时，如果保持指定的残留高度需要过于细小的垂直步距，将导致计算量的大幅增加。最小水平步距不要低于加工设备的进给精度。

3) 曲线投影常量

【曲线投影常量】模式指定一条导向曲线，导向曲线投影到曲面上形成投影曲线，然后根据指定的步距值平均分配步距。对于曲率变化较大的曲面，采用该模式孔位平坦区域设定较大的步距，为陡峭区域设定小的步距值，大幅提高曲面的加工质量，如图 4-29 所示。

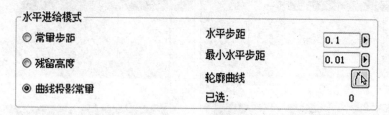

图 4-29　曲线投影常量

曲线投影常量使用示意图如图 4-30 所示。

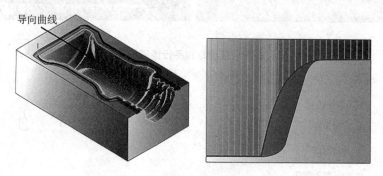

图 4-30　曲线投影常量使用示意图

知识点 4.2　3D 清根加工

3D 清根加工主要用来对零件的圆角进行精加工。在零件加工时，对于一些 R 值较小的圆角，在曲面精加工时往往无法加工到位，因此需要换用小刀具专门对圆角区域进行残料清理，俗称清根。

鼠标左键单击【hyperMILL】菜单下的【工单】命令，或者【hyperMILL 工具】栏中的 按钮，弹出【选择新操作】对话框，依次选择【3D 铣削】和【3D 清根加工】，单击【OK】按钮，即可进入【3D 清根加工】对话框。

3D 清根加工没有【进退刀】选项卡，但是增加了一个【粗加工】选项卡。

4.2.1　刀具选项卡

在 3D 清根加工中，【刀具】选项卡用来设置当前工单采用的刀具，以及参考。

清根加工只加工圆角，但是软件不知道圆角上有多少残料就无法生成刀具路径。参考是前一道加工圆角的工单，也可是前一道工单所用到的刀具，软件会自动根据参考类型和刀具直径参数计算圆角上的残料，然后根据这些残料值计算清根刀具的路径。如果参考工单，则软件自动根据该工单加工后的结果毛坯计算清根刀具路径；如果参考刀具，则软件首先计算经过参考刀具切削后圆角的余量，然后再根据余量计算清根刀具路径。

清根加工工单的参考在【刀具】选项卡的【参考】栏设置。清根加工的参考类型共有 4 种，分别是【球头刀】、【圆鼻铣刀】、【圆球刀】和【参考清根工单】。对于参考刀具来说，需要在下方的【直径】栏输入相应刀具的基本参数；对于参考清根工单，必须是已经存在的 3D 清根工单才可以使用，如图 4-31 所示。

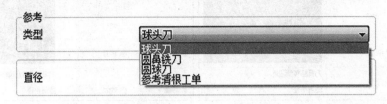

图 4-31　参考刀具类型

4.2.2　策略选项卡

【策略】选项卡用于设置清根加工的基本策略和模式。3D 清根加工共提供了 5 种【清角优化】策略，分别是【标准】策略、【型腔及开放区域】策略、【仅型腔】策略、【完全加工】策略和【无槽穴开放区域】策略。

1. 标准策略

标准策略是不提供特殊优化的清根策略，适用于型腔及开放区域的圆角加工，如图 4-32 所示。陡峭区域（处于型腔之中）的加工路径始终进行 Z 轴常量加工，而型腔内平坦区域的加工路径始终与轮廓平行。在该模式下，用户可以选择使用非斜率模式或斜率模式。

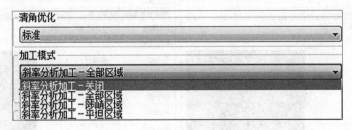

图 4-32　标准策略

【标准】策略提供以下 4 种加工模式。

（1）【斜率分析加工-关闭】：关闭斜率模式，不区分陡峭面和平坦面，加工所有的圆角。在该模式下，无论是陡峭面还是平坦面都采用一种走刀模式。当选择该模式时，【陡峭区域】栏参数消失不可设置，用户只能设置【平坦区域】栏的参数。

【法向】：加工以平行于圆角法向的方向进行，如图 4-33（a）所示。

【平行】：加工以平行于圆角流线的方向进行，如图 4-33（b）所示。

（2）【斜率分析加工-全部区域】：打开斜率分析加工模式，同时加工陡峭区域和平坦区域的圆角，可针对陡峭区域和平坦区域设置单独的走刀模式。该模式需要设置【斜率角度】值作为区分陡峭和平坦的分界。在【陡峭区域】栏，可设置走刀模式为【Z-层】、【平行】

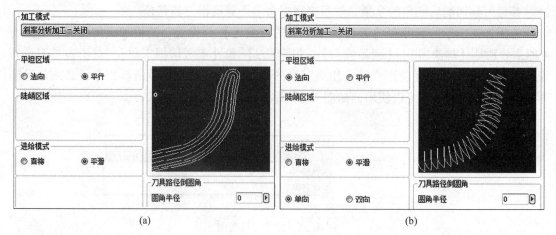

图 4-33　斜率分析加工-关闭

（a）平行-刀路形式；（b）法向-刀路形式

和【法向】。

　　【Z-层】：加工以平行于 Z 轴层的方式进行。

　　【平行】：加工以平形于圆角流线的方向进行。

　　【法向】：加工以平行于圆角法向的方向进行。

　　如图 4-34 所示，红色线为平坦区域圆角的走刀路线，整体上平行于圆角的流线；图 4-34（a）黄色线为陡峭区域的走刀路线（Z-层），图 4-34（b）黄色线为陡峭区域的走刀路线（法向）。Z-层和法向刀路的区别是 Z-层垂直于 G54 坐标系的 Z 轴，而法向刀路垂直于圆角面的流线。

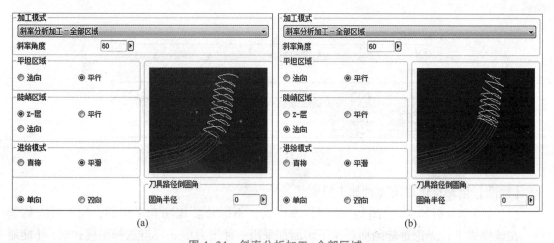

图 4-34　斜率分析加工-全部区域

（a）平坦区域-平行、陡峭区域-Z-层；（b）平坦区域-平行、陡峭区域-法向

　　（3）【斜率分析加工-陡峭区域】：打开斜率分析加工模式，只加工陡峭区域的圆角。该模式下【平坦区域】栏参数消失不可设置。需要设置【斜率角度】值，如图 4-35（a）所示。

　　（4）【斜率分析加工-关闭平坦区域】：打开斜率分析加工模式，只加工平坦区域的圆角。该模式下【陡峭区域】栏参数消失不可设置，需要设置【斜率角度】值，如图 4-35（b）

所示。

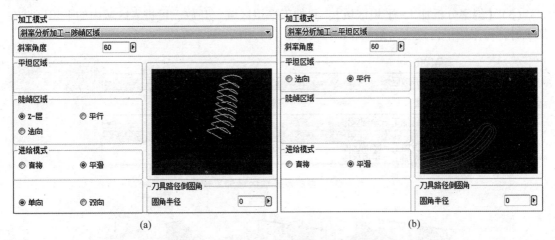

(a)　　　　　　　　　　　　　　　　(b)

图4-35　斜率分析加工-陡峭区域和平坦区域

（a）斜率分析加工-陡峭区域；（b）斜率分析加工-平坦区域

2. 型腔及开放区域策略

该模式只针对型腔和开放区域的圆角倒加工。在该模式下斜率分析加工模式将默认启动，用户无法关闭。该策略需要设置【斜率角度】和【型腔深度】。

【型腔深度】：型腔深度值，用于确定清根加工时刀路采用型腔模式还是标准模式，默认为刀具半径值。如图4-36所示，如果参考刀具直径为10 mm，则开放区域残料厚度为1.45 mm，型腔区域残料高度为3.36 mm，当清根刀具采用直径为3 mm的球头刀具时，如果【型腔深度】值大于3.38，则采用型腔模式清根（见图4-36b）；如果【型腔深度】值小于1.45，则采用标准模式清根（图4-36c）；如果【型腔深度】值介于1.45和3.38之间，则该模型开放区域采用型腔模式清根，型腔区域采用标准模式清根。

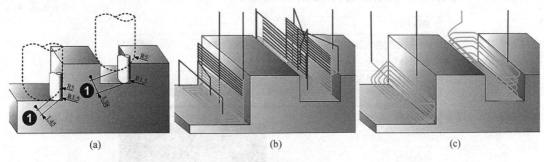

(a)　　　　　　　　　　　(b)　　　　　　　　　　　(c)

图4-36　型腔深度

（a）示意图；（b）型腔模式；（c）标准模式

【型腔及开放区域】策略提供3种斜率分析模式，如图4-37所示。

（1）【斜率分析加工-全部区域】：型腔中的陡峭区域始终进行Z轴常量加工，而型腔内平坦区域（底面）的加工始终与轮廓平行。陡峭和平坦区域可使用【法向】、【平行】或【Z-层】策略进行加工，如图4-38（a）所示。

（2）【斜率分析加工-陡峭区域】：只加工陡峭区域。型腔中的陡峭区域进行Z轴常量加工。含有开放、可进入区域的陡峭区域在加工时，可采用【Z层】、【平行】和【法向】策略，如图 4-38 (b) 所示。

（3）【斜率分析加工-平坦区域】：只加工平坦区域。开放、可进入区域内的平坦区域在加工时，可采用平行或法向策略，如图 4-38 (c) 所示。

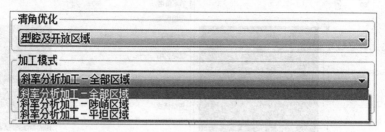

图 4-37　型腔及开放区域加工模式

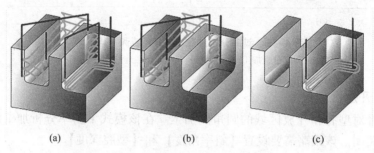

(a)　　　　　　　　　(b)　　　　　　　　　(c)

图 4-38　型腔及开放区域策略

(a) 全部区域；(b) 陡峭区域；(c) 平坦区域

3. 仅型腔策略

该策略只加工型腔区域的圆角，不加工开放区域的圆角。该策略也需要设置【斜率角度】和【型腔深度】。【仅型腔】策略提供两种加工模式，分别是【斜率分析加工-全部区域】和【斜率分析加工-陡峭区域】，如图 4-39 所示。

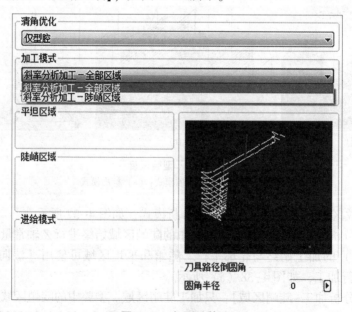

图 4-39　仅型腔策略

当选择【仅型腔】策略时，无论选择何种加工模式，均无法对平坦区域和陡峭区域的走刀方式进行设置。

4. 完全加工策略

完全加工策略是唯一支持圆鼻铣刀作为参考刀具的清根策略。

当在【刀具】选项卡中设置参考刀具类型为【圆鼻铣刀】后，策略选项卡中的【清角优化】栏中只有【完全加工】一个选项。也就是说，如果参考刀具为圆鼻铣刀，则只能采用【完全加工】策略，如图 4-40 所示。

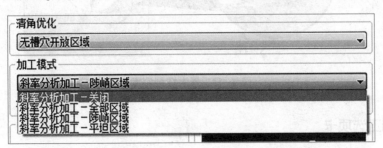

图 4-40 完全加工策略

完全加工策略可同时加工型腔和开放区域，在该策略下斜率模式加工将自动启动。完全加工策略提供两种加工模式，分别是斜率分析加工-全部区域和斜率分析加工-陡峭区域。

5. 无槽穴开放区域策略

【无槽穴开放区域】策略与仅型腔策略相对应，只加工模型中开放区域的圆角，不加工型腔区域的圆角。【无槽穴开放区域】策略提供 4 种加工模式，分别是【斜率分析加工-关闭】、【斜率分析加工-全部区域】、【斜率分析加工-陡峭区域】和【斜率分析加工-平坦区域】，如图 4-41 所示。用户可对不同加工模式下平坦区域或陡峭区域的走刀方式进行设置。

图 4-41 无槽穴开放区域策略加工模式

4.2.3 参数选项卡

清根加工的进给步距和余量等参数可在【参数】选项卡进行设置。【参数】选项卡的界面与【策略】选项卡中的加工模式相关，不同的加工模式下，【参数】选项卡的界面是不同的。

当加工模式为【斜率分析加工-全部区域】时,【参数】选项卡中的【平坦区域】和【陡峭区域】栏界面如图4-42所示。用户可以分别设置平坦区域和陡峭区域的【水平步距】值、【最大切削深度】值和【余量】值。

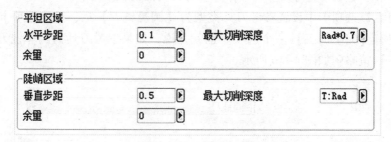

图4-42 步距与余量

当加工模式为【斜率分析加工-陡峭区域】时,【参数】选项卡中【平坦区域】栏中的参数不可设置。用户只能设置【陡峭区域】栏中的【水平步距】值、【最大切削深度】值和【余量】值。

当加工模式为【斜率分析加工-平坦区域】或【斜率分析加工-关闭】时,【参数】选项卡中【陡峭区域】栏中的参数不可设置。用户只能设置【平坦区域】栏中的【水平步距】值、【最大切削深度】值和【余量】值。

【最大切削深度】:刀具在圆角加工时,刀具切入残料后在圆角法向方向上的最大切削深度。在设置【水平步距】或【垂直步距】的同时,设置【最大切削深度】值可保证刀具在切削时的深度不超过【最大切削深度】值,有利于保护刀具,如图4-43所示。

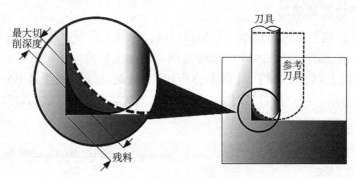

图4-43 最大切削深度

4.2.4 粗加工选项卡

勾选【激活】选项,启用粗加工,其界面如图4-44所示。这里的粗加工是针对前道工序中较大刀具切削时产生的残余材料进行粗加工的。

残料粗加工有两种模式,分别是【粗加工和精加工】模式与【仅限粗加工】。

(1)【粗加工和精加工】:对残余材料进行粗加工后,再进行精加工,如图4-45(a)所示。

(2)【仅限粗加工】:只对残余材料进行粗加工,如图4-45(b)所示。

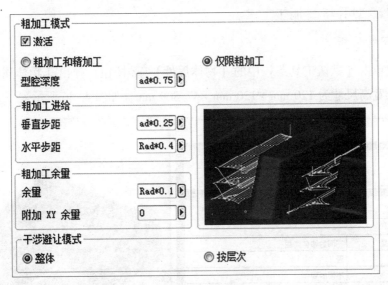

图4-44 粗加工选项卡

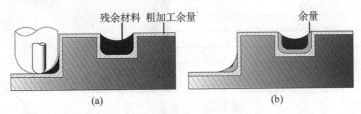

图4-45 清根加工粗加工示意图

(a) 粗加工和精加工；(b) 仅粗加工

残料粗加工的【垂直步距】、【水平步距】和【余量】值都是系统默认参数化的，与加工刀具的半径值相关。用户可直接采用该默认值，也可以根据自己的需要对粗加工【垂直步距】、【水平步距】和【余量】值进行设置。

粗加工【余量】栏用于设置残料粗加工的余量。

【余量】：残料粗加工时在 Z 方向上的余量。这个余量值是在清根加工的余量基础上累加的，因此，残料粗加工余量为清根加工余量值加上粗加工余量值。

【附加 XY 余量】：残料粗加工时在水平方向上的余量。水平附加余量是在粗加工余量的基础上累加的，即残料粗加工水平方向实际余量值为粗加工附加 XY 余量值加上粗加工余量值再加上清根加工余量值。

步骤1：设置工作目录

单击 hyperMILL 工具条中的【设置】 按钮，弹出【hyperMILL 设置】对话框，切换到【文档】选项卡，选择【路径管理】栏中的【项目】，并单击【模型路径】按钮，将模型文件所在的文件夹作为本项目的工作目录。

步骤 2：模型分析与加工工艺

1. 模型尺寸分析

鼠标左键单击【默认工具条】中的【物体属性】 按钮，弹出【物体属性】对话框。获得模型的长宽高尺寸为 120 mm ×120 mm ×47. 809 mm，如图 4-46 所示。

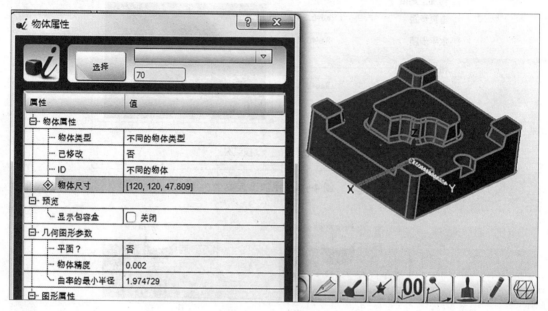

图 4-46　模型基本尺寸

单击【默认工具条】中的【两个物体信息】 按钮，测量虎口和型芯之间的距离大致为 21 mm，测量开口槽的宽度为 16 mm，如图 4-47 所示。

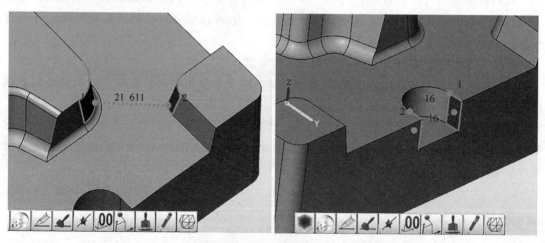

图 4-47　测量槽宽

单击 hyperMILL 工具条中的【分析】 按钮，单击下拉列表栏的【圆角分析】命令，框选整个模型分析模型的圆角信息，如图 4-48 所示，模型红色部分最小半径圆角值为 2，黄色部分圆角半径值为 4。

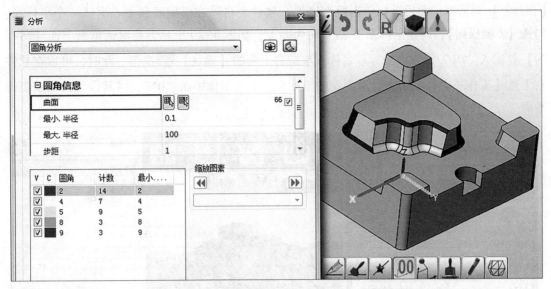

图 4-48 圆角尺寸

2. 确定加工刀具

该模型开放区域较多，尺寸较大，但是槽的尺寸又很小，因此可以采用两步开粗以提高效率：首先用 $\phi16R1$ 的圆鼻刀进行整体开粗，然后将刀具换成 $\phi10$ 的立铣刀进行槽开粗。精加工则可用 $\phi10R0.5$ 圆鼻刀加工虎口，用 $\phi6R3$ 球头刀加工型芯曲面，用 $\phi4R2$ 的球头刀加工圆角，如表 4-1 所示。

表 4-1 加工刀具

工序	刀具名称	备注
1	$\phi16R1$ 圆鼻刀	粗加工
2	$\phi10R0.5$ 圆鼻刀	虎口侧壁精加工
3	$\phi10$ 立铣刀	槽及平面加工
4	$\phi6R3$ 球刀	型芯曲面加工
5	$\phi4R2$ 球刀	圆角清根

步骤 3：设置工单列表

在 hyperMILL 浏览器中，切换到【工单选项卡】，单击鼠标右键，选择【新建】→【工单列表】命令（快捷键为"Shift+N"），弹出【工单列表】对话框，直接单击【确认】✔ 按钮，完成工单列表的创建。

1. 设置加工坐标系

本例将加工坐标系设置在模型的底部中心位置，其操作如下：

鼠标左键单击【工作平面】菜单栏中【在面上】命令（快捷键为"Shift+S"），弹出

【在面上】对话框，而后鼠标单击模型底面，软件会自动在模型底部中心生成一个坐标系；勾选【Z 轴反向】，调整坐标系 Z 轴方向为向上，如图 4-49 所示。在对话框最下面【另存为】处输入"01"作为该坐标系名称，单击右上角的【确认】✓按钮。此时，可以在软件右下角【工作平面】栏中查看所创建的坐标系。双击工作平面"01"，将其设置为当前工作平面。

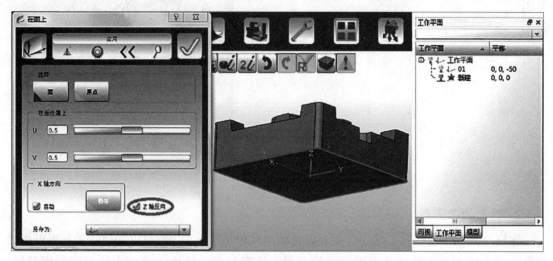

图 4-49 新建工作平面

鼠标左键双击工单列表进行编辑，单击【NCS 定义】按钮，弹出【加工坐标系定义】对话框。在【加工坐标系定义】对话框中，单击【对齐】栏中【工作平面】按钮，软件会自动将当前激活的工作平面"01"作为 NCS 坐标系，如图 4-50 所示。检查无误后单击【确认】✓按钮退出加工坐标系定义对话框。

图 4-50 对齐工作平面

2. 设置零件和毛坯模型

在【工单列表】对话框中，切换到【零件数据】选项卡。

勾选【模型】栏中的【已定义】单选框，在【分辨率】输入框中输入模型精度为 0.1，鼠标左键单击【新建加工区域】 按钮，弹出【加工区域】对话框。选择整个模型的所有面作为加工区域。最后单击【确认】 按钮，返回【工单列表】对话框。

勾选【毛坯模型】栏中的【已定义】单选框，鼠标左键单击被激活的【新建毛坯】 按钮，弹出【毛坯模型】对话框。在【模式】栏中，选择【拉伸】；修改【分辨率】为 0.1，然后单击【拉伸】栏轮廓曲线右侧的【重新选择】 按钮，弹出【选择轮廓曲线】对话框，选中模型底面轮廓曲线，单击【确认】 按钮返回【毛坯模型】对话框，如图 4-51 所示。在【拉伸】栏的【偏置 1】处右侧空格内输入拉伸长度为 48，软件自动计算创建一个拉伸块作为毛坯。然后单击【确认】 按钮，返回【工单列表】对话框。

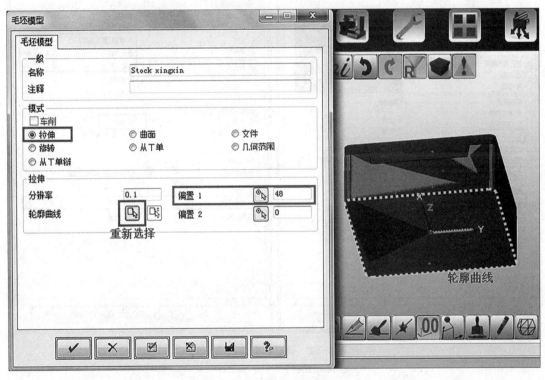

图 4-51　毛坯模型

最后，单击【确认】 按钮，退出【工单列表】对话框，完成工单列表创建。

步骤 4：型腔粗加工

粗加工分为两步，首先使用 $\phi16R1$ 圆鼻铣刀完成分型面以上部分的粗加工，然后再使用 $\phi10$ 立铣刀完成槽的粗加工。

1. 一次开粗

鼠标左键单击 hyperMILL 工具条的【工单】 按钮，软件弹出【选择新操作】对话框，依次选择【3D 铣削】、【3D 任意毛坯粗加工】，单击【OK】按钮，系统弹出【3D 任意毛坯粗加工】对话框。

在【刀具】选项卡【刀具】栏的下拉列表中，选择刀具类型为【圆鼻铣刀】，然后单击【新建刀具】按钮，新建一把直径为 16 mm、角落半径为 1 mm 的圆鼻铣刀"D16R1"。刀具的工艺参数根据自身实际情况设置即可。

切换到【策略】选项卡，设置【加工优先顺序】为【型腔】，设置【平面模式】为【优化】；勾选【所有刀具路径倒圆角】和【在满刀期间降低进给率】选项，如图 4-52 (a) 所示。

切换到【参数】选项卡，在【加工区域】栏中，取消勾选【最高点】，保持勾选【最低点】，设置最低点坐标为 30；在【进给量】栏中，设置水平【步距（直径系数）】为 0.65，【垂直步距】为 0.5；设置【余量】为 0.2，【附加 XY 余量】为 0；设置【检测平面层】为【自动】；设置【退刀模式】为【安全平面】，安全平面高度为 80，如图 4-52 (b) 所示。

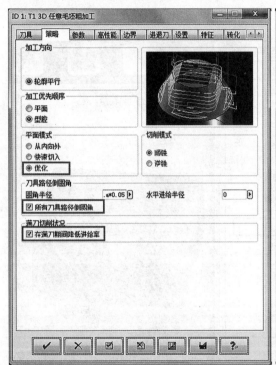
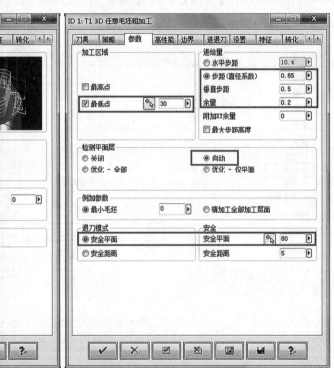

图 4-52 策略和参数选项卡

(a) 策略选项卡；(b) 参数选项卡

切换到【设置】选项卡，在【模型】栏设置当前工单使用的模型为"4_01"，在【毛坯模型】栏设置毛坯模型为"Stock 4_01"，如图 4-53 (a) 所示。

最后，单击【计算】按钮，生成刀具路径。检查刀具路径是否正确。在确定刀具路径正确后，双击该工单进行编辑。

切换到【设置】选项卡，勾选【毛坯模型】栏中的【产生结果毛坯】选项。然后再次单击【计算】按钮重新生成刀具路径。此时，软件会以【T1 3D 任意毛坯粗加工】工单加工后的结果生成一个新的模型，该模型默认以工单名称命名，显示在 hyperMILL 浏览器的【模型】栏中，如图 4-53 (b) 所示。

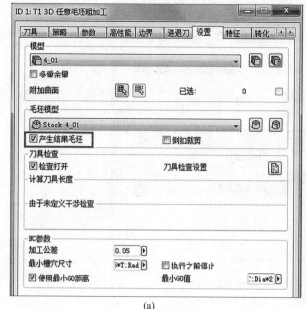
(a)

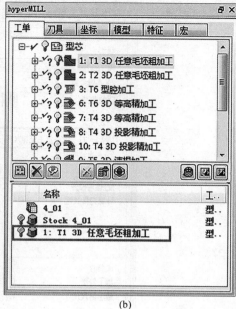
(b)

图 4-53　结果毛坯

（a）设置选项卡；（b）模型生成

2. 二次开粗

复制第一次开粗加工用到的【3D 任意毛坯粗加工】工单，然后双击新的 3D 任意毛坯粗加工工单进行编辑。

在【刀具】选项卡【刀具】栏的下拉列表中，选择刀具类型为【立铣刀】，然后单击【新建刀具】 按钮，新建一把直径为 10 mm 的立铣刀 "D10"。刀具的工艺参数根据自身实际情况设置即可。

切换到【参数】选项卡，在【加工区域】栏中，勾选【最高点】并设置最高点坐标为30，勾选【最低点】并设置最低点坐标为20。

切换到【设置】选项卡，在【毛坯模型】栏设置毛坯模型为 "1：T1 3D 任意毛坯粗加工"；取消勾选【产生结果毛坯】选项，如图 4-54 所示。

最后单击【计算】按钮，生成二次粗加工的刀具路径，如图 4-55 所示。

步骤 5：虎口精加工

运用【3D 铣削】策略中的【3D 等高精】加工完成对【虎口侧壁】的加工编程。

首先，先绘制裁剪边界曲线：单击【绘图】菜单下的【矩形】命令，弹出【矩形】对话框。选择【物体类型】为【作为矩形】，【模式】为【对角点】，然后在模型视图绘制一个矩形（见图 4-56），要求矩形顶点的位置处于虎口和型芯之间大致居中的位置。这条矩形曲线将用于裁剪刀具路径。新建一个 "辅助线" 图层，将矩形曲线移动到 "辅助线" 图层中，方便后续管理。

鼠标左键单击 hyperMILL 工具条的【工单】 按钮，软件弹出【选择新操作】对话框，依次选择【3D 铣削】、【3D 等高精加工】，单击【OK】按钮，系统弹出【3D 等高精加工】对话框。

图 4-54　设置毛坯模型

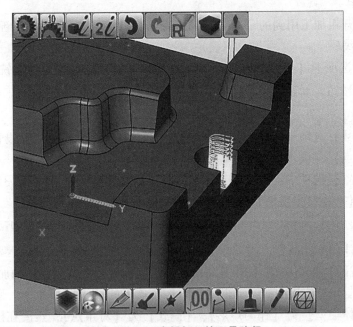

图 4-55　二次粗加工的刀具路径

在【刀具】选项卡，新建一把直径为 10 mm、角落半径为 0.5 mm 的圆鼻铣刀"φ10R0.5"。刀具的工艺参数根据自身实际情况设置即可。

切换到【策略】选项卡，设置【加工优先顺序】为【双向】，【进给模式】为【平滑】，勾选【内部圆角】选项，设置【圆角半径】为 1，如图 4-57（a）所示。

切换到【参数】选项卡，从模型中拾取点设置【加工区域】的最低点和最高点，【顶部】坐标值为 40，【底部】坐标值为 30；设置【垂直步距】为【常量垂直步距】、【垂直步距】值为 0.1；在安全余量栏，设置【余量】值为 0.25，【附加 XY 余量】值为 -0.25；在【检测平面层】栏，设置平面检测模式为【自动】；设置【退刀模式】为【安全距离】，如图 4-57（b）所示。

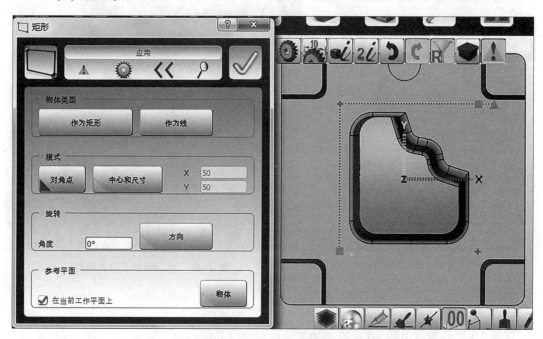

图 4-56 虎口裁剪曲线

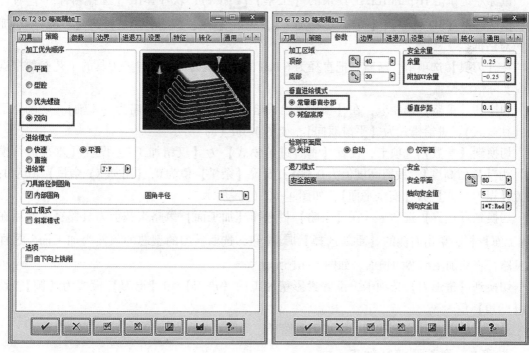

图 4-57 策略和参数选项卡设置

（a）策略选项卡；（b）参数选项卡

切换到【边界】选项卡，选择【策略】为【边界曲线】，单击【边界】栏右侧的【重新选择】 按钮，选取图 4-58 所示的矩形轮廓线和型腔侧壁的外轮廓作为边界曲线。

最后，单击【计算】按钮，生成刀具路径，如图 4-59 所示。

图 4-58　裁剪边界曲线

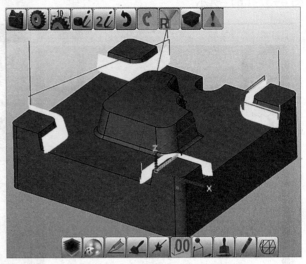

图 4-59　虎口精加工刀具路径

步骤 6：型腔顶面精加工

运用 3D 铣削策略中的 3D 投影精加工完成对虎口侧壁的加工编程。

鼠标左键单击 HyperMILL 工具条的【工单】 按钮，软件弹出【选择新操作】对话框，依次选择【3D 铣削】、【3D 投影精加工】，单击【OK】按钮，系统弹出【3D 投影精加工】对话框。

在【刀具】选项卡，新建一把直径为 6 mm 的球头铣刀 "φ6R3"。刀具的工艺参数根据自身实际情况设置。

切换到【策略】选项卡，在【横向进给策略】栏，设置进给策略为【X 轴】，切削类型为【往复式】，进给模式为【平滑双向】，如图 4-60（a）所示。

切换到【参数】选项卡，设置【垂直进给模式】为【仅精加工】，设置【水平进给模式】为【残留高度】，残留高度值为 0.005；设置【余量】值为 0，【附加 XY 余量】值为 0；设置【退刀模式】为【安全平面】，如图 4-60（b）所示。

切换到【边界】选项卡，在【策略】栏选择【加工面】策略来裁剪刀具路径，然后在【加工面】栏，单击右侧的【重新选择】 按钮，选取模型的型芯的顶面为加工面，这样刀具路径将只加工型芯的顶面，如图 4-61 所示。

切换到【进退刀】选项卡，设置投影精加工的【进刀】和【退刀】模式为【圆】，设置【圆角】值为 3。

最后，单击【计算】按钮，生成刀具路径，如图 4-62 所示。

步骤 7：型腔侧壁精加工

运用【3D 铣削】策略中的【3D 投影精加工】和【3D 等高精加工】完成对型芯侧壁的

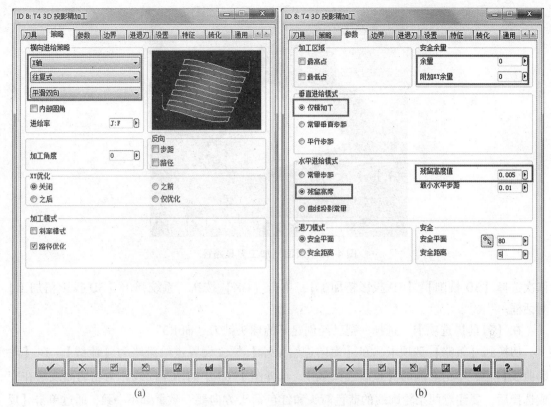

图 4-60　策略和参数选项卡

（a）策略选项卡；（b）参数选项卡

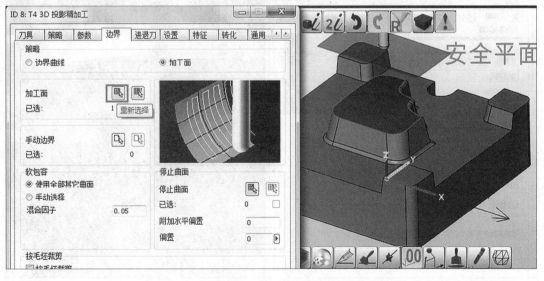

图 4-61　加工面

加工编程。

1. 侧壁精加工 1

鼠标左键单击 hyperMILL 工具条的【工单】 按钮，软件弹出【选择新操作】对话框，

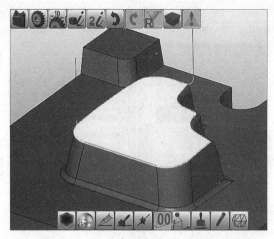

图 4-62   顶面精加工刀具路径

依次选择【3D 铣削】、【3D 投影精加工】，单击【OK】按钮，系统弹出【3D 投影精加工】对话框。

在【刀具】选项卡，选择一把已经创建好的球头铣刀 "ϕ6R3"。

切换到【策略】选项卡，在【横向进给策略】栏，设置进给策略为【流线】。在【轮廓曲线】栏，单击右侧的【重新选择 】，选择图 4-63 中的两条曲线作为轮廓曲线。在完成选择后，要注意两条轮廓线的蓝色箭头和红色箭头方向要一致。如不一致，通过单击【反向】栏中的【第一轮廓】、【第二轮廓】、【步距】或【路径】选项调整轮廓曲线的方向一致。

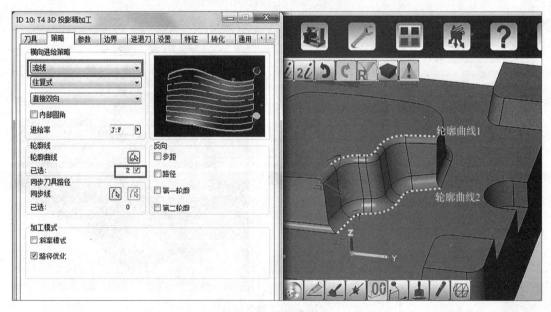

图 4-63   策略选项卡

切换到【参数】选项卡，设置【垂直进给模式】为【仅精加工】，设置【水平进给模式】为【常量步距】、水平步距值为 0.1；设置【余量】值为 0，【附加 XY 余量】值为 0；设置【退刀模式】为【安全平面】。

最后，单击【计算】按钮，生成刀具路径，如图 4-64 所示。

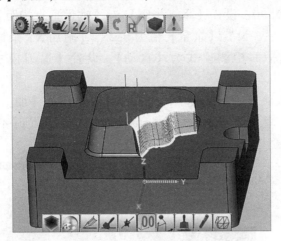

图 4-64　侧壁精加工刀具路径

2. 侧壁精加工 2

新建一个【3D 等高精加工】工单。

在【刀具】选项卡，选择已经创建好的球头刀具"φ6R3"。

切换到【策略】选项卡，设置【加工优先顺序】为【双向】，【进给模式】为【平滑】，勾选【内部圆角】选项，设置【圆角半径】为 1，如图 4-65（a）所示。

(a)　　　　　　　　　　　　　　(b)

图 4-65　策略和参数选项卡

（a）策略选项卡；（b）参数选项卡

切换到【参数】选项卡，设置【加工区域】的【顶部】值为48（该数值要高于模型最高点），【底部】值为30；设置【垂直步距】为【常量垂直步距】，【垂直步距】值为0.1；在【安全余量】栏，设置【余量】值为0.25，【附加XY余量】为−0.25；在【检测平面层】栏，设置平面检测模式为【自动】；设置【退刀模式】为安全距离，如图4-65（b）所示。

切换到【边界】选项卡，在【策略】栏选择【策略】为【加工面】；单击【加工面】栏右侧的【重新选择】 按钮，在模型视图中选择图4-66中的14个紫色面作为加工面。

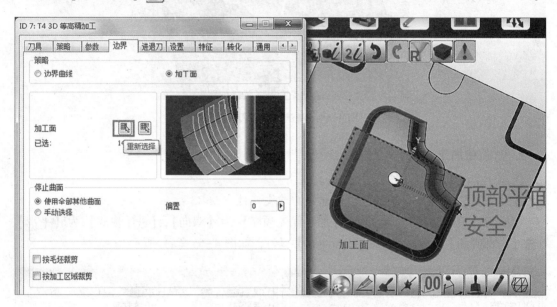

图4-66 加工面

最后单击【计算】按钮，生成刀具路径，如图4-67所示。

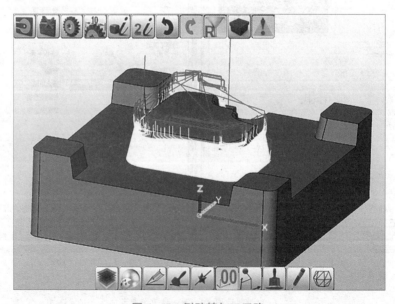

图4-67 侧壁精加工刀路

步骤 8：平面精加工

新建一个【2D 铣削】、【型腔加工】工单。

在【刀具】选项卡，从刀具列表中选择已经创建的立铣刀 "D10"。

切换到【轮廓】选项卡，分别选择图 4-68（a）左图中的模型底面轮廓曲线（轮廓 1 和轮廓 2）作为轮廓边界，设置每条轮廓的坐标模式为【轮廓顶部】，顶部值为 1，底部值为 0。设置轮廓 2 的开放区域如图 4-68（b）所示。

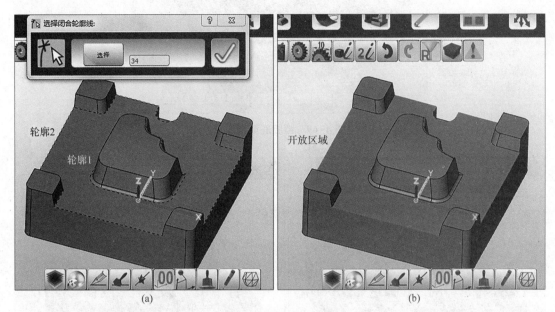

图 4-68　轮廓设置

切换到【策略】选项卡，设置【加工模式】为【2D 模式】。

切换到【参数】选项卡，在【进给量】栏设置垂直步距值为 10（该值大于轮廓深度 0.1 即可）；在【安全余量】栏，设置【XY 毛坯余量】值为 0.3，【毛坯 Z 轴余量】值为 0；在【退刀模式】栏设置为【安全平面】退刀，【安全平面】高度值为 80。勾选【所有刀具路径倒圆角】选项。

最后单击【计算】按钮，生成刀具路径，如图 4-69 所示。

复制一个刚刚创建的型腔加工工单，双击进行编辑。在【轮廓】选项卡，重新选择轮廓曲线为虎口顶平面的 4 条轮廓线，并将这四条轮廓曲线设置为开放区域。保持其他参数不变，单击【计算】按钮，生成刀具路径，如图 4-70 所示。

步骤 9：型腔清根加工

运用【3D 高级铣削】策略中的【3D 清根加工】完成对型芯底部 R2 圆角的加工编程。

鼠标左键单击【hyperMILL】工具条的【工单】按钮，软件弹出【选择新操作】对话框，依次选择【3D 高级铣削】、【3D 清根加工】，单击【OK】OK 按钮，系统弹出【3D 清根加工】对话框。

在【刀具】选项卡，新建一把直径为 4 mm 的球头铣刀 "φ4R2"。因为在型腔侧壁加工时，我们所使用的刀具是直径为 6 mm 的球头铣刀，所以在【参考】栏选择刀具【类型】为

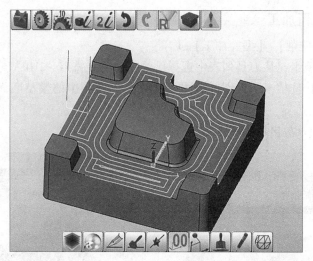

图 4-69　型腔底面精加工

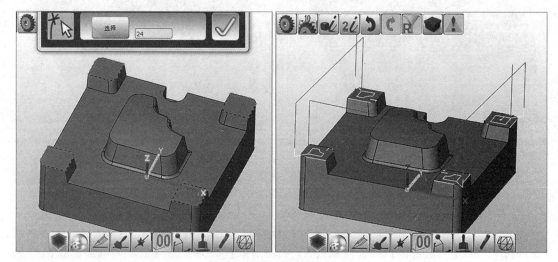

图 4-70　虎口顶平面精加工

【球头刀】，设置刀具【直径】值为 6，如图 4-71 所示。

切换到【策略】选项卡，设置【清角优化】为【标准】模式；由于该模型的 R 角处于平面上，没有陡峭的圆角，因此可设置【加工模式】为【斜率分析加工-平坦区域】；在【平坦区域栏】设置走刀模式为【平行】走刀，如图 4-72 所示。

切换到【参数】选项卡，在【平坦区域】栏设置【水平步距】值为 0.1。设置【退刀模式】为【安全平面】，【安全平面】值为 80。

最后单击【计算】按钮，生成刀具路径，如图 4-73（a）所示。

由于虎口根部不存在圆角，因此无须清根，需要对该刀具路径进行裁剪。双击【3D 清根】工单重新编辑，切换到【边界】选项卡，在【策略】栏中选择【边界曲线】策略，在【边界】栏中单击【重新选择】按钮，选择"辅助线"图层中的矩形轮廓曲线作为裁剪边界。单击【计算】按钮，重新生成刀具路径，如图 4-73（b）所示。

图 4-71　清根加工刀具选项卡　　　　图 4-72　清根加工策略选项卡

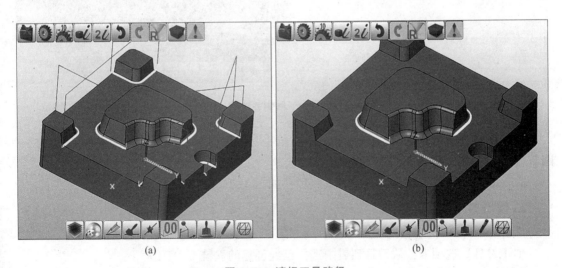

(a)　　　　　　　　　　　(b)

图 4-73　清根刀具路径

（a）剪裁前；（b）剪裁后

步骤 10：槽精加工

1. 槽侧壁精加工

新建一个【2D 铣削】、【轮廓加工】工单。

在【刀具】选项卡，从刀具列表中选择已经创建的立铣刀"D10"。

切换到【轮廓】选项卡，选择槽的顶部轮廓曲线作为轮廓边界，设置每条轮廓的坐标模式为【轮廓顶部】，顶部值为0，底部值为-10，如图4-74所示。

切换到【参数】选项卡，在【刀具位置】栏设置合理的刀具位置侧，本例中刀具位置位于轮廓的"左侧"。图4-74中红色箭头方向指向刀具位置侧，蓝色箭头方向为切削进给方向。如遇到刀具位置错误，请根据模型中箭头的提示调整刀具位置。在【进给量】栏，设置【垂直步距】值为0.5；在【安全余量】栏，设置【XY毛坯余量】值为0，【毛坯Z轴余量】值为0.25。在【退刀模式】和【安全】栏，设置退刀模式为【安全平面】，【安全平面】高度值为80。

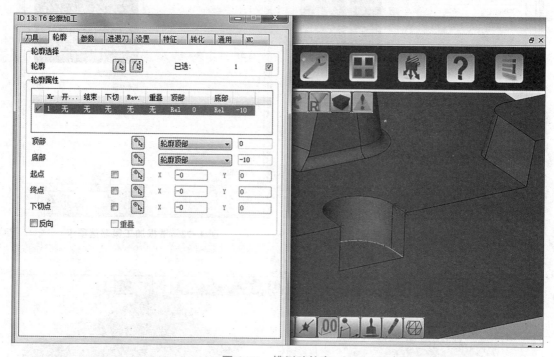

图4-74 槽侧壁轮廓

切换到【进退刀】选项栏，在【进刀】和【退刀】栏，设置进退刀模式为【四分之一圆】，【圆角】半径值为3。

最后单击【计算】按钮，生成刀具路径，如图4-75所示。

2. 槽底面精加工

新建一个【2D铣削】、【型腔加工】工单。

在【刀具】选项卡，从刀具列表中选择已经创建的立铣刀"D10"。

切换到【轮廓】选项卡，选择槽的底部轮廓曲线作为轮廓边界，同时设置图4-76中紫色直线为开放区域。设置每条轮廓的坐标模式为【轮廓顶部】，顶部值为0，底部值为-10。

切换到【策略】选项卡，设置【加工模式】为【2D模式】。

切换到【参数】选项卡，在【进给量】栏设置垂直步距值为100（该值大于轮廓深度10即可）；在【安全余量】栏，设置【XY毛坯余量】值为0.05，【毛坯Z轴余量】值为0；在【退刀模式】栏设置为【安全平面】退刀，【安全平面】高度值为80。勾选【所有刀具路径倒圆角】选项。

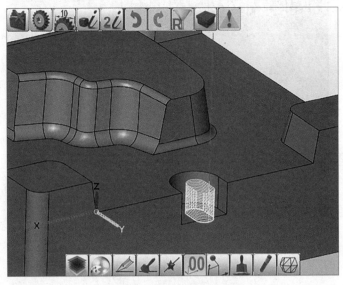

图 4-75 槽侧壁精加工刀路

图 4-76 槽底面轮廓

最后单击【计算】按钮，生成刀具路径，如图 4-77 所示。

步骤 11：刀路模拟与后置处理

对刀路进行模拟，检查刀路是否存在过切、欠切的情况。根据模拟结果，修改相应的工单参数，调整刀路。

当确定刀具路径安全无误后，可通过后置处理导出 NC 文件。

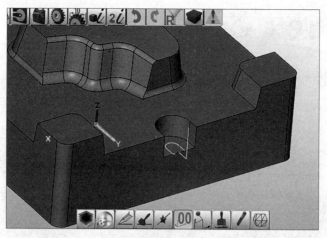

图 4-77 槽底面精加工刀路

分析与提升

本实例的粗加工是通过两次开粗完成的。其中第二次开粗采用了第一次开粗加工后的结果模型作为毛坯，因此，这两个工单之间产生了关联。如果在 hyperMILL 浏览器中，单击第一个粗加工工单，则二粗工单将会显示为蓝色；如果单击二粗工单则第一个粗加工工单表示为暗红色。在 hyperMILL 软件中相互关联的工单之间通过"暗红色-蓝色"表示。暗红色表示该工单被其他后续工单所关联，蓝色表示当前工单在哪些工单中被关联。当我们在使用结果毛坯或参考工单或再加工时，均会产生关联工单。

在相互关联的工单中，如果被关联工单（暗红色工单）的参数发生更改导致刀具路径改变，则关联工单（蓝色工单）必须要重新计算，才能得到正确的刀具路径，如图 4-78 所示。

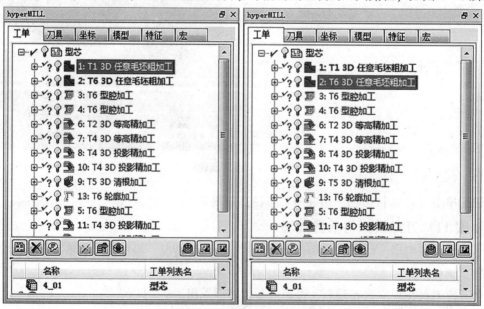

图 4-78 关联工单

总　结

　　本章主要介绍了 hyperMILL【3D 铣削】策略中常用的【3D 投影精加工】和【3D 清根加工】工单，详细介绍了其【刀具】、【轮廓】、【策略】、【参数】、【进退刀】、【设置】等选项卡的基本参数。

　　【3D 投影精加工】包含多种加工策略，【X 轴】和【Y 轴】、【偏置和法向】、【直纹】和【流线】、【引导曲线】和【型腔】。其中在应用【X 轴】和【Y 轴】、【偏置】和【法向】时，通常需要结合边界或加工面的方式来确定刀具路径的加工范围；而在应用直纹和流线策略时，曲面的加工范围已经通过两条轮廓线的起始和结束位置进行划定，可不借助边界或加工面。3D 投影精加工一般适用于平缓曲面的精加工，其中的【流线】和【直纹】策略也可适用于陡峭曲面的加工。

　　【3D 清根加工】适用于模型中内圆角的加工。3D 清根加工可为陡峭区域圆角和非陡峭区域圆角设置不同的刀具路径形态。【3D 清根加工】提供了多种清根模式：【标准模式】、【型腔及开放区域】、【仅型腔】、【完全加工】、【槽穴开放区域】。其中【标准模式】为最基础的清根模式，而【型腔及开放区域】、【仅型腔】及【无槽穴开放区域】策略则采用型腔模式进行清根，可针对满足要求的槽穴进行先粗加工后圆角精加工。最后，完全加工策略是唯一一个可使用圆鼻刀具作为参考刀具的策略。

　　最后，通过一个模具型芯零件的加工编程实例，学习 3D 任意毛坯粗加工、3D 投影精加工和 3D 清根加工在实际零件加工中的应用方法和技巧，要重点掌握毛坯在多次开粗中的应用。

项目五

3D 铣削策略与电极零件加工案例

本项目通过一个模具型腔零件的加工编程案例，学习 hyperMILL 软件 2D 铣削策略中的基于 3D 模型的轮廓加工、工单转化、3D 铣削策略中斜率加工模式、工单的复合等功能的基本参数设置，并掌握模具电极零件的粗加工和曲面精加工方法。

知识目标

（1）理解和掌握工单列表的设置；

（2）理解和掌握 2D 铣削策略中基于 3D 模型的轮廓加工的基本参数和设置；

（3）理解和掌握 CAM 编程中的辅助线和辅助面设计；

（4）理解和掌握工单的转化功能；

（5）掌握复合工单创建和管理；

（6）理解和掌握刀具路径的裁剪。

技能目标

（1）掌握基于 3D 模型的轮廓加工工单在侧壁加工中的应用；

（2）掌握 3D 铣削策略中投影工单和等高工单的联合应用；

（3）掌握 3D 铣削策略中辅助曲面的创建和应用；

（4）掌握模具电极类零件的粗加工和精加工的基本方法；

（5）掌握刀具路径的模拟和后置处理方法。

素养目标

（1）培养认真、负责、科学的工作态度；

（2）强化严谨细致、一丝不苟的工作精神；

（3）提高 CAM 操作的规范性职业素养。

任务导入

模具电极零件是电火花加工的放电端，用于加工模具中铣床无法加工的型腔、尖角和刻字等。如图 5-1 所示，本案例所采用的电极零件为一组包含 6 个独立电极的组合电极。

图 5-1　型腔零件模型

要求：利用 hyperMILL 软件，完成对该模具电极零件的加工编程任务，具体要求如下：

（1）正确设置项目路径；

（2）建立工单列表，确定加工坐标系、加工区域和毛坯模型；

（3）分析模型，确定加工用的刀具和工艺参数；

（4）运用 3D 任意毛坯粗加工完成该模型的粗加工 NC 编程；

（5）综合运用 2D 铣削策略和 3D 铣削策略工单完成该模型的精加工 NC 编程；

（6）对粗加工和精加工进行模拟仿真；

（7）通过后置处理生成加工程序。

知识点 5.1　基于 3D 模型的轮廓加工

2D 铣削策略是基于 3D 模型的轮廓加工，是在轮廓加工工单的基础上进一步发展而来的，该工单在 2D 铣削的基础上增加了基于模型的干涉检查，可保证刀具路径不会产生过切。

鼠标左键单击【hyperMILL】菜单下的【工单】命令，或者【hyperMILL 工具】栏中的按钮，弹出【选择新操作】对话框，依次选择【2D 铣削】、【基于 3D 模型的轮廓加工】，单击【OK】按钮，即可进入【基于 3D 模型的轮廓加工】对话框。

5.1.1　策略选项卡

【策略】选项卡主要用于选择需要加工的轮廓。hyperMILL 软件提供了两种选择模式，分别是【轮廓】模式和【曲面】模式，如图 5-2 所示。

【轮廓】模式：与 2D 铣削轮廓加工工单中的操作完全一致，不予赘述。

【曲面】模式：通过直接指定需要加工的曲面的方式选择轮廓。待加工曲面应为竖直平面，否则软件会报错。

【曲面】：位于【曲面】模式下的【曲面选择】栏，用于指定需要进行轮廓加工的竖直

(a)   (b)

图 5-2   轮廓选择模式

(a) 轮廓模式; (b) 曲线模式

平面。

【顶部】: 位于【曲面】模式下的【全局属性】栏, 用于设置竖直平面的加工起始高度。

【底部】: 位于【曲面】模式下的【全局属性】栏, 用于设置竖直平面的加工终止高度。

曲面的顶部高度值和底部高度值可以直接在模型中选择, 也可以通过输入高度值实现。如果是输入高度值, 则需要注意高度值的参考坐标系。高度值的参考坐标系有 3 种, 分别是: 【绝对 (工单坐标)】、【曲面顶部】和【曲面底部】, 如图 5-3 所示。

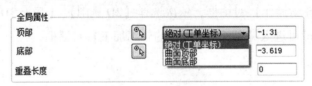

图 5-3   曲面的全局属性

【绝对 (工单坐标)】: 高度坐标值以工单的 G54 坐标系为参考。高度值表示该位置在 G54 坐标系下的 Z 轴坐标。

【曲面顶部】: 高度坐标值以所选取曲面的最高点参考, 高度坐标值正值表示高于曲面最高点, 负值表示低于曲面最高点。

【曲面底部】：高度坐标值以所选取曲面的最低点作为参考，高度坐标值正值表示高于曲面最低点，负值表示低于曲面最低点。

5.1.2　参数选项卡

当采用【轮廓】模式选择轮廓曲线时，用户需要自行设置刀具位置位于轮廓的哪一侧。相对于 2D 轮廓加工而言，本工单新增加了【自动顺铣】的选项，如图 5-4 所示。自动顺序是指软件会自动根据产品的 3D 模型和轮廓线的相对位置计算刀具应位于轮廓线的左侧或右侧，用户无须进行判断。

当采用【曲面】选择轮廓曲线时，系统默认设置刀具位置为【自动顺铣】，用户无法进行修改。

图 5-4　刀具位置侧

（a）轮廓模式；（b）曲面模式

5.1.3　设置选项卡

基于 3D 模型的轮廓加工的刀具路径的计算依赖于零件的 3D 模型，因此在工单的【设置】选项卡，【模型】栏被自动激活，如图 5-5 所示。用户必须设置零件的加工区域模型，用于刀具路径的干涉和碰撞检查。如果【模型】栏没有设置相应的加工区域，则在计算刀具路径时软件会报错。

基于 3D 模型的轮廓加工不依赖于毛坯模型，因此【毛坯】栏的【可用毛坯】选项可不激活。

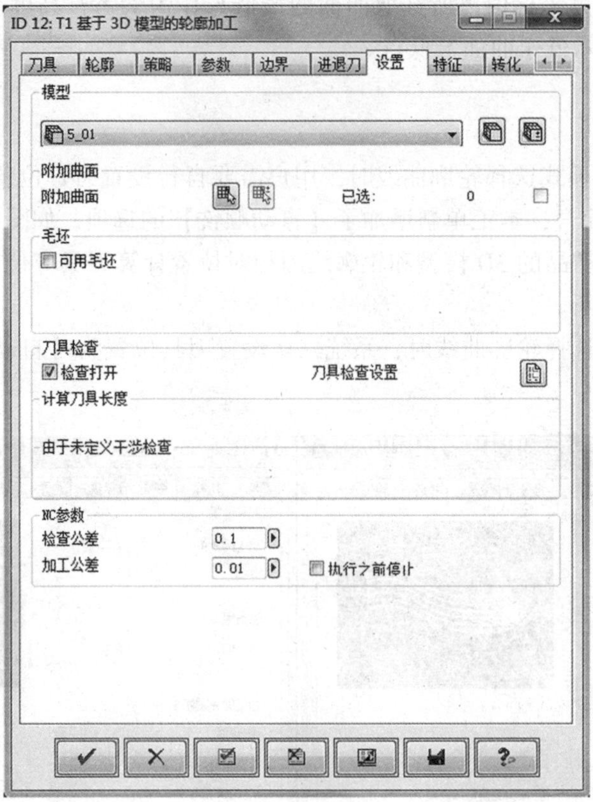

图 5-5 设置选项卡

知识点 5.2　工单的转化

通过对工单进行转化可以实现对刀具路径的阵列。工单的转化功能位于转化选项卡，在【转化】选项卡，勾选【激活】栏右侧的单选框即可激活转化功能，下方的【选择】栏会显示所有的转化方式。【选择】栏一共提供了 4 种转化方式，分别是【镜像】、【线性阵列】、【圆形阵列】和【一般阵列】，如图 5-6 所示。

5.2.1　镜像

当加工的特征是对称分布时，可以使用【镜像】转化获得对称分布的刀具路径。

在【选择】栏的下拉列表中选择【镜像】，然后单击下方的【新建转化】![按钮]按钮，系统弹出【平移：镜像】对话框，如图 5-7 所示。

在【平移：镜像】对话框中的【通用】栏的【变换名称】，可修改当前镜像转化的名称，该名字可根据实际情况由用户自行定义。对话框中的【镜像】栏的【定义镜像】，用于选择定义镜像平面的方式。【镜像平面】的定义有 3 种方式，分别是【平面】、【三点】和【线与点】，可从下列列表中选取，如图 5-8 所示。

【平面】：选择【平面】方式定义，则直接在【镜像平面】栏，单击右侧的【选择曲面】![按钮]按钮，在模型空间中选择镜像平面。镜像平面可以是模型已经存在的平面，也可以

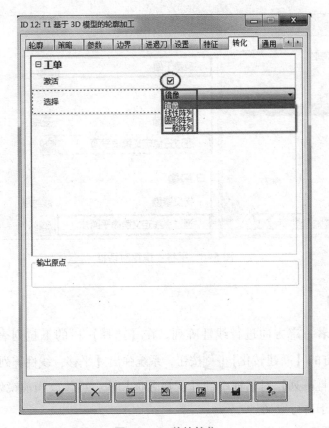

图 5-6　工单的转化

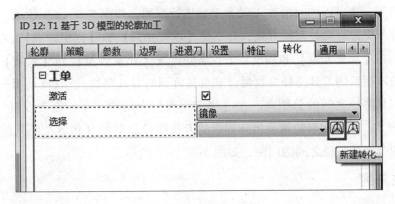

图 5-7　新建转化-镜像

是用户自行绘制的平面。

　　【三点】：若选择【三点】方式定义，则直接在【通过三点定义镜像平面】栏，单击右侧的【选择点】按钮，在模型空间中选择三个不在一条直线上的点来定义镜像平面。

　　【线与点】：若选择【线与点】方式定义，则直接在【通过点线定义镜像平面】栏，单击右侧的【选择线】按钮，在模型空间中选择一线一点来定义镜像平面。

图 5-8 平移：镜像对话框

5.2.2 线性阵列

对刀具路径沿着一定方向进行线性阵列。在【选择】栏的下拉列表中选择【线性阵列】，然后单击下方的【新建转化】 按钮，系统弹出【平移：线性阵列】对话框。

在【平移：线性阵列】对话框中的【变换名称】栏，可修改当前镜像的名称，该名字可根据实际情况用于自行定义。

在定义线性阵列时，可通过勾选【X 方向】或【Y 方向】栏的单选框，定义沿着 X 轴或 Y 轴方向阵列，也可以同时沿着 X 轴和 Y 轴进行阵列，如图 5-9（a）所示。

在线性阵列中，有两种布局方式，分别是【填充元素】和【固定距离】，对应的定义参数有所不同。在【填充元素】布局模式下，需要设置【元素数量】和【长度】参数。这里元素数量是指阵列后的刀具路径总数量（包含被阵列的刀具路径），长度是第一个刀具路径和最后一个刀具路径之间的总距离。在【固定距离】布局模式下，需要设置【元素数量】和【距离】参数。这里元素数量是指阵列后的刀具路径总数量（包含被阵列的刀具路径），距离是相邻两个刀具路径之间的间距，如图 5-9（b）所示。

5.2.3 圆形阵列

当加工的特征是圆周分布的时，可以使用圆形阵列获得圆周分布的刀具路径。

在【选择】栏的下拉列表中选择【圆形阵列】，然后单击下方的【新建转化】 按钮，系统弹出【平移：圆形阵列】对话框。

在【平移：圆形阵列】对话框中的【变换名称】栏，可修改当前镜像的名字，该名字可根据实际情况由用户自行定义。

要完成圆形阵列需要定义中心轴线，在【轴类型】栏，设置了 3 种定义方式，分别是【点】、【线】和【圆柱轴】，如图 5-10 所示。

【点】：通过在模型空间中的两个点定义中心轴线。

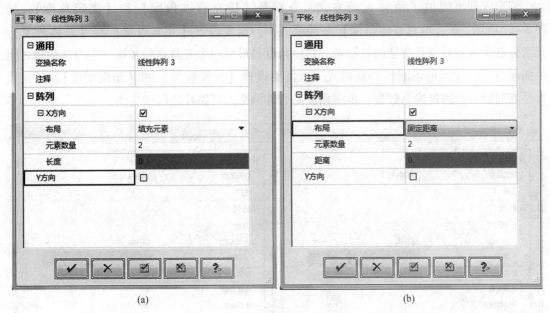

图 5-9 平移：线性阵列对话框 3

图 5-10 平移：圆形阵列对话框 2

【线】：直接在模型空间中选择一条直线作为中心轴线。

【圆柱轴】：在模型空间中选择一个圆柱面，软件自动提取圆柱面的轴线作为中心轴线。

圆形阵列也提供了两种布局方式，分别是【填充总体角度】和【固定角度】，如图 5-11 所示。在【填充总体角度】布局模式下，需要设置【元素数量】和【总体角度】。元素数量是阵列后刀具路径的总数量，总体角度是最后一个刀具路径和第一个刀具路径之间的圆周角。在【固定角度】布局模式下，需要设置【元素数量】和【步距角度】。元素数量是阵列后刀具路径的总数量，步距角度是相邻两个刀具路径之间的夹角。

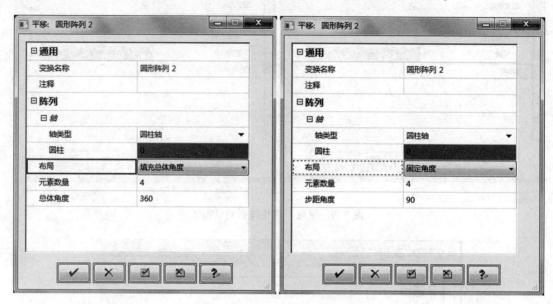

图 5-11　圆形陈列的布局方式

5.2.4　一般阵列

以坐标系方式作为刀具路径的阵列基准，可设置多个坐标系。

在【选择】栏的下拉列表中选择【一般阵列】，然后单击下方的【新建转化】按钮，系统弹出【平移：一般阵列】对话框。

在【平移：一般阵列】对话框中的【变换名称】栏，可修改当前镜像的名称，该名字可根据实际情况由用户自行定义。

在【增加目标参考系统】栏，可设置用于定位的参考坐标系统，分别是【坐标参考系统】和【平面参考系统】。单击【增加坐标参考系统】按钮，将在下方增加一个目标参考系统，单击【坐标】栏右侧的下拉栏【选择参考坐标系】或【新建参考坐标系】。单击【增加平面参考系统】按钮，将在下方增加一个目标参考系统，单击【平面】栏右侧的【选择曲面】按钮在模型空间中选择相应的平面，如图 5-12 所示。

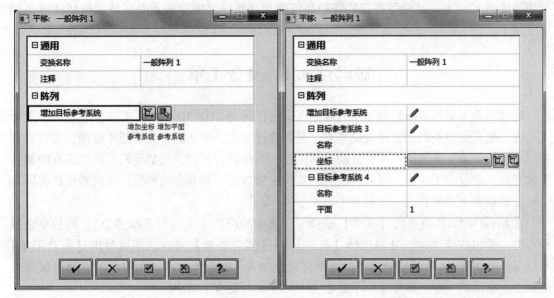

图 5-12 平移：一般阵列

知识点 5.3 3D 等高精加工与投影精加工的结合使用

3D 等高精加工和 3D 投影精加工均可用于曲面的精加工，其中等高精加工更适用于陡峭曲面的精加工，而投影曲面更适用于平坦曲面的精加工，如图 5-13 所示。因此，对于一些曲率变化较为复杂的曲面，可以结合运用等高精加工和投影精加工来完成高质量的加工。等高精加工和投影精加工的结合使用可以通过斜率加工模式实现。

图 5-13 等高和投影精加工的斜率模式
（a）等高-斜率加工模式；（b）投影-斜率加工模式

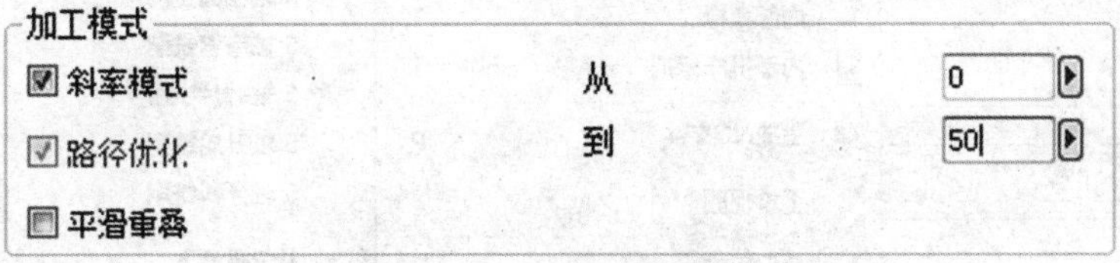

在等高精加工中，若激活【斜率模式】，则刀具路径只加工斜率范围为斜率角度到 90° 之间的陡峭曲面；而在投影精加工中，若激活【斜率模式】，则刀具路径只加工斜率范围为 0°到斜率角之间的平坦曲面。因此，只要合理设置等高精加工和投影精加工的斜率角度值，即可实现对复杂曲面的完整加工。一般而言，等高精加工的斜率角度值要小于投影精加工的

斜率角度值 3°~5°，这样等高刀具路径和投影刀具路径之间存在重叠区域，保证曲面得到完整加工。

<h1 style="text-align:center">知识点 5.4　复合工单</h1>

通过复合工单可清晰管理工单列表。可以将任何的 2D、3D 或 5X 工单合并到一个复合工单内。复合工单类似于文件夹的概念，里面管理很多工单。通常为了便于管理，会将具有相同功能的工单，或者同一个特征的工单用复合工单进行管理。比如我们可以将所有的粗加工放置在一个复合工单里，或者将所有的精加工放置在一个复合工单里，又或者可以将同一个特征的加工工单放置在一个复合工单里。

在 hyperMILL 浏览器的【工单】选项卡，选中相应的工单（可选择多个），然后单击鼠标右键，弹出快捷菜单，分别选择【新建】→【复合工单】命令，即可弹出【复合工单】对话框，如图 5-14 所示。被选中的工单自动会加入该复合工单中。用户也可以通过鼠标左键单击要移动的工单，按住鼠标不放松将工单移动到复合工单中。

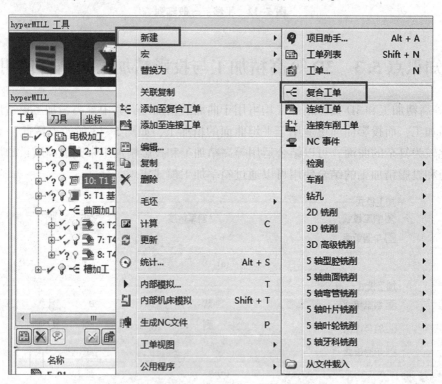

图 5-14　新建复合工单

双击复合工单可以打开【复合工单】对话框，对当前复合工单进行编辑。【复合工单】对话框包含【概要】和【转化】两个选项卡。在【概要】选项卡，可以在【名称】栏对复合工单的名称进行修改，用户可以根据自己需要进行命名，如图 5-15 所示。在【转化】选项卡，可对复合工单的刀具路径进行转化。一旦对复合工单进行转化，复合工单内包含的所有工单的刀具路径都会进行相应的阵列转化。

图 5-15　复合工单

步骤 1：设置工作目录

将模型文件所在的文件夹设置为本项目的工作目录。

步骤 2：模型分析与加工工艺

1. 模型尺寸分析

通过【默认工具条】中的【物体属性】 功能，可获得该电极的整体长宽高尺寸为 120 mm ×120 mm ×47. 809 mm。

通过 HyperMILL 工具条【分析】 功能中的【测量两图素】命令，可获得该模型的槽宽和电极之间的最小间隙。其中电极槽宽为 1. 4 mm，电极与电极之间的最小距离为 8. 469 mm，如图 5-16 所示。

2. 确定加工刀具

根据模型分析的结果，确定粗加工可用的最大刀具直径不应超过 8 mm，否则电极之间的材料就无法有效切除。电极内部槽的加工刀具直径不应大于 1 mm。由于该模型既有水平面和垂直面也有斜面与圆角面，因此采用 $D8$ 和 $D1$ 平底立铣刀和 $\phi2$ mm 和 $\phi1$ mm 的球头刀完成加工，如表 5-1 所示。

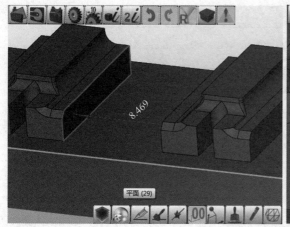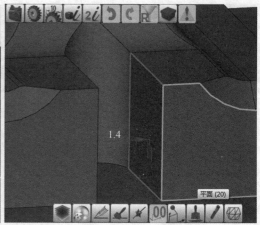

图 5-16　模型尺寸分析

表 5-1　加工刀具

工序	刀具名称	备注
1	$D8$ 立铣刀	粗加工
2	$D8$ 立铣刀	电极外轮廓侧壁、平面精加工
3	$D1$ 立铣刀	槽粗加工和精加工
4	$\phi 2$ 球刀	曲面精加工
5	$\phi 1$ 球刀	曲面精加工

步骤 3：设置工单列表

在 hyperMILL 浏览器中新建一个工单列表，在【工单列表】对话框的【名称】栏，将该工单列表命名为"电极加工"。单击【确认】按钮，完成工单列表的创建。

NCS 坐标系设置为与当前的 WCS 坐标系重合，模型选择当前电极零件的所有面作为加工面，毛坯模型为包容块，设置毛坯 Z 轴正向偏置 1 mm。

步骤 4：整体粗加工

新建一个【3D 铣削】、【3D 任意毛坯粗加工】工单。

在【刀具】选项卡的【刀具】栏新建一个直径为 8 mm 的立铣刀"D8"。刀具的工艺参数根据自身实际情况设置即可。

切换到【策略】选项卡，设置【加工优先顺序】为【型腔】，设置【平面模式】为【优化】；勾选【所有刀具路径倒圆角】和【在满刀期间降低进给率】选项，如图 5-17 (a) 所示。

切换到【参数】选项卡，在【加工区域】栏中，取消勾选【最高点】和【最低点】，由软件自动计算零件的 Z 向加工深度范围；在【进给量】栏中，设置水平【步距（直径系数）】值为 0.65，【垂直步距】值为 0.2；设置【余量】值为 0.2，【附加 XY 余量】值为 0；设置【检测平面层】为【自动】；设置【退刀模式】为【安全平面】，安全平面高度值为 30，如图 5-17 (b) 所示。

切换到【设置】选项卡，在【模型】栏设置当前工单使用的模型为"5_01"，在【毛

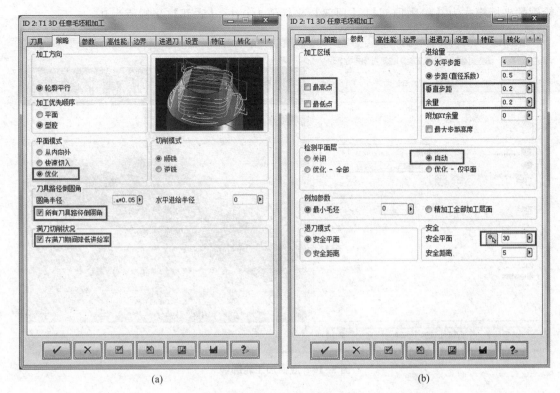

(a)   (b)

图 5-17 粗加工策略和参数选项卡

坯模型】栏设置毛坯模型为"Stock 5_01"。

最后，单击【计算】按钮，生成刀具路径如图 5-18 所示。对粗加工刀具路径进行模拟，检查刀具路径是否正确。

图 5-18 粗加工刀具路径

步骤 5：平面精加工

1. 底面精加工

新建一个【2D 铣削】、【型腔加工】工单。

在【刀具】选项卡，选择已经创建好的立铣刀"D8"。

切换到【轮廓】选项卡，选择图 5-19 中的模型底面轮廓曲线作为轮廓边界，设置每条轮廓的坐标模式为【轮廓顶部】，【顶部】坐标值为0.1，【底部】坐标值为0。

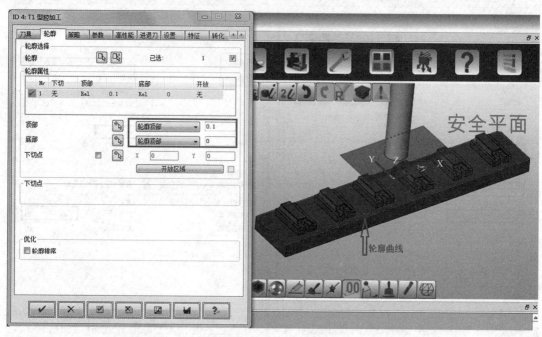

图 5-19　底面加工轮廓线

切换到【策略】选项卡，设置【加工模式】为【3D模式】。本例中轮廓曲线只选择了电极大平面的矩形边界轮廓，没有选择电极凸台的边界轮廓；此时如果选择【2D模式】，则生成的刀具路径是铣削整个平面的，而选择【3D模式】则软件会自动识别平面上的凸台，生成正确的地面切削刀具路径。

切换到【参数】选项卡，在【进给量】栏设置垂直步距值为10（该值大于轮廓深度0.1即可），水平【步距（直径系数)】值为0.6；在【安全余量】栏，设置【XY毛坯余量】值为0.22，【毛坯Z轴余量】值为0；在【退刀模式】栏设置为【安全平面】退刀，【安全平面】高度值为30。勾选【所有刀具路径倒圆角】选项。

切换到【设置】选项卡，在【模型】栏设置当前工单使用的模型为"5_01"。

最后单击【计算】按钮，生成刀具路径如图5-20所示。检查刀具路径是否正确。

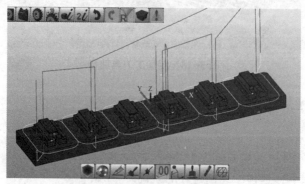

图 5-20　底面精加工刀具路径

2. 顶面精加工

复制一个刚刚创建的型腔加工工单，对新的工单进行编辑。

切换到【轮廓】选项卡，选择图 5-21 中的电极模型顶面轮廓曲线作为轮廓边界，设置每条轮廓的坐标模式为【轮廓顶部】，【顶部】坐标值为 0.1，【底部】坐标值为 0。将整条轮廓曲线设置为开放区域。

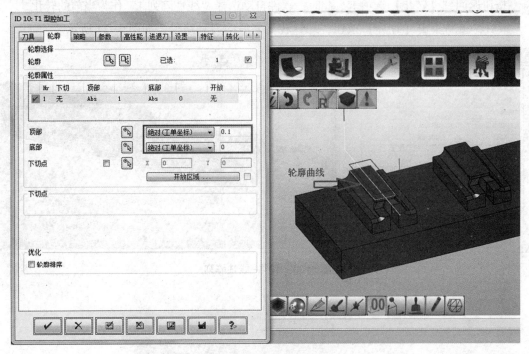

图 5-21 顶面轮廓曲线

切换到【策略】选项卡，设置【加工模式】为【3D 模式】。

切换到【参数】选项卡，在【进给量】栏设置垂直步距值为 10（该值大于轮廓深度0.1 即可），水平【步距（直径系数）】值为 0.6；在【安全余量】栏，设置【XY 毛坯余量】值为 0，【毛坯 Z 轴余量】值为 0；在【退刀模式】栏设置为【安全平面】退刀，【安全平面】高度值为 30。

切换到【设置】选项卡，在【模型】栏设置当前工单使用的模型为 "5_01"。

最后单击【计算】按钮，生成刀具路径，如图 5-22 所示。检查并确保刀具路径正确。

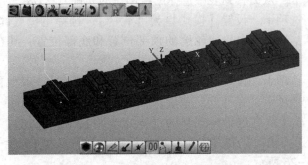

图 5-22 顶面精加工刀具路径

双击该工单重新进行编辑，切换到【转化】工单，单击【激活】栏的单选框激活转化功能。在【选择】栏的下拉列表中选择【线性阵列】，然后单击下方的【新建转化】 按钮，弹出【平移-线性阵列】对话框。在对话框中，保持默认的变换名称"线性阵列1"不变，勾选【阵列】栏中的【X方向】；在布局栏选择【填充元素】，在【元素数量】栏输入电极数量为6，在【长度】栏输入首个电极到末个电极之间的距离80（见图5-23），单击【确认】 按钮返回到【转化】选项卡。此时，软件自动选择"线性阵列1"作为当前的转化。

最后，重新单击【计算】按钮，计算转化之后的刀具路径，如图5-24所示。

图 5-23　转化-线性阵列

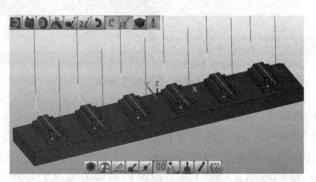

图 5-24　转化后的顶面精加工刀具路径

步骤 6：侧壁精加工

新建一个【2D 铣削】、【轮廓加工】工单。

在【刀具】选项卡，从刀具列表中选择已经创建的立铣刀"D8"。

切换到【轮廓】选项卡，设置【模式】为【轮廓】，选择电极底部的轮廓线（非封闭曲线）作为轮廓边界，从模型中拾取轮廓的顶部位置和底部位置，其在绝对（工单坐标）的值分别为 -1.31 和 -3.619，如图 5-25 所示。

切换到【策略】选项卡，设置【刀具位置】为"自动顺铣"，其他参数保持默认即可。

切换到【参数】选项卡，在【安全余量】栏，设置【XY 毛坯余量】值为 0，【毛坯 Z 轴余量】值为 0；设置【垂直进给模式】为【固定步距】，在【进给】栏，设置【垂直步距】值为 0.3；在【退刀模式】和【安全】栏，设置退刀模式为【安全平面】，【安全平面】高度值为 30，如图 5-26 所示。

图 5-25　侧壁加工轮廓曲线

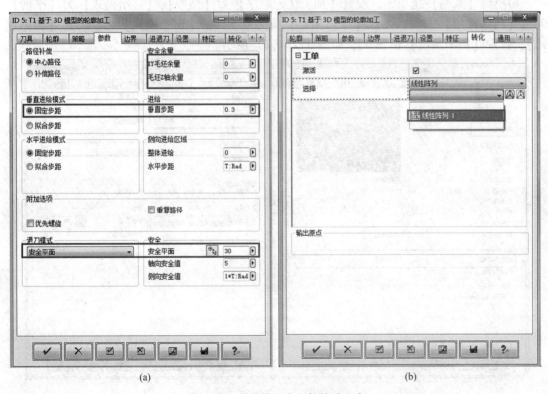

(a)　　　　　　　　　　　　　　　(b)

图 5-26　参数选项卡和转换选项卡

（a）参数选项卡；（b）转化选项卡

切换到【设置】选项卡，在【模型】栏设置当前工单使用的模型为"5_01"。

单击【计算】按钮，生成刀具路径，检查并确保刀具路径正确。对工单重新进行编辑，切换到【转化】选项卡，激活转化功能。在【选择】栏的下拉列表中选择【线性阵列】，然后从第二个下拉列表选择之前已经创建好的【线性阵列1】。

最后单击【计算】按钮，重新生成刀具路径，如图5-27所示。

图5-27 转化后的侧壁精加工刀具路径

步骤7：曲面精加工

1. 陡峭面精加工

新建一个3D等高精加工工单。

在【刀具】选项卡，新建一把直径为2 mm的球头铣刀"φ2"。刀具的工艺参数根据自身实际情况设置即可。

切换到【策略】选项卡，设置【加工优先顺序】为【型腔】，【进给模式】为【平滑】，勾选【内部圆角】选项，设置【圆角半径】值为0.5。在【加工模式】栏，勾选【斜率模式】，设置【斜率角度】值为40，如图5-28（a）所示。

(a)

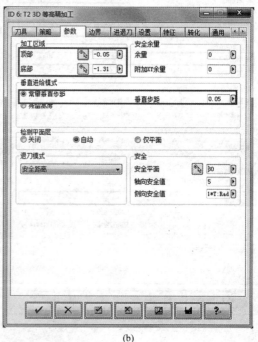

(b)

图5-28 策略选项卡和参数选项卡

（a）策略选项卡；（b）参数选项卡

切换到【参数】选项卡，从模型中拾取点设置【加工区域】的最低点和最高点，【顶部】坐标值为-0.05，【底部】坐标值为-1.31，模型的顶部高度和底部高度值参考图 5-29 中的模型顶部点和模型底部点。设置【垂直步距】为【常量垂直步距】，设置【垂直步距】值为 0.05；在【安全余量】栏，设置【余量】值为 0，【附加 XY 余量】为 0；在【检测平面层】栏，设置平面检测模式为【自动】；设置【退刀模式】为安全距离，如图 5-28（b）所示。

切换到【边界】选项卡，选择图 5-29 中所示的边界线作为轮廓边界。

切换到【设置】选项卡，确认【模型】栏当前工单使用的模型为"5_01"。

最后单击【计算】按钮，重新生成刀具路径，如图 5-30 所示。

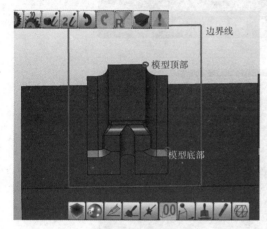

图 5-29 加工范围

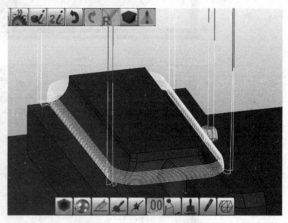

图 5-30 陡峭面刀具路径

2. 平坦面精加工

首先建立辅助面。单击【图形】菜单下的【从边界】命令，弹出【从边界】对话框。在模型空间中，单击图 5-31（a）所示的两条轮廓曲线作为边界曲线，单击【确认】按钮，完成曲面创建。【从边界】自动根据所选择的曲线构建平面或曲面，曲面的范围由定义曲线的范围及曲线端点连线的范围所确定。再次重复【从边界】命令，选择图 5-31（b）的两条轮廓曲线作为边界曲线，单击【确认】按钮，完成曲面创建。

新建一个"辅助面"图层，将刚刚创建的两个曲面移动到"辅助面"图层，便于后续对所有辅助面进行统一管理。

新建一个【3D 投影精加工】工单。

在【刀具】选项卡，选择直径为 2 mm 的球头铣刀"φ2"。

切换到【策略】选项卡，在【横向进给策略】栏，设置【进给策略】为【X 轴】，【切削类型】为【往复式】，【进给模式】为【平滑双向】；设置【加工角度】为 45°。在【加工模式】栏，激活【斜率模式】，设置【斜率角度】为【从】0°【到】45°。

切换到【参数】选项卡，设置【垂直进给模式】为【仅精加工】，设置【水平进给模式】为【常量步距】、【水平步距】值为 0.05；设置【余量】值为 0，【附加 XY 余量】值为 0；设置【退刀模式】为【安全平面】，【安全平面】高度值为 30。

切换到【边界】选项卡，设置边界【策略】为【加工面】；在【加工面】栏，单击右

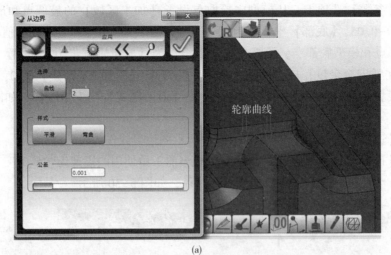

(a)

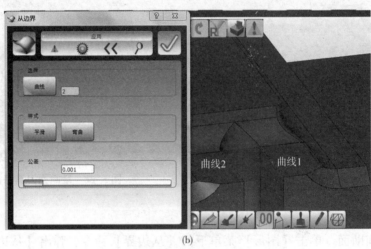

(b)

图 5-31　从边界-曲线 1

侧的【重新选择】按钮，选取模型的曲面部分（如图 5-32 所示高亮面）为加工面。

切换到【进退刀】选项卡，设置【进刀】和【退刀】模式为【圆】，【圆角】值为 0.3。

显示"辅助面"图层。切换到【设置】选项卡，单击【附加曲面】栏的【重新选择】按钮，选择模型空间中的两个辅助面（见图 5-33 所示高亮显示）作为模型"5_01"的附加曲面。

最后，单击【计算】按钮，生成刀具路径，如图 5-34 所示。

此时，点亮陡峭曲面的 3D 等高精加工工单前的灯泡，显示陡峭面加工的刀具路径。由于投影精加工工单中的斜率角度大于等高精加工工单中的斜率角度，因此可以发现，陡峭面刀具路径和平坦面的刀具路径存在一定范围的重叠区域，如图 5-35 所示。

隐藏"辅助面"图层，隐藏平坦面和陡峭面的刀具路径。

3. 补面加工

从平坦面精加工刀具路径中发现存在两个类似倒角的区域，由于面积很小，并没有被加工到位，因此需要进行补充加工。

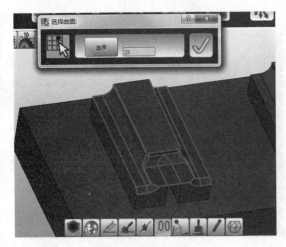

图 5-32　边界加工面

图 5-33　设置附加曲面

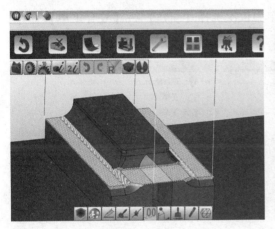

图 5-34　平坦曲面加工刀具路径

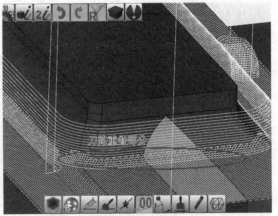

图 5-35　平坦面和陡峭面刀具路径重叠

新建一个【3D 投影精加工】工单。

在【刀具】选项卡，新建一把直径为 1 mm 的球头铣刀"φ1"。

切换到【策略】选项卡，在【横向进给策略】栏，设置【进给策略】为【X 轴】，【切削类型】为【往复式】，【进给模式】为【平滑双向】；设置【加工角度】为 45°。

切换到【参数】选项卡，设置【垂直进给模式】为【仅精加工】；设置【水平进给模式】为【常量步距】、【水平步距】值为 0.01；设置【余量】值为 0，【附加 XY 余量】值为 0；设置【退刀模式】为【安全平面】，【安全平面】高度值为 30。

切换到【边界】选项卡，设置边界【策略】为【加工面】；在【加工面】栏，单击右侧的【重新选择】![]按钮，选取模型的曲面部分（如图 5-36 所示高亮面）为加工面。

切换到【进退刀】选项卡，设置【进刀】和【退刀】模式为【圆】，【圆角】值为 0.05。

最后，单击【计算】按钮，生成刀具路径，如图 5-37 所示。

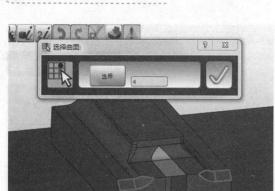

图 5-36　加工面

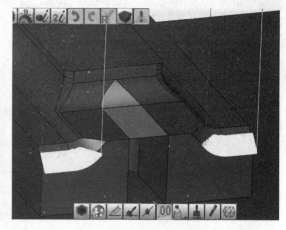

图 5-37　补面加工刀具路径

4. 复合工单转化

在工单列表栏，单击鼠标右键，在快捷菜单中依次选择【新建】→【复合工单】命令，弹出【复合工单对话框】，如图 5-38 所示。

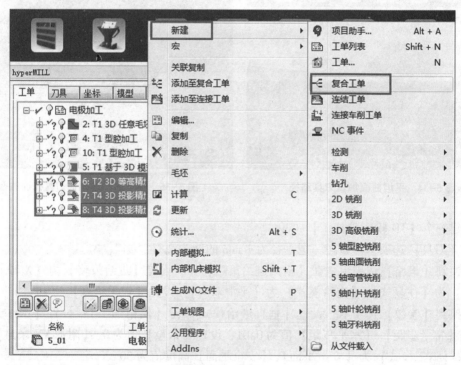

图 5-38　创建复合工单

在【复合工单】对话框中的【名称】栏，输入复合工单名称"曲面精加工"，单击【确认】按钮完成创建。

复合工单【曲面精加工】显示在工单列表中。在工单列表中，同时选择前面的三个曲面精加工工单，按住鼠标左键不放松，移动到复合工单"曲面精加工"位置处，即可将这三个曲面精加工工单放入复合工单中，如图 5-39 所示。

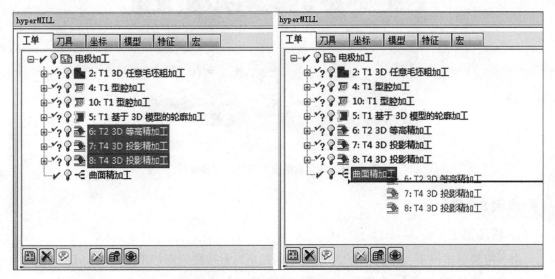

图 5-39 移动工单到复合工单

双击工单列表中的"曲面精加工"复合工单进行编辑，在【曲面精加工】对话框中切换到【转化】选项卡，单击【激活】栏右侧的单选框激活转化功能，在【选择】栏选择【线性阵列 1】，如图 5-40 所示。单击【计算】按钮，计算转化以后的刀具路径。软件将对【曲面精加工】复合工单内的所有工单进行线性阵列转化。转化后的曲面精加工刀具路径如图5-41所示。

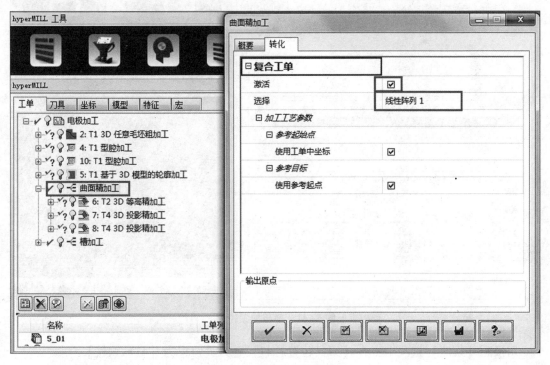

图 5-40 复合工单转化

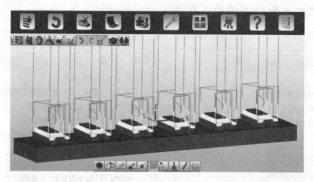

图 5-41　转化后的曲面精加工刀具路径

步骤 8：槽加工

1. 槽粗加工

由于电极的槽很窄，宽度只有 1.4 mm，因此可以直接用轮廓加工完成粗加工。

新建一个【2D 铣削】、【基于 3D 模型的轮廓加工】工单。

在【刀具】选项卡界面，新建一把直径为 1 mm 的立铣刀"D1"。

切换到【轮廓】选项卡，选择槽底面开放轮廓线为边界轮廓。设置轮廓的【底部】坐标模式为【轮廓顶部】，坐标值为 0；轮廓的【顶部】高度从模型中选取（图 5-42 中顶部点），软件自动将顶部坐标模式设置为【绝对（工单坐标）】，并自动计算坐标值为-1.81。

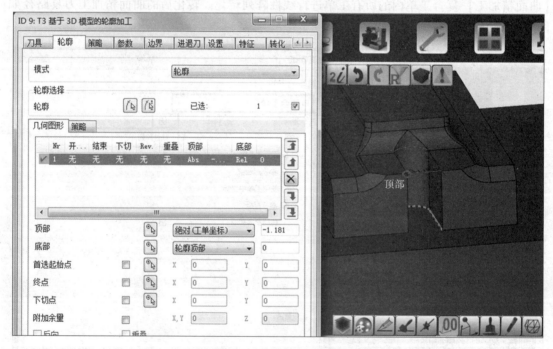

图 5-42　槽粗加工轮廓

切换到【策略】选项卡，在【刀具位置】栏设置刀具位置为【自动顺铣】。

切换到【参数】选项卡，在【安全余量】栏，设置【XY 毛坯余量】值为 0.1，【毛坯

Z 轴余量】值为 0.1；设置【垂直进给模式】为【固定步距】、【垂直步距】值为 0.1；设置【退刀模式】为【安全平面】，【安全平面】高度值为 30。

切换到【设置】选项卡，确认【模型】栏设置当前工单使用的模型为"5_01"。

最后单击【计算】按钮，生成刀具路径，如图 5-43 所示。

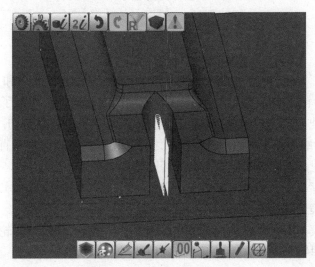

图 5-43　槽粗加工刀具路径

2. 槽精加工

复制一个刚刚创建用于槽粗加工的【基于 3D 模型的轮廓加工】工单，双击进行编辑。切换到【参数】选项卡，在【安全余量栏】修改【XY 毛坯余量】和【毛坯 Z 轴余量】值为 0；最后单击【计算】按钮，生成槽精加工的刀具路径。

3. 复合工单转化

新建一个复合工单，修改其名称为"槽加工"。在工单列表栏，按住"Ctrl"键的同时用鼠标左键选择前面用于加工槽的 2 个基于 3D 模型的轮廓加工工单，按住鼠标左键不动拖动到【槽加工】复合工单中。双击【槽加工】复合工单，切换到【转化】选项卡，激活转化功能；在【选择】栏选择【线性阵列 1】。单击【计算】按钮，计算转化以后的刀具路径，如图 5-44 所示。

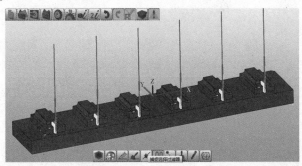

图 5-44　槽加工刀具路径

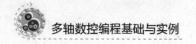

步骤 9：刀具路径模拟与后置处理

对刀具路径进行模拟，检查刀具路径是否存在过切、欠切的情况。根据模拟结果，修改相应的工单参数，调整刀具路径。

当确定刀具路径安全无误后，可通过后置处理导出 NC 文件。

本章主要介绍了 hyperMILL 中常用的基于 3D 模型的轮廓加工工单和工单转化功能。

基于 3D 模型的轮廓加工实质上是在 2D 轮廓加工的基础上，增加了实体保护（实体干涉检查）功能，防止用户在轮廓和刀具位置设置错误时导致的材料过切。此外，在【轮廓】选项卡，除了 2D 轮廓加工中的轮廓选择模式之外，还提供了直接选择直壁面的功能，更加直观。但是注意这里的面只能是竖直平面，否则软件会报错。

工单转化功能存在于工单的【转化】选项卡，利用转化功能可以实现刀具路径的线性阵列、圆周阵列和镜像等功能。

最后通过一个模具电极零件的加工编程实例，学习基于 3D 模型的轮廓加工和工单转化功能的应用，在这里特别需要掌握以下 3 个应用技巧。

（1）对于复杂曲面，利用斜率加工模式，结合运用 3D 等高精加工和 3D 投影精加工完成复杂曲面的加工。在设置斜率模式时，要注意投影精加工的斜率角度要大于等高精加工的斜率角度值，以保证等高刀具路径和投影刀具路径之间存在重叠，保证曲面加工完整。

（2）利用复合工单功能，实现对工单列表中工单的管理。

（3）根据零件结构特点，合理利用辅助面来划分加工区域和加工顺序。

3D 铣削策略与 3+2 定轴加工案例

任务目标

本项目通过一个 3+2 定轴零件的加工编程案例，学习 hyperMILL 软件 3D 铣削策略中的 Frame 坐标系的设置、钻孔铣削策略中心钻工单、点钻工单和铰孔工单的应用。

知识目标

(1) 理解 5 轴机床基本结构和运动方式；

(2) 理解和掌握 3+2 定轴坐标系的设置；

(3) 理解和掌握钻孔策略中中心钻工单的基本参数和设置；

(4) 理解和掌握钻孔策略中点钻工单的基本参数和设置；

(5) 理解和掌握钻孔策略中铰孔工单的基本参数和设置；

(6) 理解和掌握刀具路径的裁剪。

技能目标

(1) 掌握中心钻工单、点钻工单、铰孔工单在孔加工中的应用；

(2) 掌握断屑钻工单、啄钻工单在深孔加工中的应用

(3) 掌握利用 Frame 坐标系进行定轴加工的应用；

(4) 掌握刀具路径的模拟和后置处理方法。

素养目标

(1) 培养认真、负责、科学的工作态度；

(2) 强化严谨细致、一丝不苟的工作精神；

(3) 提高 CAM 操作的规范性职业素养。

任务导入

本例采用的定轴加工零件模型如图 6-1 所示。这是一个典型的 3+2 加工零件，当零件安装在工作台上时，有部分区域零件本身遮挡，存在倒扣。如果在 3 轴机床上，只能通过两次装夹来完成加工，而在 5 轴机床上，则可通过定轴加工来实现一次装夹加工完成。

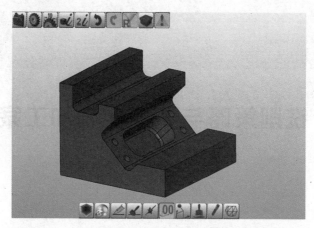

图 6-1　定轴加工零件模型

利用 hyperMILL 软件，完成对该模具型腔零件的加工编程任务，具体要求如下：
（1）正确设置项目路径；
（2）建立工单列表，确定加工坐标系、加工区域和毛坯模型；
（3）分析模型，确定加工用的刀具和工艺参数；
（4）运用 3D 任意毛坯粗加工完成该模型的粗加工 NC 编程；
（5）运用等高精加工和 ISO 加工完成该模型的精加工 NC 编程；
（6）对粗加工和精加工进行模拟仿真；
（7）通过后置处理生成加工程序。

知识点 6.1　定轴加工与 Frame 坐标系

使用 5 轴机床的两个旋转轴将切削刀具固定在一个倾斜的方向进行铣削加工。其实质是 3 轴功能在特定角度（即定位）上的实现，简单来说，就是工件转了一个特定角度（或者刀具摆到特定角度）后，还是以普通 3 轴的方式进行加工。

6.1.1　Frame 坐标系

在 hyperMILL 软件中，定轴加工时可以通过设置相应的 Frame 坐标系实现。Frame 坐标系 Z 轴的方向就是刀具轴线的方向。Frame 坐标在工单的【刀具】选项卡底部的【坐标】栏进行设置。坐标栏包含两个按钮，分别是【新建工作平面】［图标］和【更改工作平面】［图标］按钮，如图 6-2 所示。

【新建工作平面】：单击该按钮，弹出【加工坐标定义】对话框。该对话框与工单列表中的【NCS 定义】对话框是一样的。可以通过对当前工作平面进行平移或旋转构建新的加工坐标系，或者直接对齐到现有的工作平面构建新的加工坐标系，如图 6-3 所示。

新建加工坐标系的名称在【通用】选项卡设置，默认以"Frame_序号"命名，而工单列表中的 NCS 坐标系是以"NCS_模型名称"的格式来命名的。NCS 坐标系和 Frame 坐标系

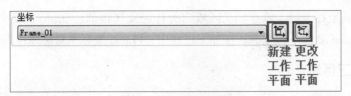

图 6-2 Frame 坐标系

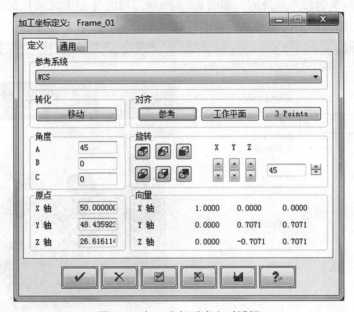

图 6-3 加工坐标系定义对话框

的区别在于：NCS 坐标系对应于机床中的 G54 坐标系，而 Frame 坐标系只是刀具计算过程中的一个转换坐标，不输出到机床。完成 Frame 坐标系创建后，在【刀具】选项卡的【坐标】栏必须选择该 Frame 坐标系，才能使刀具定向加工。如图 6-4 所示，激活 "Frame_01" 后，刀具刀轴的方向与 Frame 坐标系的 Z 轴一致。

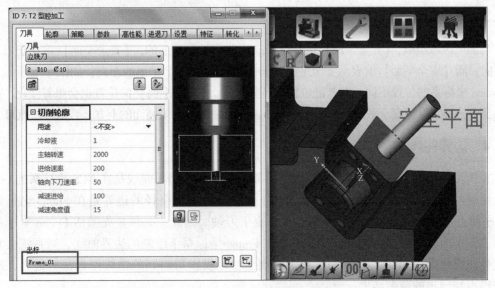

图 6-4 Frame 坐标与刀具定向

当激活 Frame 坐标系后，垂直加工区域的所有定义（顶部、底部），安全距离，*XY* 平面、水平步距均以 Frame 坐标系为基准。在加工过程中，Frame 坐标系对碰撞检查起着重要作用。

6.1.2 垂直加工区域

在定轴加工时，【参数】选项卡中垂直【加工区域】的【最高点】和【最低点】的坐标是以 Frame 坐标系为参考基准的。如图 6-5 所示，当前【加工区域】的【最低点】值为 0，表示垂直于刀轴方向的切削终止位置刚好处于 Frame 坐标系 *X-Y* 平面。

图 6-5　Frame 坐标系与垂直加工区域

6.1.3 安全平面高度

与加工区域类似，【安全平面】也是以 Frame 坐标系为基准的，【安全平面】垂直于刀具轴线方向，而【安全平面】值表示安全平面到 Frame 坐标系 *X-Y* 平面的距离，如图 6-6 所示。由于 Frame 坐标系的位置不同，其基准位置也是变化的，【安全平面】的位置也会跟着变化。在定轴加工中，必须保证安全平面位于工件在 Frame 坐标 *Z* 轴方向最高面的上方，否则容易撞刀。

6.1.4 边界曲线

在 3 轴加工时，如果要通过边界裁剪刀具路径，那么边界曲线是在 NCS 坐标系的 *X-Y* 平面上绘制的，如图 6-7 所示。而在定向加工中，裁剪刀具路径的边界是在 Frame 坐标系的 *X-Y* 平面上绘制的，这样保证了裁剪边界垂直于刀轴。因此，必须要先激活 Frame 坐标系对应的工作平面然后再进行绘制。如果不是在 Frame 坐标系下绘制的边界曲线，则系统会自动将边界曲线投影到 Frame 坐标系的 *X-Y* 平面上，以投影后得到的曲线作为裁剪边界，这样往往得不到预想的裁剪结果。

图 6-6　Frame 坐标系与安全平面

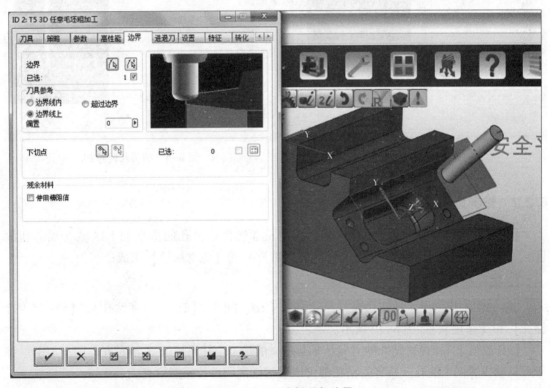

图 6-7　Frame 坐标系与边界

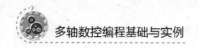

知识点 6.2 中心钻工单

中心钻工单常用于点孔和倒角加工。

鼠标左键单击 hyperMILL 菜单下的【工单】按钮，或者【hyperMILL 工具】栏中的 ![按钮图标] 按钮，弹出【选择新操作】对话框，依次选择【钻孔】和【中心钻】，单击【OK】**OK** 按钮，即可进入【中心钻】对话框，如图 6-8 所示。

6.2.1 刀具选项卡

【中心钻】工单一共支持 4 种刀具类型，分别是【球头刀】、【钻头】、【倒角刀】和【镗刀】。点孔一般用钻头，而倒角则用倒角刀，镗刀是用来镗孔的。新建一把钻头，主要需要设置 3 个参数，分别是钻头的【长度】、【直径】和【前端角度】，见图 6-9。在创建钻头刀具时，钻头参数应该根据实际加工时的刀具参数进行设置。

图 6-8　钻孔-中心钻

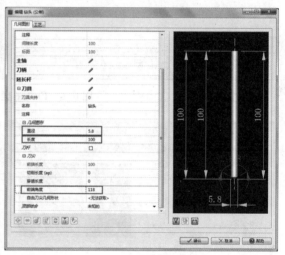

图 6-9　钻头几何参数

6.2.2 轮廓选项卡

【轮廓】选项卡用于定义钻孔策略，孔的轮廓选择以及孔的垂直加工区域（顶部和深度）。【轮廓】选项卡由【钻孔模式】、【轮廓选择】和【轮廓属性】组成。

1. 钻孔模式

hyperMILL 提供了 4 种钻孔模式，分别是【2D 钻孔】、【2D 多角度钻孔】、【5X（5 轴）钻孔】和【车削】，如图 6-10 所示。

【2D 钻孔】：该模式钻孔的方向总是与定义的加工坐标系统的 Z 轴对齐，即只加工垂直于刀具轴线方向上的孔。所有的钻孔都可以通过铣削区进行碰撞检查。

【2D 多角度钻孔】：该模式即 3+2 定轴加工，可以加工不同平面或者不同坐标系方向上的孔。不同方向孔之间的刀具路径通过各自安全平面上方的快速走刀进行连接。所有的钻孔

图 6-10 钻孔模式

都可以通过铣削区进行碰撞检查。

【5X 钻孔】：该模式钻孔的方向与所选曲面的法线或者所选线段对齐。系统对不同方向上的孔的切削刀具路径进行优化，通过 5 轴联动获得运动路径最短的无碰撞连接路径。所有的钻孔都可以通过铣削区进行碰撞检查。

【车削】：通过该选项，可用旋转主轴和固定刀具执行车削工单处理。加工方向由加工坐标的 Z 轴来定义。钻削位置总是位于被车削工件的中心点。

【2D 多角度钻孔】和【5X 钻孔】都可以加工不同方向的孔，它们之间的区别在于：2D 多角度钻孔在完成某个平面孔的加工后以退刀到相应的安全平面后，在通过摆刀轴的方式去加工另一个平面的孔，因此不同平面孔之间的刀具路径连接是通过退刀与进刀实现的；【5X 钻孔】在完成某个平面孔的加工后直接以进给的方式加工下一个平面上的孔，因此不同平面之间的孔的刀具路径是通过进给刀具路径实现连接的。

2. 轮廓选择

hyperMILL 提供两种【轮廓选择】方式，分别是【直线】和【点】。但是在不同的钻孔模式下，命令与界面有所不同。

（1）在【2D 钻孔】模式下，提供【直线】和【点】两种轮廓方式，如图 6-11 所示。

【直线】：选择孔的中心轴线作为轮廓。中心轴线作为轮廓只用来定位，并不提取孔的钻削深度。以【直线】轮廓方式选择，【轮廓属性】栏不显示孔的直径和距离等信息。用户可以在【轮廓属性】栏下方的【直径】和【附加距离】对应的输入框内输入直径和距离值。

【点】：选择孔中心点作为轮廓。用户有两种选择方式，一种是直接移动鼠标到圆弧附近捕捉圆心点，或者鼠标拾取提前绘制好的孔中心点；另一种是选择孔的圆弧，软件会自动提取圆弧中心点作为点轮廓。以【点】轮廓方式选择，系统自动提取孔的深度值，显示在【轮廓属性】栏。用户也可以在【轮廓属性】栏下方的【直径】、【深度】、【附加距离】对应的输入框内修改直径、深度和距离的值。

在【中心钻】工单中，【轮廓属性】栏中的【深度】和【距离】值只是表示轮廓属性，并非是钻孔的深度。钻孔的深度值在【参数】选项卡中设置。

【反向】：若勾选该单选框，则所有的轮廓选择中所定义的钻孔方向反向。

（2）【2D 多轴钻削】和【5X 钻孔】模式下，提供【直线】和【点+曲面】两种轮廓选择方式。

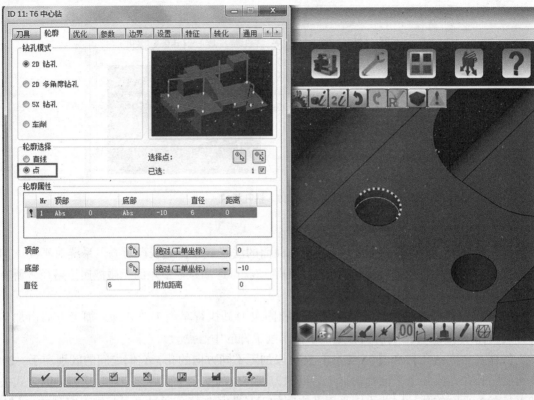

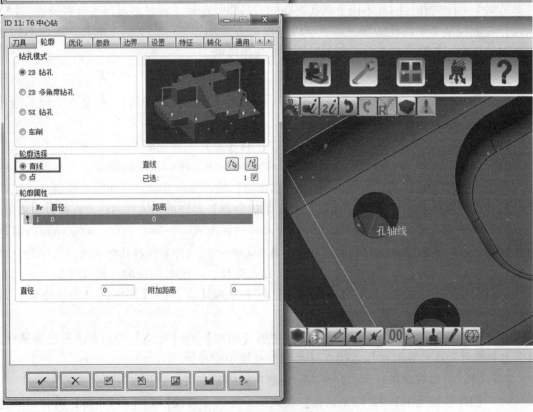

图 6-11　轮廓选择方式（点和直线）

【直线】：与【2D钻孔】模式下的【直线】轮廓一致。

【点+曲面】：定义【2D多轴】和【5X钻孔】下的孔需要孔中心的位置和孔的法向。孔中心的位置定义与【2D钻孔】模式下的【点】轮廓一致；孔的法向通过孔所在的曲面来进行定义，即曲面的法向被定义为孔的法向，如图6-12所示。

图6-12 轮廓选择方式（点+曲面）

6.2.3 优化选项卡

1. 排序策略

在一次钻削多个孔时，用户可以对不同孔之间的移动路径进行优化。hyperMILL提供了6种排序策略供选择，分别是【关】、【最短距离】、【X平行】、【Y平行】、【圆形】和【轮廓平行】。

（1）【关】：关闭排序优化功能，钻孔按选择时的顺序进行加工。

（2）【最短距离】：钻削从加工坐标系统的原点最近的孔开始，并依最短移动距离原则加工后续的孔位，如图6-13（a）所示。

（3）【X平行】、【Y平行】：欲加工的钻孔以所选加工坐标系统的X或Y轴为参照被分成若干段，即刀具移动方向平行于X轴或Y轴。

当【排序策略】设置为【X平行】或【Y平行】后，【方向】栏和【加工】栏被激活，如图6-13所示。

【方向】栏用于设置平行于X或Y轴的移动段之间的刀具进给方向，包含【双向】和【单向】两个选项，其具体含义如下。

【双向】：加工方向在每个平行段后反向，类似于双向走刀。

【单向】：加工方向总是以相同的方向对平行段进行加工。

【加工】栏用于设置钻头沿着 X 轴正反方向的移动方向，包含【反向 X】和【反向 Y】两个选项，其具体含义如下。

【反向 X】：使以加工坐标系的 X 轴定向的加工方向反向。

【反向 Y】：使以加工坐标系的 Y 轴定向的加工方向反向。

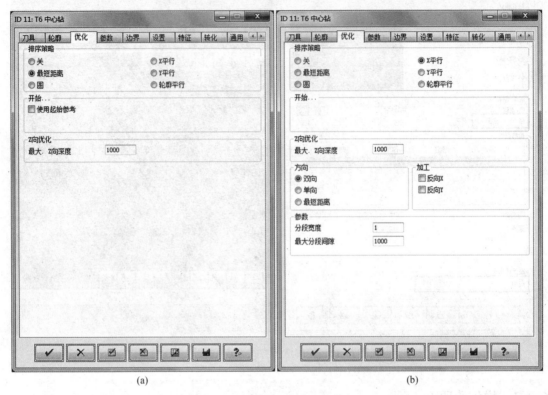

图 6-13　排序策略（最短距离和 XY 平行）
(a) 最短距离；(b) XY 平行

（4）【圆】：欲加工的钻孔从开始被分成若干个同心圆弧分段。刀具在孔之间的移动路径为圆弧状，如图 6-14 所示。

当【排序策略】设置为【圆】后，【方向】栏、【加工】栏和【参数】栏被激活，如图 6-15 所示。

【方向】栏控制方位的参数与圆弧加工有关，包含【顺时针】【逆时针】和【双向】3个选项，其具体含义如下：

【顺时针】：所有圆弧段均按顺时针方向移动。

【逆时针】：所有圆弧段均按逆时针方向移动。

【双向】：在每个圆弧分段之后方位反向移动（顺时针/逆时针切换）。

【加工】栏设置刀具在圆弧径向的移动方向，包含【从内向外】和【从外向内】两个选项，其具体含义如下。

【从内向外】：加工钻孔时在径向距离内从内向外进行。

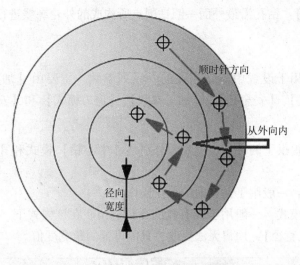

图 6-14　孔的圆排序示意图

图 6-15　排序策略（圆和轮廓平行）

【从外向内】：加工钻孔时在径向距离内从外向内进行。

【参数栏】用于设置圆弧的中心点和径向宽度，包含【径向宽度】和【中心点】两个参数，其具体含义如下：

【径向宽度】：圆弧段的宽度，从加工区域的中心起量。

【中心点】：为获得正确的刀具路径计算，定义一个中心点是最基本的要求。所定义的中心点将代表定义加工区域的所有圆弧段的中心点。

（5）【轮廓平行】：钻孔沿最外面一圈钻削点所构成的外轮廓线进行加工。

6.2.4　参数选项卡

【参数】选项卡用于设置中心钻相关的一系列参数，主要由【加工模式】、【加工深度】、【顶部偏置模式】、【安全孔】、【加工参数】、【退刀模式】和【安全】组成。

1. 加工模式

【中心钻】工单提供了两种加工模式，分别是【中心钻】模式和【现有孔倒角】模式，如图6-16所示。

【中心钻】模式：一般用于钻孔前的点孔操作。

【现有孔倒角】模式：一般用于现有孔的孔口倒角。在该模式下，【加工深度】栏被默认设置为【关联到孔直径】，用户无法更改，只能设置倒角宽度值。

图6-16　加工模式

注意，在进行倒角加工时，如果模型中没有绘制倒角，则需要关闭模型碰撞检查，否则计算刀具路径时会提示干涉错误。切换到【设置】选项卡，若取消勾选【刀具检查】栏中的【检查打开】选项，则软件计算时将不会进行干涉检查。特别要注意的是，刀具检查关闭后，要仔细检查刀具路径是否正确。

2. 加工深度

【加工深度】栏用于设置钻孔的深度，有3种模式，分别是【关联于深度】、【关联于直径】和【关联到孔直径】。

【关联于深度】：该模式即钻孔深度，需要在【深度】栏输入深度值，用于设置钻孔和点孔的深度。当深度值输入 3 时，即表示钻孔深度为 3 mm。如图 6-17 所示（线框模型），白色线框表示刀具，此时孔的加工深度为 Z-3 mm。

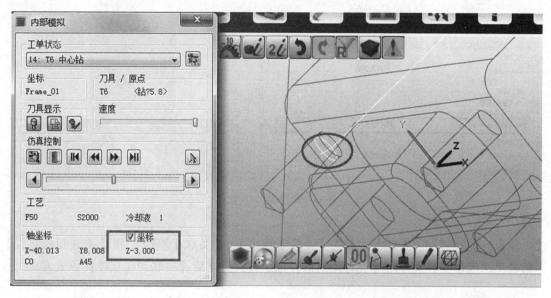

图 6-17　关联于深度

【关联于直径】：用于孔口倒角。以关联于直径（刀具直径）来确定倒角宽度，用户需要在【直径】栏设置关联直径值，如图 6-18 所示。加工孔口倒角时，需要用到倒角刀具或大直径的钻头。以一把直径为 20 mm 的钻头加工直径 6 mm 的孔倒角为例，若设置【直径】参数值为 8，则表示钻头刀尖直径为 8 mm 的截面与孔重合，此时，刀具已经切入孔一定的深度，该深度值即为倒角的宽度。软件会自动根据关联于直径值和孔径来计算倒角宽度。

使用关联于直径时，需要根据倒角宽度和孔直径值，计算关联直径参数。计算方式如下：

$$关联直径=孔直径+2×倒角单边宽度$$

图 6-18　关联于直径

【关联到孔直径】：用于孔口倒角。以关联于直径（孔直径）来确定倒角宽度，用户需要在【倒角宽度】栏设置倒角宽度值，如图 6-19 所示。以一把直径为 20 mm 的钻头加工直径 6 mm 的孔倒角为例，若设置【倒角宽度】参数值为 1，则表示钻头刀尖位置某处截面与孔重合时，刀具刚好切入孔 1 mm 的倒角宽度。软件会自动根据关联于【倒角宽度】值和刀具直径来计算刀具的切入深度。

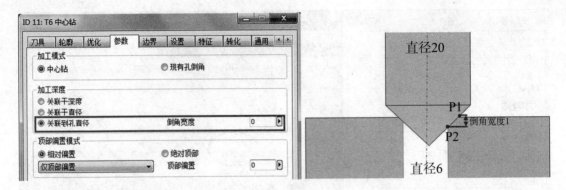

图 6-19　关联到孔直径

注意，【中心钻】加工模式支持【关联于深度】、【关联于直径】和【关联到孔直径】三种加工深度设置方式，而【现有孔倒角】加工模式只支持【关联到孔直径】设置方式。

3. 顶部偏置模式

设置孔顶部起始加工位置，提供【相对偏置】和【绝对顶部】两种设置模式。

【相对偏置】模式以相对值设置，正值表示在当前加工高度向上偏置，负值表示向下偏置。

【绝对顶部】模式以绝对值设置，指定加工坐标系下的绝对位置作为起始加工位置。

4. 安全孔

【安全孔】栏用于孔加工安全参数的设置，包含【安全距离】和【退刀距离】两个参数。

【安全距离】：钻头开始钻孔时距离孔表面的距离，表示钻头在下降到距离孔表面的安全距离高度，刀具开始做钻孔动作。

【退刀距离】：钻头停止钻削的高度，表示钻头在完成钻孔后抬高到孔表面的退刀距离值后停止钻孔动作。

安全距离和退刀距离都是相对于当前 NCS 坐标系或 Frame 坐标系的 XY 平面而言的。在安全距离上方，机床以 G00 方式快速运动，此时刀具不转动；在安全距离下方，机床以 G01 方式进给，同时钻头以给定的转速转动。

软件规定，安全距离的数值不得大于退刀距离。

5. 退刀模式

该模式用于设置钻孔时的退刀模式。

【安全平面】：所有孔加工的开始和结束位置位于安全平面上。钻孔之间的进给在安全高度上方进行，如图 6-20（a）所示。

【安全距离】：所有孔加工的开始和结束位置位于安全平面上。钻孔之间的进给在安全距离高度上方进行，如图 6-20（b）所示。

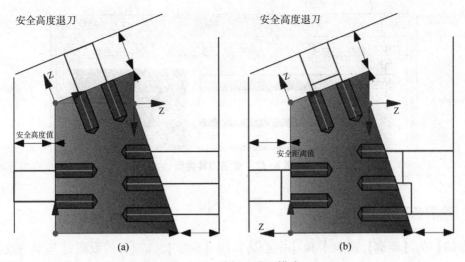

图 6-20　孔加工退刀模式

（a）安全高度退刀；（b）安全距离退刀

知识点 6.3　点钻工单

点钻工单用于普通钻孔操作。点钻工单加工孔时，钻头一步加工到位，中间没有退刀和抬刀，所以适用于深度不是很深的孔。

鼠标左键单击 hyperMILL 菜单下的【工单】按钮，或者【hyperMILL 工具】栏中的 按钮，弹出【选择新操作】对话框，依次选择【钻孔】–【点钻】，单击【OK】按钮，即可进入【点钻】对话框，如图 6-21 所示。

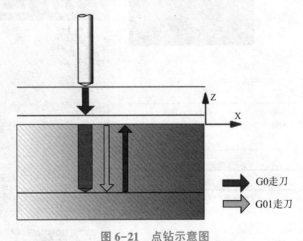

■➡ G0走刀
⬜➡ G01走刀

图 6-21　点钻示意图

6.3.1　刀具选项卡

【点钻】工单一共支持 6 种刀具类型，分别是【球头刀】、【立铣刀】、【圆鼻铣刀】、【钻头】、【倒角刀】和【镗刀】，如图 6-22 所示。

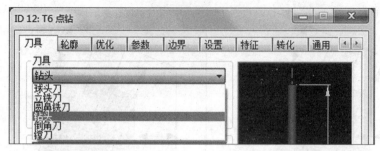

图 6-22　点钻刀具类型

6.3.2　轮廓选项卡

【点钻】的【轮廓】选项卡和【中心钻】的【轮廓】选项卡的设置是基本一致的。不同之处在于，【点钻】工单中，【钻孔】的深度必须在【轮廓】选项卡的【轮廓】属性栏中进行设置，否则【轮廓】会报错。

推荐使用【点】或者【点+曲面】的方式选择孔轮廓。当采用【点】这种方式选择轮廓时，系统自动提取孔的直径和底部坐标值信息，并显示在【轮廓属性】栏。【轮廓属性】栏轮廓【顶部】和【底部】坐标的差值就是孔的钻削深度，如图 6-23 所示。在模型视图中，蓝色线表示孔轮廓的顶部位置高度，绿色线表示孔轮廓的底部位置高度。

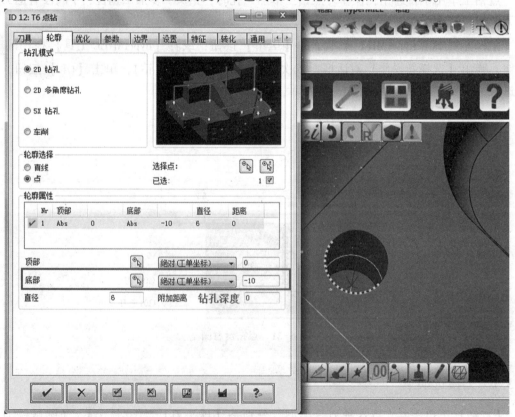

图 6-23　钻孔深度

6.3.3　参数选项卡

【加工区域】栏用于设置钻削的深度范围，包含偏置和绝对两种设置方式，如图 6-24 所示。

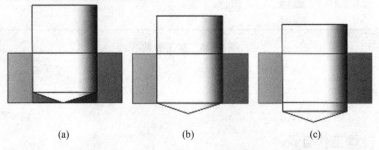

图 6-24　加工区域

【顶部偏置】：孔的起始位置相对于轮廓顶部位置进行偏置。偏置值大于零，表示向上偏置；偏置值小于零，表示向下偏置。

【底部偏置】：孔的起始位置相对于轮廓底部位置进行偏置。偏置值大于零，表示向上偏置；偏置值小于零，表示向下偏置。

【绝对顶部】：若勾选该单选框，则由用户在加工坐标系下以绝对坐标方式制定孔的起钻位置高度。

【绝对底部】：若勾选该单选框，则由用户在加工坐标系下以绝对坐标方式制定孔的结束钻孔位置高度。

偏置方式和绝对方式可混合使用。

【刀尖角度补偿】：激活该功能，孔的钻削深度以钻肩为计算基准，即钻头钻肩位置的切削深度；否则孔的钻削深度是以钻头尖部为基准的。该功能在【中心钻】、【铰孔】、【螺旋钻】、【螺纹铣】和【圆形型腔】工单中不可用。

【穿透长度】：刀尖超出孔底部的距离，或者刀尖超出孔底部的距离（激活刀尖补偿情况下）。常用于通孔加工或者螺纹加工，以保证通孔出刀口去毛刺、螺纹加工完整。

刀尖补偿和穿透长度如图 6-25 所示。

（a）　　　　　　　　　（b）　　　　　　　　　（c）

图 6-25　刀尖补偿和穿透长度

（a）未激活；（b）激活刀尖补偿；（c）激活刀尖补偿和穿透长度

知识点 6.4 铰孔工单

铰孔工单用于孔的铰铣加工。

鼠标左键单击 hyperMILL 菜单下的【工单】命令，或者【hyperMILL 工具】栏中的 ![icon] 按钮，弹出【选择新操作】对话框，依次选择【钻孔】、【铰孔】，单击【OK】按钮，即可进入【铰孔】对话框。

6.4.1 刀具选项卡

【点钻】工单一共支持 6 种刀具类型，分别是【球头刀】、【立铣刀】、【圆鼻铣刀】、【钻头】、【镗刀】和【铰刀】。

6.4.2 轮廓选项卡

【铰孔】工单的【轮廓】选项卡与【点钻】工单的【轮廓】选项卡完全一致，不再赘述。

6.4.3 参数选项卡

【参数】选项卡的绝大多数参数与【点钻】工单是一致的，只有个别参数有区别。比如在【加工区域】栏，【铰孔】工单不支持【刀尖补偿】功能，其余功能与【点钻】工单一致。在【加工参数】栏，可设置铰刀在孔底部的停顿时间和退刀进给速度，如图 6-26 所示。

【停顿时间】：设置刀具停留在孔洞底部的切削时间。

【退刀进给】：设置刀具退刀时的进给速率。

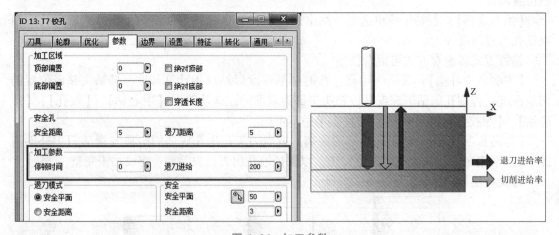

图 6-26 加工参数

步骤 1：设置工作目录

将模型文件所在的文件夹设置为本项目的工作目录。

步骤 2：模型分析与加工工艺

1. 模型尺寸分析

通过【默认工具条】中的【物体属性】 功能，框选整个模型，可获得该电极的整体长宽高尺寸为 100 mm ×100 mm ×75 mm。

通过 hyperMILL 工具条中的【分析】 功能中的【测量两图素】命令，可获得该模型的最小槽宽为 23.983 mm，如图 6-27 所示。

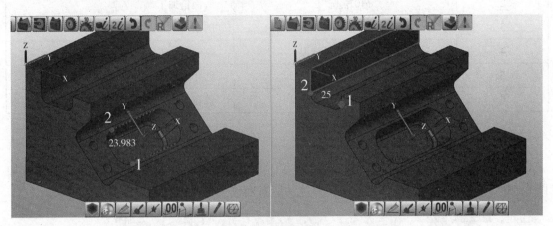

图 6-27　模型槽宽尺寸

通过 hyperMILL 工具条中的【分析】 功能中的【圆角分析】命令，分析模型的圆角尺寸。从图 6-28 的结果可知，最小圆角（红色）半径为 2 mm，其余圆角（绿色）半径为 5 mm，孔的直径为 6 mm。

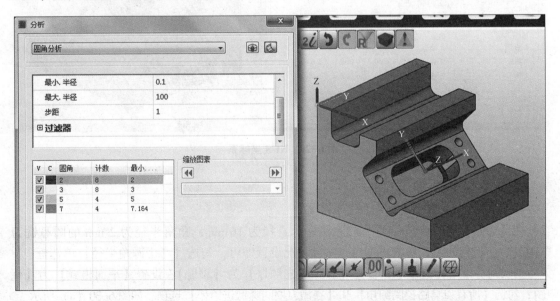

图 6-28　模型圆角尺寸

2. 确定加工刀具

由于该零件有拔模斜面、圆角曲面和孔，因此采用圆鼻铣刀、立铣刀、球刀、钻头和铰刀来完成加工。具体的加工顺序和刀具如表 6-1 所示。

表 6-1　加工刀具

工序	刀具名称	备注
1	$\phi16R2$ 圆鼻铣刀	粗加工
2	$\phi10$ 立铣刀	底面精加工
3	$\phi8$ 球头铣刀	圆角清根
4	$\phi10R0.5$ 圆鼻铣刀	侧壁精加工
5	$\phi5.8$ 钻头	钻孔加工
6	$\phi6$ 铰刀	铰孔加工

步骤 3：设置工单列表

在 hyperMILL 浏览器中新建一个工单列表。将 NCS 坐标系设置为模型顶面的角点位置如图 6-29 所示。零件模型选择当前电极零件的所有面作为加工面，毛坯模型为包容块。

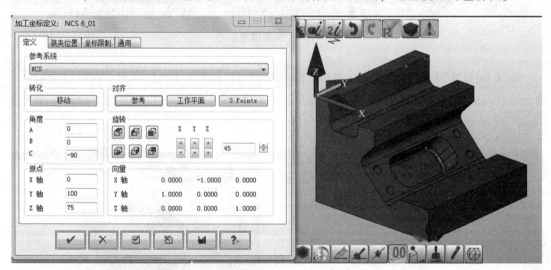

图 6-29　NCS 坐标系

步骤 4：3 轴粗加工

新建一个【3D 任意毛坯粗加工】工单。

在【刀具】选项卡【刀具】栏新建一个直径为 16 mm、角落半径为 2 mm 的圆鼻铣刀"D16R2"。刀具的工艺参数根据自身实际情况设置即可，勾选【考虑圆角半径】单选框。

切换到【策略】选项卡，设置【加工优先顺序】为【型腔】，设置【平面模式】为【优化】；勾选【所有刀具路径倒圆角】和【在满刀期间降低进给率】选项，如图 6-30 (a) 所示。

切换到【参数】选项卡，在【加工区域】栏中，取消勾选【最高点】和【最低点】，由软件自动计算零件的 Z 向加工深度范围；在【进给量】栏中，设置水平【步距（直径系

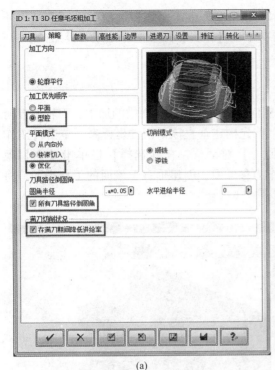

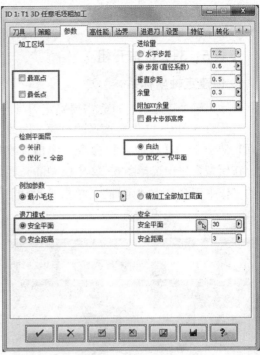

(a)　　　　　　　　　　　　　　　　(b)

图 6-30　粗加工策略和参数选项卡

（a）策略选项卡；（b）参数选项卡

数）】为 0.6，【垂直步距】为 0.5；设置【余量】为 0.3，【附加 XY 余量】为 0；设置【检测平面层】为【自动】；设置【退刀模式】为【安全平面】，安全平面高度为 30，如图 6-30（b）所示。

切换到【设置】选项卡，在【模型】栏设置当前工单使用的模型为 "6_01"，在【毛坯模型】栏设置毛坯模型为 "Stock 6_01"。

最后，单击【计算】按钮，生成刀具路径，如图 6-31 所示。对刀具路径进行模拟，检查刀具路径是否正确。

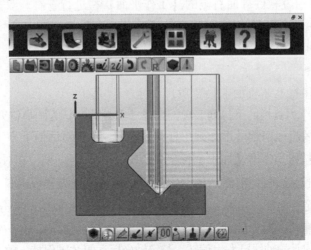

图 6-31　三轴开粗刀具路径

在确定刀具路径正确后，双击该工单进行编辑。切换到【设置】选项卡，勾选【毛坯模型】栏中的【产生结果毛坯】选项。然后再次单击【计算】按钮重新生成刀具路径。

步骤5：3+2 定轴开粗

1. 创建定轴坐标系

开始定轴加工之前，首先需要确定刀具的摆向。刀具要完成斜面槽的加工，刀轴的方向应该要垂直于图6-32中所选择的平面。因此，首先构建垂直该平面的坐标系：单击【工作平面】菜单下的【在面上】命令，弹出【在面上】对话框，在【选择】栏单击【面】模式，在模型窗口中选择图6-32中模型高亮面作为参考面，创建垂直于该面的工作平面。将新的工作平面命名为"定轴"，单击【确认】✅完成创建。

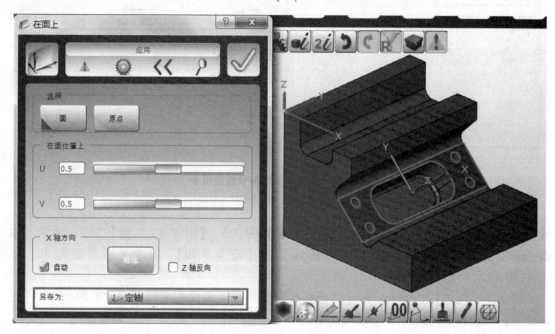

图6-32　定轴加工坐标系

创建完成后，可通过软件界面右侧的【工作平面】栏进行查看。双击激活【工作平面】栏中的【定轴】工作平面。激活后，【定轴】工作平面在模型空间中高亮显示，同时其名称在【工作平面】栏显示为黑色粗体，如图6-33所示。

2. 定轴开粗

新建一个【3D任意毛坯粗加工】工单。

在【刀具】选项卡刀具栏的下拉列表中，选择【刀具类型】为圆鼻铣刀"D16R2"。在【刀具】选项卡下方，不要忘记勾选【考虑圆角半径】选项。单击对话框下方【坐标】栏中右侧的【新建工作平面】📐按钮，弹出【加工坐标定义：Frame01】对话框，在对话框中单击【对齐】栏中的【工作平面】按钮，将当前激活的"定轴"坐标系设置为"Frame"坐标系，如图6-34所示。注意，这里一定要保证"定轴"坐标系处于激活状态。完成后，单击【确认】✅按钮返回【工单列表】对话框。此时，【坐标】栏自动选择刚创建的"Frame_01"坐标系作为当前加工坐标系，模型视图中刀具的轴线已发生偏转，与定轴坐标系的Z轴保持一致。

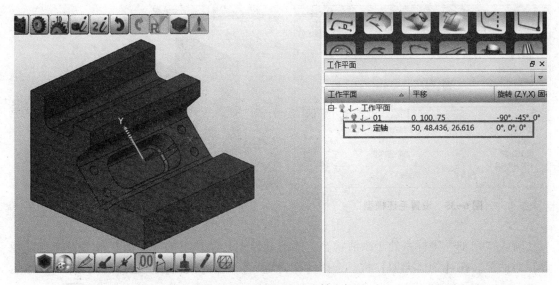

图 6-33　查看和显示定轴坐标系

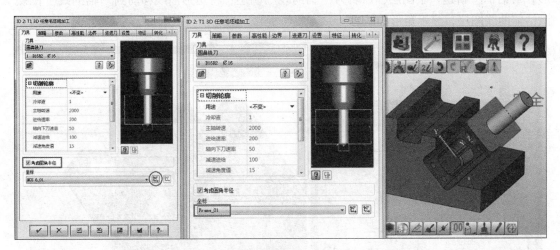

图 6-34　建立 Frame 坐标系

切换到【策略】选项卡，设置【加工优先顺序】为【型腔】，设置【平面模式】为【优化】；勾选【所有刀具路径倒圆角】和【在满刀期间降低进给率】选项。

切换到【参数】选项卡，在【加工区域】栏中，取消勾选【最高点】和【最低点】，由软件自动计算零件的 Z 向加工深度范围；在【进给量】栏中，设置水平【步距（直径系数）】为 0.6，【垂直步距】为 0.5；设置【余量】为 0.3，【附加 XY 余量】为 0；设置【检测平面层】为【自动】；设置【退刀模式】为【安全平面】，【安全平面】高度为 30。

切换到【设置】选项卡，在【模型】栏设置当前工单使用的模型为"6_01"，在【毛坯模型】栏设置毛坯模型为"T1 3D 任意毛坯粗加工（6_01）"，如图 6-35 所示。

最后，单击【计算】按钮，生成刀具路径，如图 6-36 所示。当前刀具路径由于刀轴方向的改变，在已经完成 3 轴加工的区域存在一些琐碎的刀具路径，这些琐碎的刀具路径是可以不需要的。因此需要对刀具路径进行裁剪。

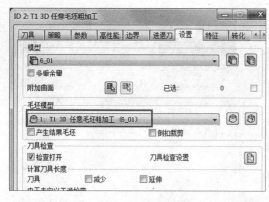

图 6-35　设置毛坯模型

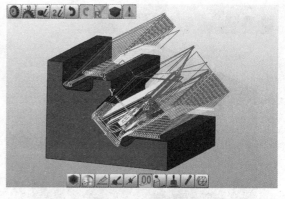

图 6-36　刀具路径

确认"定轴"坐标系处于激活状态。单击【绘图】菜单下的【矩形】命令，弹出【矩形】对话框。在【物体类型】栏，选择【作为矩形】，在【模式】栏选择【对角点】，然后在模型视图中选择图 6-37 中的两个对角点，完成矩形绘制后，单击【确认】 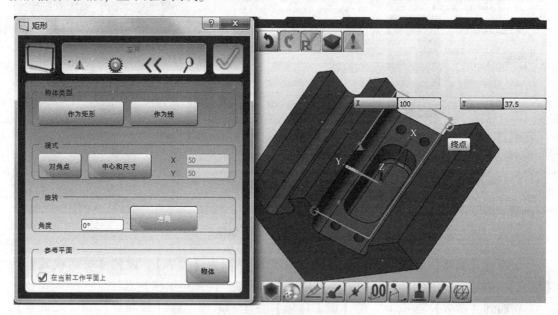 退出【矩形】对话框。新建一个图层，命名为"辅助线"图层，将矩形曲线移动到"辅助线"图层。激活辅助线图层，显示矩形曲线。

图 6-37　绘制裁剪边界

双击【3D 任意毛坯粗加工】工单进行编辑，切换到【边界】选项卡，选择矩形曲线作为边界，如图 6-38 所示。

最后单击【计算】按钮，重新生成刀具路径，隐藏"辅助线"图层，如图 6-39 所示。

步骤 6：3 轴精加工

1. 型腔侧壁精加工

新建一个【2D 铣削】策略中的【基于 3D 模型的轮廓加工】工单。

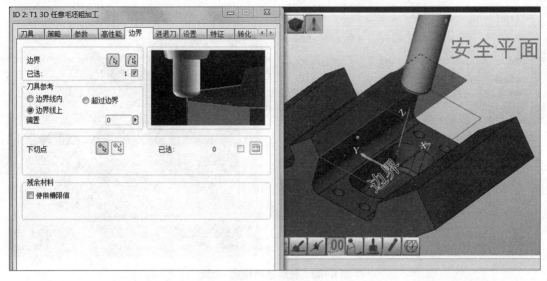

图 6-38　设置边界

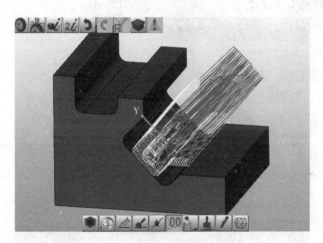

图 6-39　修剪后的刀具路径

在【刀具】选项卡，新建一把直径是 10 mm 的立铣刀 "D10"。在【坐标】栏，修改并确认当前坐标系为 "NCS 6_01"。这里是通过普通的 3 轴加工完成侧壁面的精加工，所以采用的是工单的 NCS 坐标系。

切换到【轮廓】选项卡，在【模式】栏中选择【曲面】模式，在【曲面选择】栏中单击【重新选择】按钮，选择如图 6-40 所示的 4 个竖直侧壁面。hyperMILL 软件会自动提取这 4 个竖直面的顶部位置和底部位置高度值，用户无须单独设置。

切换到【策略】选项卡，修改【加工优先顺序】为【深度】，其余参数保持默认即可。

切换到【参数】选项卡，在【垂直进给模式】栏中选择【固定步距】，设置【垂直步距】值为 0.5；在【水平进给模式】栏选择【固定步距】；在【安全余量】栏设置【XY 毛坯余量】为 0，【毛坯 Z 轴余量】为 0；设置【退刀模式】为【安全平面】，同时设置【安全平面】值为 30。

切换到【设置】选项卡，在【模型】栏中选择本工单列表的模型 "6_01"。

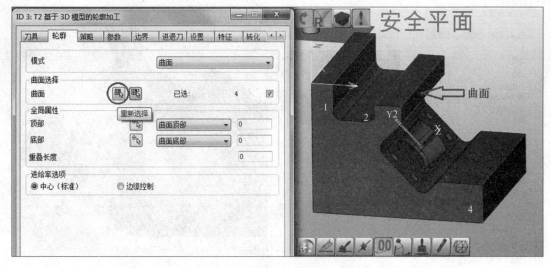

图 6-40　轮廓选择模式-曲面

最后，单击【计算】按钮，生成刀具路径，如图 6-41。

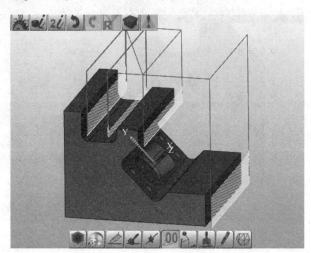

图 6-41　侧壁精加工刀具路径

2. 型腔底面精加工

新建一个【2D 型腔加工】工单。

在【刀具】选项卡，选择立铣刀 "D10"。在【坐标】栏，修改并确认当前坐标系为 "NCS 6_01"。

切换到【轮廓】选项卡，选择图 6-42 中的 4 个平面的轮廓曲线作为型腔轮廓；设置轮廓 1、3、4 的 4 个边均为开放区域，设置轮廓的两个短边为开放区域；设置每条轮廓的顶部和底部坐标模式为【轮廓顶部】，【顶部】坐标值为 1，【底部】坐标值为 0，即控制轮廓的 Z 向加工范围是深度 1 mm。

切换到【策略】选项卡，设置【加工模式】为【3D 模式】，【路径方向】为【顺铣】。

切换到【参数】选项卡，在【进给量】栏设置【垂直步距】值为 10（如果只需走一刀，

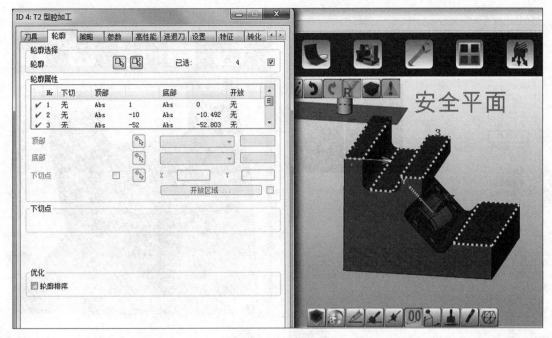

图 6-42　轮廓设置

则该参数大于轮廓 Z 轴加工范围 1 即可）；在【安全余量】栏，设置【XY 毛坯余量】值为 0，【毛坯 Z 轴余量】值为 0；设置【退刀模式】为【安全平面】，【安全平面】值为 30。

切换到【设置】选项卡，在模型栏设置本工单列表的模型为 "6_01"。

最后，单击【计算】按钮，生成刀具路径，如图 6-43 所示。

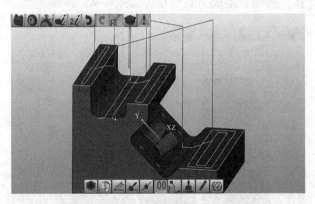

图 6-43　三轴平面加工刀具路径

3. 圆角精加工

新建一个【3D 铣削-ISO 加工】工单。

在【刀具】项卡，新建一把直径为 8 mm 的球头刀具 "φ8"。在【坐标】栏，修改并确认当前坐标系为 "NCS 6_01"。

切换到【策略】选项卡，在【策略】栏中，选择【ISO 定位】模式；在【曲面】栏中，单击【重新选择】 按钮，选择图 6-44 所示的两个圆角曲面；设置【加工方向】为【V 参数】。

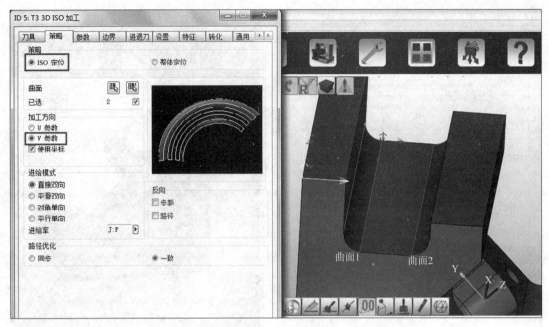

图 6-44　ISO 策略

切换到【参数】选项卡，在【进给量】栏中设置【3D 步距】值为 0.1，【余量】值为 0；设置【切削类型】为【往复式】；设置【退刀模式】为【安全平面】，【安全平面】高度值为 30。

切换到【设置】选项卡，在【模型】栏中设置本工单使用的模型为"6_01"。

最后，单击【计算】按钮，生成刀具路径，如图 6-45 所示。

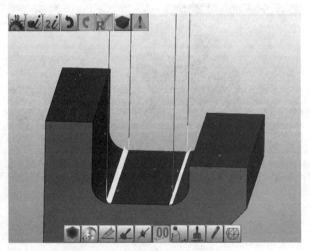

图 6-45　圆角加工刀具路径

步骤 7：3+2 定轴精加工

1. 斜槽底面精加工

新建一个【2D 型腔加工】工单。

在【刀具】选项卡，选择立铣刀"D10"。在【坐标】栏，修改并确认当前坐标系为"Frame_01"，如图 6-46 所示。

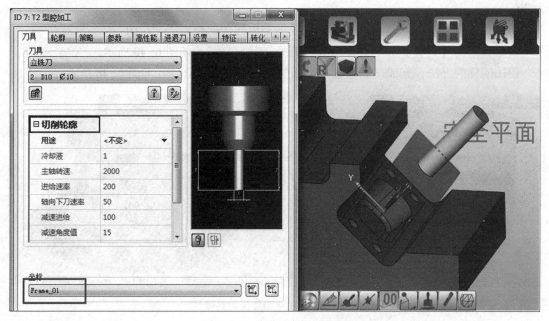

图 6-46　设置 Frame 坐标系

切换到【轮廓】选项卡，选择图 6-47 中的平面轮廓曲线作为型腔轮廓；设置轮廓两个短边为开放区域；设置轮廓的顶部和底部坐标模式为【轮廓顶部】，【轮廓顶部】坐标值为 1，【轮廓底部】坐标值为 0，即控制轮廓的 Z 方向加工范围是深度 1 mm。

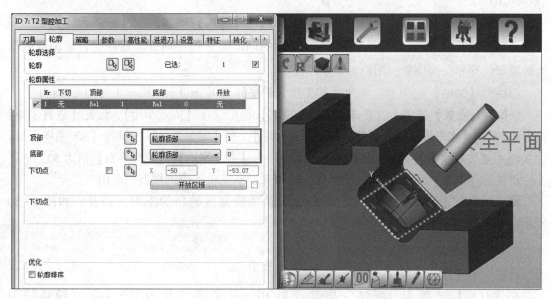

图 6-47　设置型腔轮廓

切换到【策略】选项卡，设置【加工模式】为【3D 模式】，【路径方向】为【顺铣】。切换到【参数】选项卡，在【进给量】栏中，设置【垂直步距】值为 10（如果只需走一刀,则该参数大于轮廓 Z 轴加工范围 1 即可);在【安全余量】栏,设置【XY 毛坯余量】值为 0,【毛坯 Z 轴余量】值为 0;设置【退刀模式】为【安全平面】,【安全平面】值为 30。

切换到【设置】选项卡,在模型栏设置本工单列表的模型为"6_01"。

最后,单击【计算】按钮,生成刀具路径,其刀具路径如图 6-48 所示。

使用同样的方法,完成对斜槽底部平面的精加工。其刀具路径如图 6-48 所示。

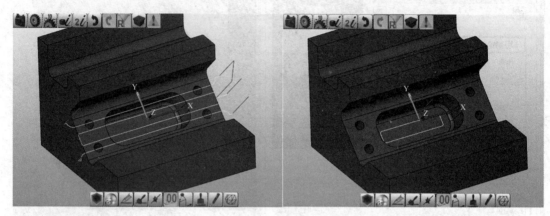

图 6-48　定轴平面加工刀具路径

2. 斜槽侧壁精加工

新建一个【基于 3D 模型的轮廓加工】工单。

在【刀具】选项卡,选择立铣刀"D10"。在【坐标】栏,修改并确认当前坐标系为"Frame_01"。

切换到【轮廓】选项卡,在【模式】栏中选择【曲面】模式,在【曲面选择】栏中单击【重新选择】按钮,选择如图 6-49 所示的两个竖直侧壁曲面。软件会自动提取侧壁面的顶部位置和底部位置,用户无须单独设置。

切换到【策略】选项卡,修改【加工优先顺序】为【深度】。

切换到【参数】选项卡,在【垂直进给模式】栏中选择【固定步距】,设置【垂直步距】值为 0.5;在【水平进给模式】栏选择【固定步距】;在【安全余量】栏设置【XY 毛坯余量】为 0,【毛坯 Z 轴余量】为 0;设置【退刀模式】为【安全平面】,【安全平面】值为 30。

切换到【设置】选项卡,在【模型】栏中选择本工单列表的模型"6_01"。

最后,单击【计算】按钮,生成 3+2 定轴型腔侧壁的精加工刀具路径,如图 6-50 所示。

3. 斜槽斜面精加工

新建一个【3D 铣削等高精加工】工单。

在【刀具】选项卡,新建一把直径为 10 mm 角落半径为 0.5 mm 的圆鼻铣刀"D10R0.5"。在【坐标】栏,修改并确认当前坐标系为"Frame_01"。

切换到【策略】选项卡,设置【加工优先顺序】为【优先螺旋】。

切换到【参数】选项卡,从模型中拾取点设置【加工区域】的最低点和最高点,【顶

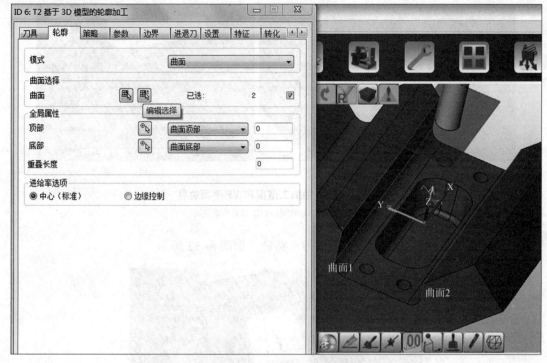

图 6-49 轮廓-曲面设置

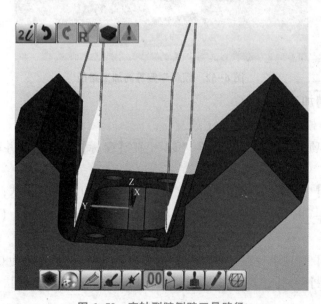

图 6-50 定轴型腔侧壁刀具路径

部】和【底部】的高度位置如图 6-51（a）所示；设置【垂直步距】为【常量垂直步距】，设置【垂直步距】值为 0.1；在安全余量栏，设置【余量】值为 0，【附加 XY 余量】为 0；在【检测平面层】栏，设置平面检测模式为【自动】；设置【退刀模式】为安全距离。

切换到【边界】选项卡，选择图 6-51（b）中所示的边界线作为轮廓边界。

切换到【设置】选项卡，确认【模型】栏当前工单使用的模型为 "5_01"。

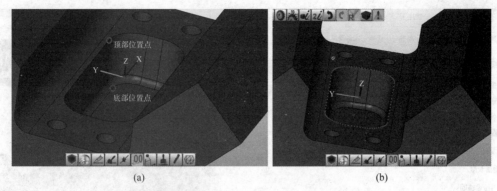

(a)　　　　　　　　　　　　　　(b)

图 6-51　Z 轴加工范围和 XY 平面边界

(a) Z 轴加工范围；(b) XY 平面边界

最后单击【计算】按钮，重新生成刀具路径，如图 6-52 所示。

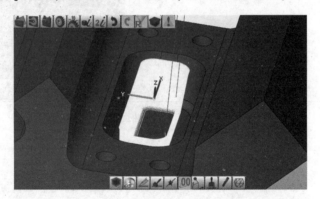

图 6-52　倾斜侧壁等高加工路径

4. 斜槽圆角精加工

新建一个【3D 铣削-ISO 加工】工单。

在【刀具】选项卡，选择球头刀具"φ8"。在【坐标】栏，修改并确认当前坐标系为"Frame_01"。

切换到【策略】选项卡，在【策略】栏中，选择【ISO 定位】模式；在【曲面】栏中，单击【重新选择】 按钮，选择图 6-53 所示的 2 个圆角曲面；设置【加工方向】为【V 参数】。

切换到【参数】选项卡，在【进给量】栏中设置【3D 步距】值为 0.1，【余量】值为 0；设置【切削类型】为【往复式】；设置【退刀模式】为【安全平面】，【安全平面】高度值为 30。

切换到【设置】选项卡，在【模型】栏中设置本工单使用的模型为"6_01"。

最后，单击【计算】按钮，生成刀具路径。

步骤 8：孔加工

1. 中心钻点孔

单击【hyperMILL】菜单下的【工单】命令，或者【hyperMILL 工具】栏中的 按钮，

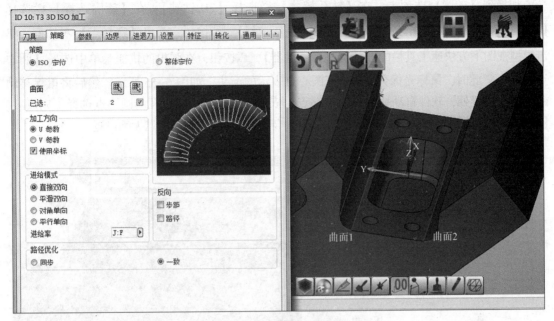

图 6-53   ISO 工单策略

弹出【选择新操作】对话框，依次选择【钻孔】、【中心钻】，单击【OK】按钮，即可进入
【中心钻】对话框。

在【刀具】选项卡，在【刀具】栏的第一个下拉列表中选择刀具类型为【钻头】，单击第
二行下拉列表右侧的【新建刀具】 按钮，进入【钻头】对话框。在【几何图形】选项卡的
【名称】栏输入刀具名称"钻头_10"，在【直径】栏，输入钻头的直径值为 10，如
图 6-54。切换到【工艺选项卡】根据实际情况设置铰刀的工艺参数。单击【确认】 按钮返
回【刀具】选项卡。在【刀具】选项卡的【坐标】栏，设置当前加工坐标系为 "Frame_01"。

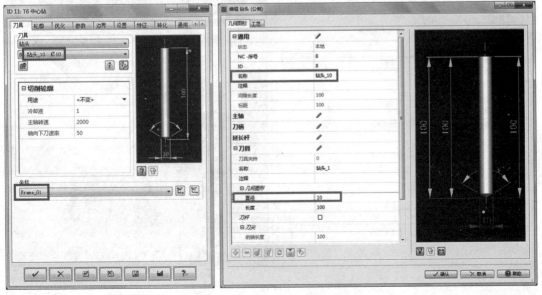

图 6-54   中心钻刀具选项卡

切换到【轮廓】选项卡。在【钻孔模式】栏选择【2D 钻孔】；在【轮廓选择】栏选择【点】的方式，然后单击选择点栏右侧的【重新选择】 按钮，弹出【选择点】对话框。单击模型视图下方快速工具栏的【捕捉选择过滤器】 按钮，在弹出的快捷菜单中选择【圆心点】命令。此时，鼠标光标会变成带有圆心点表示的箭头，如图 6-55 所示。然后将鼠标移动到模型孔位置处，软件自动捕捉孔的中心点。依次完成模型中 4 个孔的圆心点选择。完成后，【轮廓属性】栏列表会显示当前选中的点信息。轮廓的顶部、底部信息无须设置。

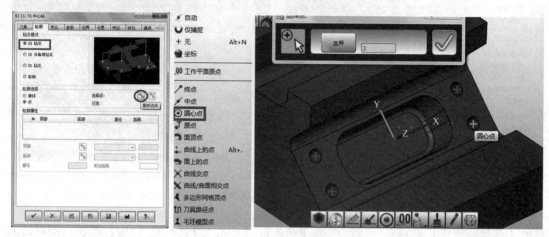

图 6-55　孔轮廓的选择

切换到【参数】选项卡，设置【加工模式】为【中心钻】；在【加工深度】选择【关联于深度】，并设置【深度】值为 3，即钻孔深度为 3 mm。在【安全孔】栏设置【安全距离】值为 5，【退刀距离】值为 5。在【退刀模式】栏，选择退刀模式为【安全平面】，【安全平面】值为 50，如图 6-56 所示。安全平面高度要高于沿着刀具方向模型的最高点。

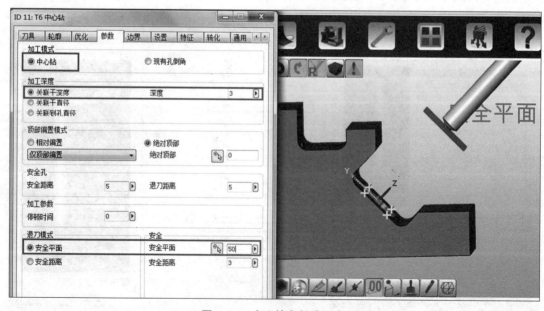

图 6-56　中心钻参数选项卡

切换到【设置】选项卡，在【刀具检查】栏，如果模型中没有绘制孔，则需要取消勾选【检查打开】单选框关闭刀具碰撞检查，如图 6-57 所示。否则计算刀具路径时，有可能会出现干涉导致刀具路径计算失败。

　　最后，单击【计算】按钮，生成刀具路径，如图 6-58 所示。

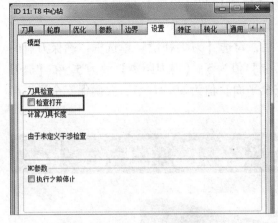

图 6-57　关闭刀具碰撞检查

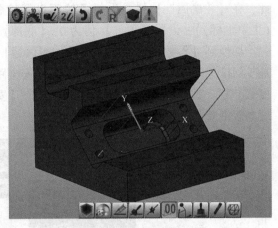

图 6-58　点孔刀具路径

2. 钻孔

　　单击 hyperMILL 菜单下的【工单】按钮，或者【hyperMILL 工具】栏中的 ![按钮] 按钮，弹出【选择新操作】对话框，依次选择【钻孔】、【点钻】，单击【OK】按钮，即可进入【点钻】对话框。

　　在【刀具】选项卡，在【刀具】栏的第一个下拉列表中选择刀具类型为【钻头】，单击第二行下拉列表右侧的【新建刀具】按钮，进入【编辑 钻头】对话框，如图 6-59 所示。在【几何图形】选项卡的的【名称】栏输入刀具名称"钻头 5.8"，在【直径】栏，输入钻头的直径值为 5.8。切换到【工艺】选项卡，根据实际情况设置铰刀的工艺参数。单击【确认】 ![确认按钮] 按钮返回【刀具】选项卡。在【坐标】栏，设置并确认当前加工坐标系为"Frame_01"。

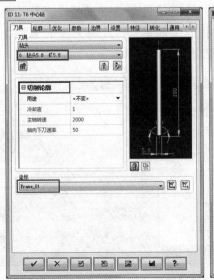

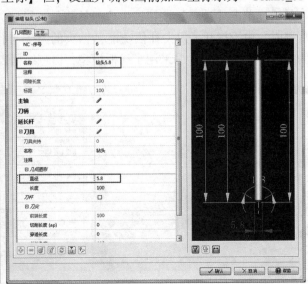

图 6-59　刀具选项卡-新建钻头

切换到【轮廓】选项卡。在【钻孔模式】栏选择【2D 钻孔】；在【轮廓选择】栏选择【点】的方式，打开【捕捉选择过滤器】 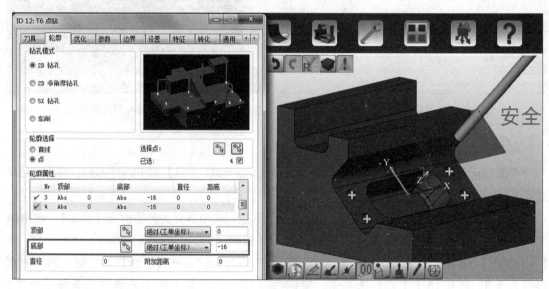 按钮，设置捕捉【圆心点】命令，然后依次在模型拾取 4 个孔的圆心点。完成后，【轮廓属性】栏列表会显示当前选中的点信息。与中心钻工单不同，需要在点钻工单的【轮廓属性】栏设置顶部和底部位置以确定钻孔深度。因此，在【轮廓属性】栏，为每条轮廓设置轮廓【顶部】和【底部】的坐标模式为【绝对（工单坐标）】，设置【顶部】值为 0，【底部】值为-16（孔深 16），如图 6-60 所示。

切换到【参数】选项卡，在【加工区域】栏，勾选【刀尖补偿】单选框，确保刀肩的加工深度为 16。在【安全孔】栏设置【安全距离】值为 5，【退刀距离】值为 5。在【退刀模式】栏，选择退刀模式为【安全平面】，【安全平面】值为 50。注意，要确保安全平面高度高于沿着刀具轴线方向模型的最高点。

图 6-60 点钻轮廓设置

最后，单击【计算】按钮，生成刀具路径。对该刀具路径进行内部模拟，当钻头钻到孔底部时，由于打开了刀尖补偿功能，钻头的刀尖与孔的尖部重合，此时刀尖的 Z 轴坐标值为-17.742。图 6-61 中采用了线框模型，白色线框表示刀具。

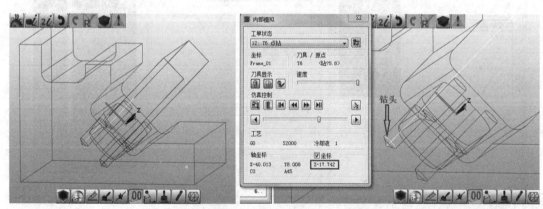

图 6-61 钻孔刀具路径与模拟（线框模型）

3. 铰孔

单击 hyperMILL 菜单下的【工单】命令，或者【hyperMILL 工具】栏中的 按钮，弹出【选择新操作】对话框，依次选择【钻孔】、【铰孔】，单击【OK】按钮，即可进入【铰孔】对话框。

在【刀具】栏的第一个下拉列表中选择刀具类型为【铰刀】，单击第二行下拉列表右侧的【新建刀具】按钮，进入【编辑铰刀】对话框。在【几何图形】选项卡，【名称】栏输入刀具名称【铰刀】，在【直径】栏输入钻头的直径值为 6；在【导入长度】栏输入值为 1，在【导入直径】栏输入值为 4，在【导入角度】栏输入值为 45，如图 6-62 所示。切换到【工艺】选项卡，根据实际情况设置铰刀的工艺参数。单击【确认】 按钮返回【刀具】选项卡。在【坐标】栏，设置并确认当前加工坐标系为 "Frame_01"。

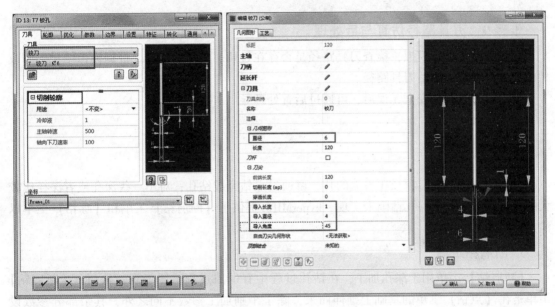

图 6-62 铰孔工单刀具选项卡-铰刀

切换到【轮廓】选项卡。在【钻孔模式】栏选择【2D 钻孔】；在【轮廓选择】栏选择【点】的方式，打开【捕捉选择过滤器】 按钮，设置捕捉【圆心点】命令，然后依次在模型拾取 4 个孔的圆心点。完成后，【轮廓属性】栏列表会显示当前选中的点信息。与【中心钻】工单不同，需要在【铰孔】工单的【轮廓属性】栏设置顶部和底部位置以确定铰孔深度。因此，在【轮廓属性】栏，为每条轮廓设置轮廓【顶部】和【底部】的坐标模式为【绝对（工单坐标）】，其中【顶部】值为 0，【底部】值为 -14（铰孔深度为 14 mm）。

切换到【参数】选项卡，在【安全孔】栏设置【安全距离】值为 5，【退刀距离】值为 5。在【退刀模式】栏，选择退刀模式为【安全平面】，【安全平面】值为 50。注意，要确保安全平面高度高于沿着刀具轴线方向模型的最高点。

最后，单击【计算】按钮，生成刀具路径，如图 6-63 所示。

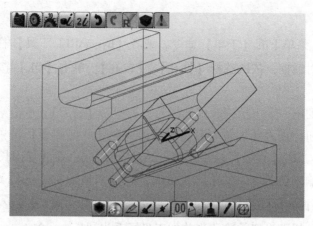

图 6-63　铰孔刀具路径

步骤 9：刀具路径仿真与后处理

对刀具路径进行模拟，检查刀具路径是否存在过切、欠切的情况。根据模拟结果，修改相应的工单参数，调整刀具路径。

当确定刀具路径安全无误后，可通过后置处理导出 NC 文件。

分析与提升

对于不太深的或者深径比不大的孔，可通过点钻完成钻孔；对于一些深孔或者深径比较大的孔，则需要采用深孔钻削来实现。hyperMILL 提供了【断屑钻】工单和【啄钻】工单以满足深孔加工的需求。

1. 断屑钻工单

【断屑钻】工单用于深孔加工，在钻孔过程中有退刀过程，便于割断铁屑。【断屑钻】工单是在【点钻】工单的基础上延伸而来，除了个别加工参数不同之外，其余部分参数设置与【点钻】工单完全相同。

鼠标左键单击【hyperMILL】菜单下的【工单】按钮，或者【hyperMILL 工具】栏中的 按钮，弹出【选择新操作】对话框，依次选择【钻孔】、【断屑钻】，单击【OK】按钮，即可进入【断屑钻】对话框。

【断屑钻】的【参数】选项卡与点钻的不同之处，主要是在【加工参数】栏增加了【啄钻深度】、【退回值】、【减少值】和【最小进给深度】4 个参数，如图 6-64 所示。

【啄钻深度】：该值是指钻头每次垂直进给中加工的深度。在所有后续的钻削行程中，垂直钻削深度可通过减小值减小。

【退回值】：该值是钻头在 Z 向完全一致垂直进给后的退刀高度。

【减小值】：每个钻削行程中啄钻深度的减小量。

【最小进给深度】：如果刀具的每次垂直值小于最小进给深度，则采用最小进给深度值进行钻削，其默认值为【减小值】的数值。

图 6-64 断屑钻参数选项卡

以钻削深度为 15 mm 的孔为例，设置【啄钻深度】值为 5，【退回值】值为 1 mm，【减少值】值为 1 mm，则其钻孔过程如下。

（1）钻头以 G00 方式快速运动到安全距离高度。

（2）钻头以 G01 方式进给钻孔，深度为 5 mm，刀尖深度位于 -5 mm 处。

（3）钻头 Z 向退刀 1 mm，刀尖深度位于 -4 mm 处。

（4）钻头第 2 次以 G01 方式进给钻孔，深度为 5 mm，刀尖深度位于 -10 mm 处。

（5）钻头 Z 向退刀 1 mm，刀尖深度位于 -9 mm 处。

（6）钻头第 3 次以 G01 方式进给钻孔，深度为 5 mm，刀尖深度位于 -15 mm 处。

（7）钻头 Z 向退刀至安全距离高度，钻孔完成。

减小值在【断屑钻】工单中一般设置为 0，该参数常用于【啄钻】工单。断屑钻如图 6-65 所示。

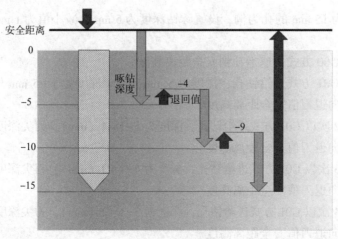

图 6-65 断屑钻

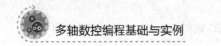
2. 啄钻工单

【啄钻】工单用于深孔加工,在钻孔过程每完成一次垂直进给刀具都退回到安全距离高度,便于排出铁削。啄钻工单是在点钻工单的基础上延伸而来,除了个别加工参数不同之外,其余部分参数设置与点钻工单完全相同。

鼠标左键单击【hyperMILL】菜单下的【工单】命令,或者【hyperMILL 工具】栏中的 按钮,弹出【选择新操作】对话框,依次选择【钻孔】、【啄钻】,单击【OK】按钮,即可进入【啄钻】对话框。

在【参数】选项卡的【加工参数】栏,对于钻屑钻而言,取消了【退回值】参数,保留了【啄钻深度】和【减小值】两个参数,如图 6-66 所示。

图 6-66 啄钻参数选项卡

以钻削深度为 15 mm 的孔为例,设置啄钻深度为 5 mm,减小值为 1 mm,则其钻孔过程如下。

(1) 钻头以 G00 方式快速运动到安全距离高度。

(2) 钻头以 G01 方式进给钻孔,深度为 5 mm,刀尖深度位于-5 mm 处。

(3) 钻头 Z 向退刀值安全距离高度。

(4) 钻头第 2 次以 G01 方式进给钻孔,深度为 5-1=4(mm),刀尖深度位于-9 mm 处。

(5) 钻头 Z 向退刀值安全距离高度。

(6) 钻头第 3 次以 G01 方式进给钻孔,深度为 4-1=3(mm),刀尖深度位于-12 mm 处。

(7) 钻头 Z 向退刀值安全距离高度。

(8) 钻头第 4 次以 G01 方式进给钻孔,深度为 3-1=2(mm),刀尖深度位于-14 mm 处。

(9) 钻头 Z 向退刀值安全距离高度。

（10）钻头第 5 次以 G01 方式进给钻孔，深度 2-1＝1（mm），刀尖深度位于-15 mm 处。

（11）钻头 Z 向退刀值安全距离高度。孔加工完成。

啄钻示意图如图 6-67 所示。

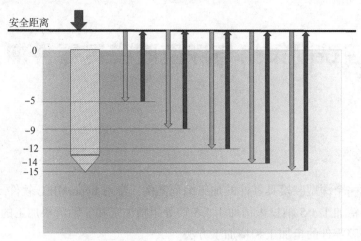

图 6-67　啄钻示意图

　　本章主要介绍了 hyperMILL 中 Frame 坐标系与定轴加工的设置，在采用 Frame 坐标系来实现刀具的定轴加工时，要注意工单里加工深度、安全值高度、边界曲线均参考 Frame 坐标系。

　　本章还主要介绍了【钻孔】策略的【中心孔】、【点孔】和【铰孔】工单，详细介绍了其【刀具】、【轮廓】、【策略】、【参数】、【进退刀】、【设置】等选项卡的基本参数。【中心孔】工单通常用来点孔和孔倒角加工，【中心钻】工单的加工深度是在【参数】选项卡设置的；【点孔】工单用于一般孔的钻孔加工，钻孔深度在【轮廓】选项卡的【轮廓属性】栏设置；【铰孔】工单用于孔的铰削加工，铰孔深度也是在【轮廓】选项卡的【轮廓属性】栏设置。同时，对于深孔的钻削加工，还介绍了【断屑钻】工单和【啄钻】工单，着重介绍了【断屑钻】和【啄钻】与【点钻钻孔方式】、【加工参数】方面的不同。

　　通过一个 3+2 定轴加工零件的实例，学习了通过 Frame 坐标系控制刀具的轴线方向实现 3+2 定轴加工的方法，并学习【中心钻】工单、【点孔】工单和【铰孔】工单在实际加工中的应用。在多轴加工编程过程中，每一个工单都要注意区分 NCS 坐标系和 Frame 坐标系，选择正确的加工坐标系。

项目七

5 轴型腔铣削策略与深型腔模具零件加工案例

本项目通过一个深型腔模具零件的加工编程案例，学习 hyperMILL 软件 5 轴型腔铣削策略中的 5 轴等高精加工、5 轴投影精加工、5 轴等距精加工和 5 轴清根加工的基本参数设置，并掌握模具深型腔零件的粗加工和精加工方法。

知识目标

（1）了解 5 轴联动加工机床的基本结构；

（2）理解和掌握刀柄的创建和管理；

（3）理解和掌握 5 轴等高精加工的基本参数和设置；

（4）理解和掌握 5 轴投影精加工的基本参数和设置；

（5）理解和掌握 5 轴等距精加工的基本参数和设置；

（6）理解和掌握 5 轴清根精加工的基本参数和设置；

（7）理解和掌握刀具路径的裁剪。

技能目标

（1）掌握 5 轴等高精加工在深孔、倒扣曲面加工中的应用

（2）掌握 5 轴投影精加工在深孔、倒扣曲面加工中的应用；

（3）掌握 5 轴等距精加工在深孔、倒扣曲面加工中的应用；

（4）掌握 5 轴清根精加工在深孔、倒扣曲面加工中的应用；

（5）掌握刀柄的创建和管理；

（6）掌握辅助面的创建和管理。

素养目标

（1）培养认真、负责、科学的工作态度；

（2）强化严谨细致、一丝不苟的工作精神；

（3）提高 CAM 操作的规范性职业素养。

任务导入

本例模型为型芯类零件，带有两个型腔，其中一个型腔为倾斜孔存在倒扣面，另一个为

深型腔，如图7-1所示。

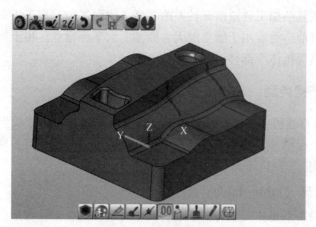

图7-1 型腔零件模型

利用hyperMILL软件，完成对该模具型腔零件的加工编程任务，具体要求如下：

(1) 正确设置项目路径；

(2) 建立工单列表，确定加工坐标系、加工区域和毛坯模型；

(3) 分析模型，确定加工用的刀具和工艺参数；

(4) 运用3D任意毛坯粗加工完成该模型的粗加工NC编程；

(5) 运用3D铣削策略和5轴铣削策略完成该模型的精加工NC编程；

(6) 对粗加工和精加工进行模拟仿真；

(7) 通过后置处理生成加工程序。

知识点 7.1   5 轴联动机床结构

7.1.1   5 轴联动加工

在一台机床上至少有5个坐标轴（3个直线坐标和两个旋转坐标），而且可以在计算机数控（CNC）系统的控制下同时协调运动进行加工。

根据ISO的规定，在描述数控机床的运动时，采用右手直角坐标系；其中平行于主轴的坐标轴定义为 Z 轴，绕 X、Y、Z 轴的旋转坐标分别为 A、B、C。各坐标轴的运动可由工作台，也可以由刀具的运动来实现，但方向均以刀具相对于工件的运动方向来定义。通常5轴联动是指 X、Y、Z、A、B、C 中任意5个坐标的线性插补运动。

5轴联动加工所采用的机床通常称为5轴机床或5轴加工中心。5轴加工常用于航天领域，加工具有自由曲面的机体零部件、涡轮机零部件和叶轮等。5轴机床可以不改变工件在机床上的位置而对工件的不同侧面进行加工，可大大提高棱柱形零件的加工效率。

5轴联动加工仅需一次装夹，就能完成复杂零件的全部或大部分加工，大幅提高加工的质量和效率；对于一些形状复杂的零部件（如叶轮）只有采用5轴加工才能实现。5轴联动加工特备适用于形状复杂加工通道敞开性差的零件、曲面复杂且加工表面面积大，需要较高切削效率的零件；目前广泛应用于航空航天、船舶、汽车等行业，用于加工复杂飞机汽车结构件、复杂曲面模具等机体零部件。

7.1.2　5轴机床结构类型

5轴加工机床与普通机床的主要区别在于，普通机床只有3个直线坐标轴，而5轴机床除了具有3个直线坐标轴外，还至少具备两个旋转坐标轴，而且可以5轴联动。

根据不同的结构，5轴机床分为以下3个类别。

1. 双旋转台机床（table-table）

双旋转台机床的特点是：刀轴方向不动，两个旋转轴均在工作台上；工件加工时随着工作台旋转。由于选择台式旋转部件，称重有限，加工时需要考虑装夹承重，能够加工的工件尺寸比较小。

如果工作台绕着 X 轴和 Z 轴旋转，则旋转轴为 A 轴和 C 轴，该机床为 AC 机床；如果工作台绕着 Y 轴和 Z 轴旋转，则旋转轴为 B 轴和 C 轴，该机床为 BC 机床，如图 7-2 所示。

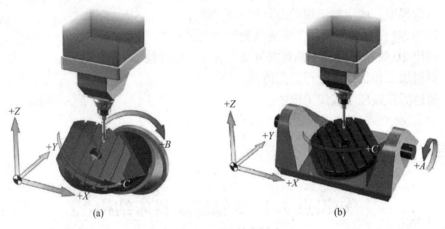

图 7-2　双旋转台机床

（a）AC 机床；（b）BC 机床

2. 双旋转头（Head-Head）机床

双旋转头机床的特点：工作台不动，两个旋转轴均在主轴上。机床能加工的工件尺寸比较大。如果主轴绕着 X 轴和 Z 轴旋转，则旋转轴为 A 轴和 C 轴，该机床为 AC 机床；如果主轴绕着 Y 轴和 Z 轴旋转，则旋转轴为 B 轴和 C 轴，该机床为 BC 机床，如图 7-3 所示。

3. 旋转台+旋转头（Table-Head）机床

旋转台+旋转头机床的特点是：两个旋转轴分别放在主轴和工作台上，工作台旋转，可装夹较大的工件；主轴摆动，改变刀轴方向灵活。

如果旋转轴为 A 轴和 C 轴，该机床为 AC 机床；如果旋转轴为 B 轴和 C 轴，该机床为 BC 机床，如图 7-4 所示。

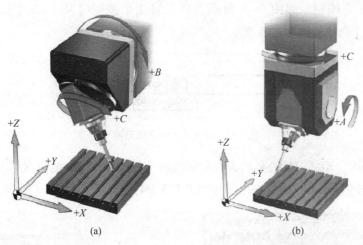

图 7-3　双摆头机床

（a）AC 机床；（b）BC 机床

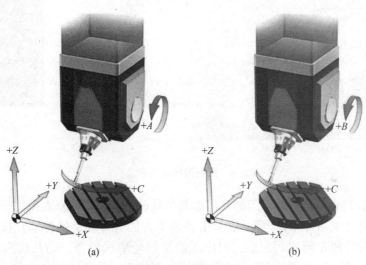

图 7-4　旋转台+摆头机床

（a）AC 机床；（b）BC 机床

知识点 7.2　刀柄的创建和管理

在 5 轴加工中，由于加工时刀具和工件之间存在相互旋转运动，刀具的刀柄部分可能会与工件、夹具、T 形台之间发生碰撞。因此，在 5 轴联动刀具路径计算过程中，必须要设置刀柄，避免刀柄干涉。

下面以立铣刀为例，介绍如何创建刀柄和管理刀柄。

7.2.1　创建刀柄

在创建或编辑刀具几何参数时，单击【刀具编辑】对话框中的【刀柄】栏后，【刀柄】

栏右侧会出现 3 个按钮，如图 7-5 所示。单击第 2 个按钮【从 CAD 中选择刀柄】，hyperMILL 弹出【选择轮廓】对话框。

图 7-5　从 CAD 中选择刀柄

在模型空间内，绘制刀柄外形的大致轮廓曲线，并选择已绘制的曲线作为刀柄轮廓，单击【确认】按钮，hyperMILL 弹出【编辑几何】对话框，如图 7-6（b）所示。

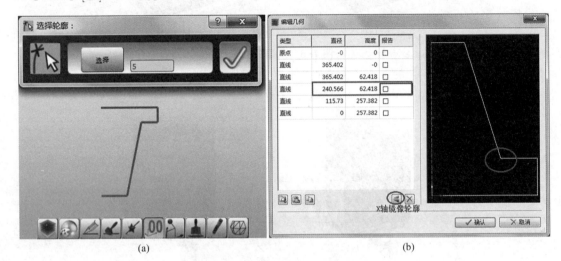

(a)　　　　　　　　　　　　　　　(b)

图 7-6　绘制刀柄轮廓和几何

【编辑几何】对话框可实现对刀柄几何参数的修改。如果对话框右侧图形区显示的刀柄 2D 模型是倒置的（见图 7-6），可通过单击列表下方的【X 轴镜像轮廓】按钮，摆正刀柄 2D 视图模型。对话框左侧的列表中，列出了所绘制轮廓线的顶点的几何坐标（直径和高度）。用户通过修改轮廓顶点的直径和高度数值来调整刀柄的几何形状。在该对话框中，用户还可以对几何轮廓进行一些编辑。

【从 DFX 文件中读取轮廓】：直接从外部的 DFX 文件提取刀柄轮廓。用户需要事先准备一个绘制好刀柄轮廓曲线的 DFX 格式文件。

【清除所有多义线】：清除当前刀柄轮廓数据。

【插入】：鼠标右键快捷菜单，用于在列表中增加 1 个轮廓顶点。

【删除】：鼠标右键快捷菜单，删除当前选中行的轮廓顶点。

【编辑】：鼠标右键快捷菜单，编辑当前选中行的直径值和高度值。如需要编辑直径值和高度值，可直接用鼠标选择相应的输入框后输入。

在完成轮廓几何编辑后，单击【确认】按钮，完成刀柄的创建，返回刀具编辑对话框。此时创建好的刀柄自动装配到刀具上，如图 7-7 所示。

单击视图下方的【在 2D 及 3D 间切换】按钮可在【2D 模型】显示和【3D 模型】显

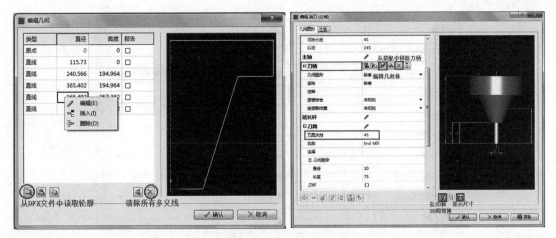

图 7-7　刀柄几何参数编辑

示两种模式间进行切换。

单击【显示尺寸】按钮可以显示或隐藏模型中的尺寸。

如果刀柄尺寸数据有误，可以单击【刀柄】栏的【编辑几何体】按钮，进入【编辑几何】对话框对刀柄尺寸数据进行修改。

加载刀柄后，需要根据实际情况设置刀具夹持长度和刀具长度。刀具夹持长度表示刀具伸出刀柄的长度，而几何图形中的长度是指刀具的总长度。一般而言，刀具的夹持长度为其直径值的 3~5 倍。

7.2.2　移除刀柄

如果需要卸载刀柄，可以单击【刀柄】栏的【从装配中移除刀柄】按钮，删除当前刀柄，如图 7-8 所示。

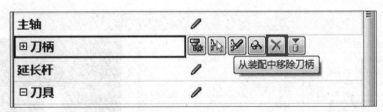

图 7-8　移除刀柄

7.2.3　保存刀柄到数据库

在已经加载刀柄的情况下，单击【刀柄】栏的【输出刀柄到刀具数据库】按钮，即可将该刀柄保存到刀具数据库。

注意，新的刀柄在输出到数据库之前，必须对该刀柄命名，刀柄名称一般以刀柄规格型号和尺寸命名。刀柄的名称在【刀柄】栏下方的【名称】栏右侧输入，如图 7-9 所示。

7.2.4　从数据库中选择刀柄

单击【刀具编辑】对话框中的【刀柄】栏右侧的【选择刀柄】，弹出【选择刀柄】

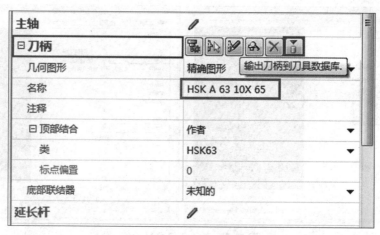

图 7-9　输出刀柄到刀具数据库

对话框，如图 7-10 所示。【选择刀柄】对话框的左侧列出了所有在数据库中保存的刀柄型号，右侧显示当前选中刀柄的几何信息和 3D 模型，如图 7-11 所示。用户在左侧选择相应型号的刀柄，单击【确认】 ✔ 按钮，即可将选中的刀柄装配到刀具上。

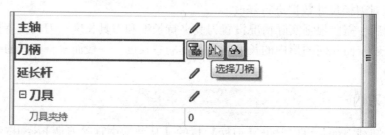

图 7-10　从数据库选择刀柄

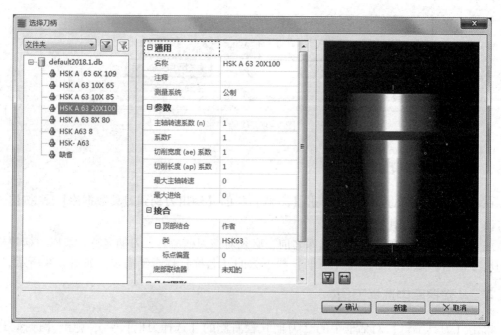

图 7-11　选择刀柄对话框

知识点 7.3 等距精加工

等距精加工（就是以常量进给进行的精加工）保证了有量的加工曲面质量，同时减小了刀具负荷，即使是在加工陡峭曲面时也是如此。等距精加工尤其适用于高速铣削。【3D 等距精加工】位于【3D 高级铣削】策略。单击 hyperMILL 菜单下的【工单】按钮，或者 hyperMILL 工具栏中的 🗾 按钮，弹出【选择新操作】对话框，依次选择【3D 高级铣削】、【3D 等距精加工】，单击【OK】按钮，即可进入【3D 等距精加工】对话框。

等距精加工一共支持 4 种刀具类型，分别是立铣刀、球头刀、圆鼻铣刀和圆球刀。

7.3.1 策略选项卡

【策略】选项卡中，【等距精加工】工单提供了【等距】和【流线】两种【横向进给策略】，如图 7-12 所示。

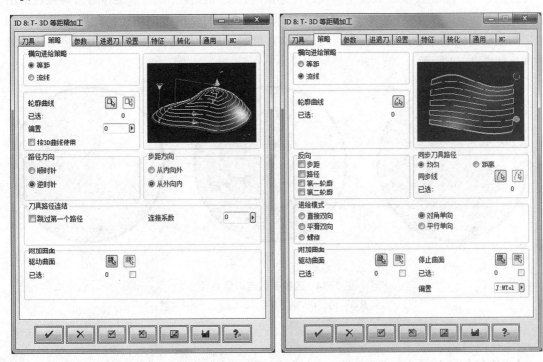

图 7-12 策略选项卡

1. 等距策略

【等距】策略以恒定进给量加工。刀具路径的走刀由所选择封闭轮廓曲线形状定义，如图 7-13 所示。

【轮廓曲线】：用于选择 1 个或多个未互相嵌套的封闭轮廓（边界），若该曲线是 3D 曲线，则投影到加工曲面上。

【偏置】：选择的轮廓曲线按定义值（正/负）进行偏置，正值向外偏置，负值向内偏置。

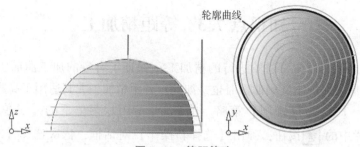

图 7-13　等距策略

【按 3D 曲线使用】：选择的轮廓曲线不投影加工曲面，以 3D 曲线作为轮廓曲线。

在【刀具路径连接】栏，可以设置横向进给刀具路径之间的连接方式。【刀具路径连接】栏包含以下两个参数。

【跳过第一个路径】：若勾选该选项，则工单对第一个刀具路径只计算但不进行加工。

【连接系数】：由连接系数决定斜线路径连接的长度和圆度。该系数是作为刀具直径给出的：斜线长度=刀具直径×系数。在选择连接系数的大小时，应考虑路径的距离（进给）和机床的运动学因素。系数越大，轨迹间的连接过渡越平顺，但是如果系数较大，将延长计算时间，如图 7-14 所示。

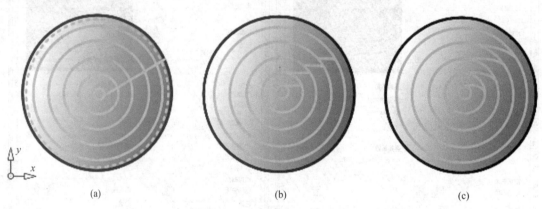

(a)　　　　　　　　　　　(b)　　　　　　　　　　　(c)

图 7-14　连接系数与刀具路径

（a）连接系数：0；（b）连接系数：0.5；（c）连接系数：2

2. 流线策略

【流线】策略与【投影精加工】中的【流线】策略基本一致，需要通过两条不相交的引导曲线来定义刀具路径。【等距精加工】的【流线】策略可以保证陡峭面也得到合理的加工，此策略尤其适用于高速铣削加工。

【轮廓曲线】：用于定义【流线】策略的引导曲线。引导曲线需要两条，两条引导曲线之间不能相交，并且引导曲线的方向要一致，如图 7-15 所示。

在【反向】栏，可以调整引导曲线的方向和刀具的加工方向。

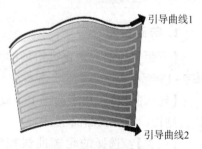

图 7-15　引导曲线

在【同步刀具路径】栏，可设置同步曲线对刀具路径进行同步，有两种同步方式（见图 7-16）如下。

【均匀】：两条引导曲线被分成相同数目的区段，每个区段的起始点及终止点是相连的。两条引导曲线之间对应的点进行连接形成同步刀具路径。

【距离】：以两条引导曲线之间最短距离原则，在第二条曲线上，为第一条曲线的每一点分配一个独有的对应点，且从刀具轴的方向出发，第二点离第一点的距离最短。

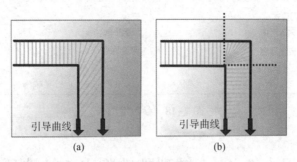

图 7-16 同步曲线

（a）均分；（b）距离

在【附件曲面】栏，可为陡峭曲面加工设置附加【驱动曲面】，提高陡峭区域的加工效果。如图 7-17 所示，通过选择引导曲线（1 和 2）和附加曲面加工陡峭区域。此时所定义的轮廓曲线必须位于所选的附加曲面区域内。此方法确保了即便在陡峭区域，也不会有残留毛坯。在应用附加【驱动曲面】时，要注意【流线】测量的引导曲线必须位于所定义的【驱动曲面】内。

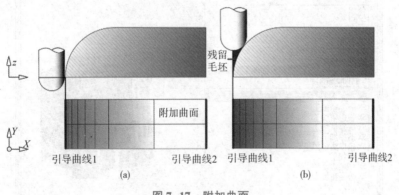

图 7-17 附加曲面

（a）附加曲面；（b）无附加曲面

7.3.2 参数选项卡

在【加工区域】栏，用户可对垂直加工区域的【底部】位置进行设置，如图 7-18 所示。

在【进给量】栏，用户可对【3D 步距】、【余量】和【附加 XY 余量】进行设置。

这些参数在其他工单中已经予以介绍，此处不再赘述。

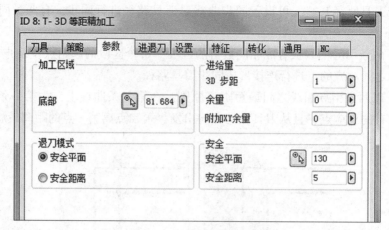

图 7-18　参数选项卡

知识点 7.4　5 轴型腔铣削之 5 轴选项卡

7.4.1　5 轴型腔铣削策略

5 轴型腔铣削常用于复杂型腔类零件的加工，其共包含 9 中工单（见图 7-19），其中最常用的有【5X 等高精加工】、【5X 投影精加工】、【5X 等距精加工】和【5X 清根加工】。

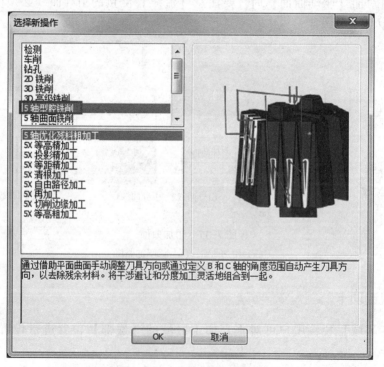

图 7-19　5 轴型腔铣削策略

【5X 等高精加工】、【5X 投影精加工】、【5X 等距精加工】、【5X 清根加工】是在 3D【等

高精加工】、【3D 投影精加工】、【3D 等距精加工】、【3D 清根加工】的基础上改进而来，其基本参数和对应的 3D 工单基本是一致的，唯一不同的是 5X 工单特有的【5 轴】选项卡。【5X 等高精加工】、【5X 投影精加工】、【5X 等距精加工】、【5X 清根加工】等工单的【5 轴】选项卡是一样，主要用于设置刀具的倾角策略。本节主要介绍【5 轴】选项卡的基本参数和设置。

　　【5 轴】选项卡是用于设置刀具在加工过程中的位置和姿态的计算方法，hyperMILL 软件提供了两种刀具倾斜策略，分别是【固定】策略和【自动】策略，如图 7-20 所示。

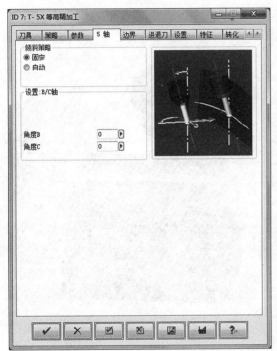

(a)

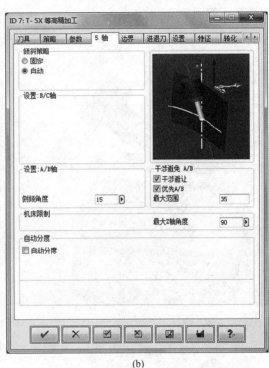

(b)

图 7-20　5 轴选项卡

(a) 固定策略；(b) 自动策略

7.4.2　固定倾斜策略

　　【固定】倾斜策略用于刀具的定轴加工，包括定轴粗加工和定轴精加工。当在【5 轴】选项卡的【倾斜策略】栏中选择【固定】时，【5 轴】选项卡界面如图 7-20（a）所示。用户需要设置刀具的【角度 B】和【角度 C】的数值以确定刀具的轴线方向。

　　5 轴联动加工时，刀具相对于工件的方向通过 B 角和 C 角来确定。B 角是刀具中心轴线相对于 Z 轴的夹角，而 C 角是刀具在 XY 平面的投影的中心轴线相对于 X 轴的角度，如图 7-21 所示。刀具在空间的任意方向都可以分解为唯一的 B 角和 C 角；反过来也就是说我们可以通过 B 角和 C 角来确定

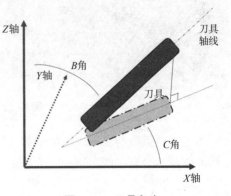

图 7-21　刀具角度

刀具的空间方位。

例如：当【角度 B】为 45°，【角度 C】为 0°时，刀具与 Z 轴成 45°夹角，同时刀具在 XY 平面的投影与 X 轴正向平行；当【角度 B】为 45°，【角度 C】为 90°时，刀具与 Z 轴成 45°夹角，同时刀具在 XY 平面的投影与 Y 轴正向平行；当【角度 B】为 45°，【角度 C】为 180°时，刀具与 Z 轴成 45°夹角，同时刀具在 XY 平面的投影与 X 轴负向平行；当【角度 B】为 45°，【角度 C】为 270°时，刀具与 Z 轴成 45°夹角，同时刀具在 XY 平面的投影与 Y 轴负向平行，如图 7-22 所示。

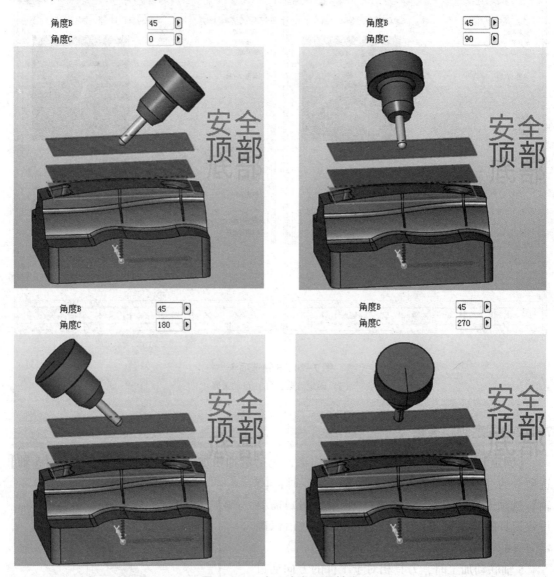

图 7-22　B 角 C 角与刀具轴线

固定倾斜策略与 Frame 坐标系都可以实现定轴加工功能，用户可以根据自己的偏好和熟练程度选择适合自己的定轴加工方法。

7.4.3　自动倾斜策略

自动倾斜策略用于刀具的 5 轴联动加工，包括 5 轴联动粗加工和 5 轴联动精加工。当在【5 轴】选项卡的【倾斜策略】栏中选择【固定】选项时，【5 轴】选项卡界面如图 7-20（a）所示。

自动策略下 hyperMILL 根据模型自动计算刀具 C 轴角度值，用户需要定义 A/B 轴的倾斜角度。在已启用 A/B 轴干涉避让的情况下，hyperMILL 在用户定义的倾斜角度范围内更改倾斜角度，以免刀具与工件碰撞。

注意，对话框中的【设置：A/B 轴】和【干涉避免 A/B】中的 A/B 含义是 A 轴或 B 轴。5 轴加工中心根据旋转轴的不同分为 AC 机床和 BC 机床，当后置处理机床对应的是 AC 机床时，A/B 含义为 A 轴；当后置处理机床对应的是 BC 机床时，A/B 含义为 B 轴。

1. 倾斜角度和最大范围

【倾斜角度】：该参数位于【设置：A/B 轴】栏，用于设置刀具角度 A/B 的最小倾斜角度。

【最大范围】：该参数位于【干涉避免 A/B】栏，用于设置刀具角度 A/B 的增加值，即刀具 B 角的最大值是倾斜角度值+最大范围值，如图 7-23 所示。

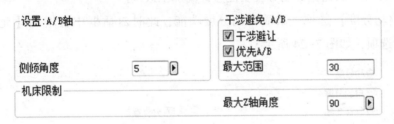

图 7-23　角度 B 的范围

当倾斜角度设置为 5，最大范围设置为 30 时，hyperMILL 会首先以刀具 B 轴倾角 5° 去计算刀具是否存在 C 轴角度满足不干涉的切削条件，如果发生干涉，则增加 B 轴的倾角值，但是最大倾角不得大于（5+30）°。如果在 5°～35° 以内，能够找到合适的 C 轴值，则刀具路径计算完成；如果在 5°～35° 以内，无法找到不干涉的 C 轴值，则刀具路径计算失败。

2. 干涉避让

在计算刀具路径时，是否考虑刀具在 A/B 轴上的干涉避让。如果没有干涉避让，则在计算 5 轴联动刀具路径时，会检测刀具是否在 A/B 轴上和工件干涉，以及在发生干涉时通过改变 A/B 轴的角度值或 C 轴的角度值来避免干涉；没有干涉避让，则在刀具路径计算过程中，如果刀具与模型发生碰撞，则计算终止。

【干涉避让】：该参数位于【干涉避免 A/B】栏，用于激活 A/B 轴的自动避碰，A/B 轴的自动避碰可独立于 C 轴使用。

【优先 A/B】：该参数位于【干涉避免 A/B】栏。激活该选项，则定义的 A/B 轴作为避免碰撞的主轴。当以某个指定的 B 轴角度计算 5 轴刀具路径发生干涉时，是通过优先更改 C 轴角度值还是 A/B 轴角度值来避免干涉。当勾选优先 A/B 选项时，优先通过更改 A/B 轴的倾斜角度值来避免干涉；当不勾选优先 A/B 选项时，hyperMILL 会优先通过更改 C 轴值来避免干涉。

3. 最大 Z 轴角度

最大 Z 轴角度在坐标系的 Z 轴测得。当轨迹光滑处理或避免碰撞功能启用时，它可用来防止倾斜角度输出超过机床的机械角度范围行程。

当所选坐标系的 Z 轴与 NCS 平行，最大倾斜角度与机床轴的最大允许角度相对应；当 Z 轴与 NCS 不平行，想要获得最大倾斜角度，须将两个 Z 轴之间的角度从机床轴的最大允许角度中减除。

7.4.4　自动分度

自动分度功能在【5X 优化残料粗加工】、【5X 等高精加工】、【5X 轮廓加工】以及【5X 再加工】工单中使用。自动分度是指针对复杂的曲面区域，hyperMILL 根据设定的刀具，自动将复杂曲面划分为 3 轴、定轴和 5 轴联动加工区域。由于 3 轴/定轴的加工效率要高于 5 轴联动加工，因此，自动分度功能可提高加工效率。

勾选【自动分度】选项，激活自动分度功能，此时对话框中会增加【允许 3 轴】和【允许联动】选项，如图 7-24 所示。

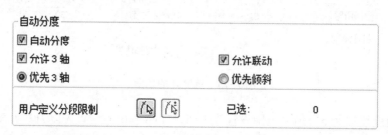

图 7-24　自动分度

【允许 3 轴】：勾选该选项，激活 3 轴/定轴加工。hyperMILL 采用 3 轴/定轴的方式加工可以采用 3 轴或定轴加工的曲面。此时，【自动分度】栏下方会增加【优先 3 轴】和【优先倾】两个选项，勾选【优先 3 轴】选项，hyperMILL 优先使用 3 轴加工方式来加工曲面；勾选【优先倾斜】选项，hyperMILL 优先使用定轴加工方式来加工曲面。【优先 3 轴】选项和【优先倾斜】选项是互斥的，也就是说只能选择其中 1 个选项。

【允许联动】：勾选该选项，激活联动加工功能。该功能允许 hyperMILL 对那些无法通过 3 轴/定轴加工的曲面，采用 5 轴联动的方式进行加工。

【允许 3 轴】：选项和【允许联动】选项不是互斥的，两个可以同时勾选。

表 7-1 所示为【允许 3 轴】和【允许联动】选项不同选择组合下对应的含义。

表7-1 自动分度参数及含义

自动分度（√）		含义
允许三轴	允许联动	
×	×	不建议使用
×	√	不允许3轴加工，只能通过5轴联动方式加工所有曲面（3轴、定轴和联动加工区域）
√	×	不允许联动加工，只能进行3轴或定轴加工曲面。需要联动加工曲面会停止加工
√	√	允许3轴/定轴、联动加工。对于可以采用3轴/定轴加工的曲面采用3轴/定轴方式加工；对于其他曲面采用5轴联动方式加工

知识点7.5 5轴设置选项卡

5轴工单的设置选型卡提供一些新的参数（见图7-25），下面对这一新参数进行介绍。

7.5.1 倒扣加工

【倒扣加工】：在多轴毛坯分度过程中，避免在倒扣区域中出现不必要的空路径。在等高工单计算刀具路径时，如果模型存在倒扣区域，需要勾选该选项才能完成对倒扣区域的加工。

图7-25 5轴工单设置选项卡

7.5.2　计算刀具长度

在【计算刀具长度】栏为用户提供 5 轴加工最短刀具计算功能，里面有两个选项，分别是【延伸】和【减少】。

【延伸】：当预设的刀具长度不足，出现碰撞无法完成切削时，如果勾选该选项，则 hyperMILL 将根据为刀具定义的刀具延伸长度，计算出更大的刀具延伸长度。

【减少】：当刀具夹持长度设置足够长时，如果勾选该选项，则 hyperMILL 会根据为刀具定义的延伸长度，计算最短的无碰撞刀具延伸长度。

7.5.3　未定义干涉检查

在【由于未定义干涉检查】栏，hyperMILL 默认勾选【停止】选项，该选项用户无法更改。该选项表示当刀具出现未定义的干涉碰撞时，刀具路径计算停止。

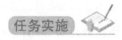

任务实施

步骤 1：设置工作目录

将模型文件所在的文件夹设置为本项目的工作目录。

步骤 2：模型分析与加工工艺

1. 模型尺寸分析

通过【默认工具条】中的【物体属性】![]功能，框选整个模型，可获得该电极的整体长宽高尺寸为 182 mm×180 mm×86.407 mm。

通过【默认工具条】中的【两个物体信息】![]功能，测量模型两个型腔的深度，大概是 23 mm 和 28 mm。

通过【默认工具条】中的【两个物体信息】![]功能，测量模型两个型腔的最小宽度距离，大概是 11 mm 和 20 mm。

通过 hyperMILL 工具条中的【分析】![]功能中的【圆角分析】命令，可获得模型的最小圆角位于槽底部，圆角半径为 2 mm。槽宽度和深度如图 7-26 所示。

图 7-26　槽宽度和深度

2. 确定加工刀具

根据模型分析的结果，该模型多是曲面部分。可选用 D16R2 的圆鼻刀进行整体外形开粗，用 φ10R5 球刀进行大曲面部分精加工；再用 D6R0.2 圆鼻刀对模具两个型腔部分进行开粗加工、用 φ6 球刀对深槽、深孔进行精加工；最后使用 φ4 球刀用于清根加工，加工工序如表 7-2 所示。

表 7-2　加工工序

工序	刀具名称	备注
1	D16R2 圆鼻刀	整体开粗
2	φ10R5 球刀	整体曲面精加工
3	D6R0.2 圆鼻刀	槽和孔粗加工
4	φ6 球刀	槽和孔精加工
5	φ4 球刀	槽清根加工

步骤 3：整体外形加工工单列表

1. 封闭侧面的筋槽

模型侧面存在 4 条直角槽，这些槽无法通过铣削加工到位，需要在后期进行放电加工。所以，在 CAM 编程前先将模具上用电极放电的四个板筋槽补上，便于精加工刀具路径更加光顺。

鼠标单击【图形】菜单下的【从边界】命令，弹出【从边界】对话框，通过鼠标选择板筋槽的两条边作为轮廓线，在两条轮廓线之间生成与外围曲面相同曲率的曲面。依次将所有的槽进行封闭。新建一个图层"辅助面 1"，将这些曲面放置到新图层"辅助面 1"中，如图 7-27 所示。

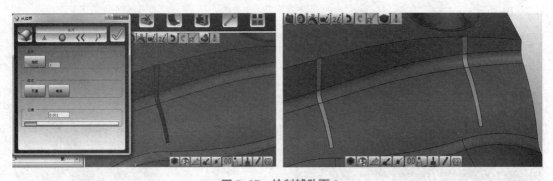

图 7-27　绘制辅助面 1

2. 封闭顶面的槽和孔

鼠标单击【图形】菜单下的【填充】命令，弹出【填充】对话框。鼠标单击【选择】栏中的【边界】按钮，在模型视图中选取槽的外轮廓曲线作为边界，单击【确认】按钮，完成曲面创建，如图 7-28 所示。使用同样的方法，完成右边圆形槽的封闭。新建一个图层"辅助面 2"，将这些曲面放置到新图层"辅助面 2"中。

激活"辅助面1"和"辅助面2"图层，显示所有的辅助曲面。

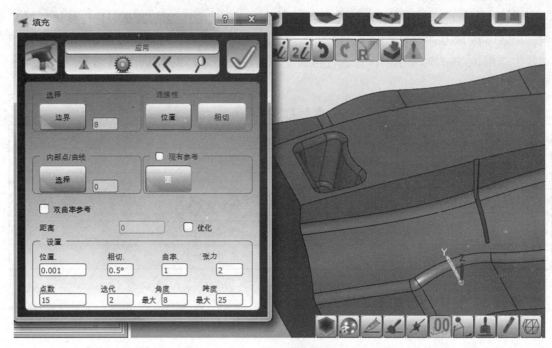

图7-28　封闭顶面槽

3. 新建工单列表

新建一个工单列表，命名为【整体外形加工】。在【零件数据】选项卡，定义工件模型为"模型所有表面""辅助面1"图层和"辅助面2"图层内的所有辅助面作为工件"7_1"；定义毛坯模型"Stock 7_1"以模型底面轮廓为轮廓曲线进行拉深，拉深高度为90。在【工单列表设置】选项卡，将NCS坐标系设置在毛坯上表面的中心位置，如图7-29所示。

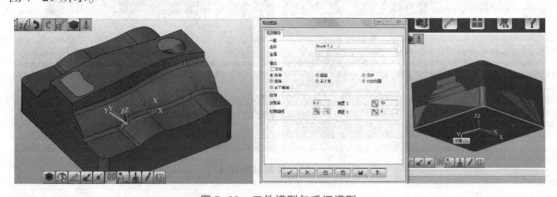

图7-29　工件模型与毛坯模型

步骤4：整体外形粗加工

新建一个【3D任意毛坯粗加工】工单。

在【刀具】选项卡【刀具】栏新建一个直径为16 mm、角落半径为2 mm的圆鼻铣刀

"D16R2"；在【刀具】对话框【几何图形】选项卡的【刀柄】栏，单击【选择刀柄】 按钮，在弹出的【选择刀柄】对话框中选择"HSK A 63 10×65"刀柄。该刀柄的几何参数如图7-30所示，也可以自己根据这些几何参数创建该刀柄。刀具的工艺参数根据自身实际情况设置即可。勾选【考虑圆角半径】单选框。

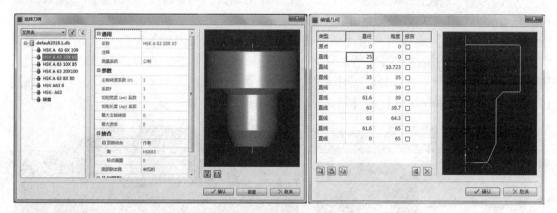

图 7-30 刀柄及参数

切换到【策略】选项卡，设置【加工优先顺序】为【型腔】，设置【平面模式】为【优化】；勾选【所有刀具路径倒圆角】和【在满刀期间降低进给率】选项。

切换到【参数】选项卡，在【加工区域】栏中，取消勾选【最高点】和【最低点】，由 hyperMILL 自动计算零件的 Z 向加工深度范围；在【进给量】栏中，设置水平【步距（直径系数）】为0.6，【垂直步距】为0.5；设置【余量】值为0.3，【附加 XY 余量】值为0；设置【检测平面层】为【自动】；设置【退刀模式】为【安全平面】，【安全平面】高度值50。

切换到【设置】选项卡，选择正确的模型"7_1"和毛坯模型"Stock 7_1"。

最后，单击【计算】按钮，生成刀具路径，如图7-31所示。对刀具路径进行模拟，检查刀具路径是否正确。

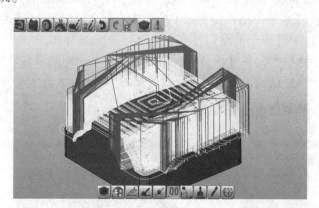

图 7-31 外形粗加工刀具路径

在确定刀具路径正确后，双击该工单进行编辑。切换到【设置】选项卡，勾选【毛坯模型】栏中的【产生结果毛坯】选项。然后再次单击【计算】按钮重新生成刀具路径。

步骤5：整体外形精加工

1. 顶面精加工

新建一个【3D投影精加工】工单。

在【刀具】选项卡，新建一把直径为10 mm的球头刀"φ10"，刀柄选择"HSK A 63 10×65"，刀具的工艺参数根据自身实际情况设置。

切换到【策略】选项卡，在【横向进给策略】栏，设置进给策略为【流线】，切削类型为【往复式】，进给模式为【平滑双向】；在【轮廓选项】栏，选择图7-32中的顶面长边轮廓作为引导曲线。在选择轮廓时，要注意两条引导曲线的方向要一致，若不一致，通过【反向】栏中的【第一轮廓】和【第二轮廓】选项进行调整。

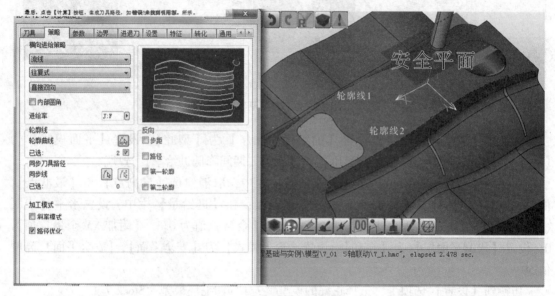

图7-32 投影流线策略

切换到【参数】选项卡，设置【垂直进给模式】为【仅精加工】，设置【水平进给模式】为【常量步距】、【水平步距】值为0.1；设置【余量】值为0，【附加XY余量】值为0；设置【退刀模式】为【安全平面】，【安全平面】高度值为30。

切换到【设置】选项卡，在【模型】栏中设置本工单使用的模型为"7_01"。

最后，单击【计算】按钮，生成刀具路径，如图7-33所示。

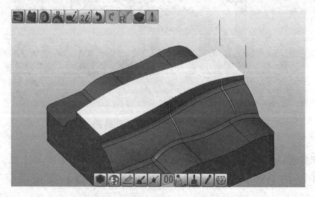

图7-33 顶面精加工刀具路径

2. 侧面精加工

新建一个【3D 铣削–ISO 加工】工单。

在【刀具】选项卡，选择球头刀"φ10"。

切换到【策略】选项卡，在【策略】栏中，选择【整体定位】模式；在【曲面】栏中，单击【重新选择】 按钮，选择图 7–34 所示模型侧壁上的紫色曲面（左右两侧共计 10 个面）；设置【加工方向】为【流线】。

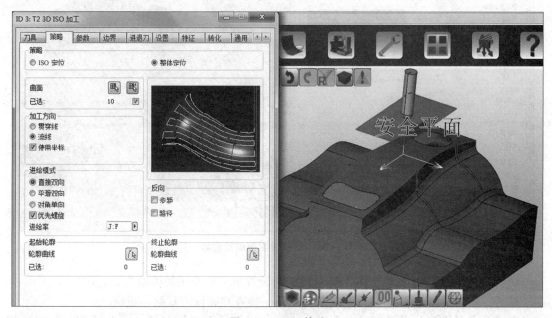

图 7–34　ISO 策略

切换到【参数】选项卡，在【进给量】栏设置【3D 步距】值为 0.1，【余量】值为 0；设置【切削类型】为【往复式】；设置【退刀模式】为【安全平面】，【安全平面】值为 30。

切换到【设置】选项卡，在【模型】栏中设置本工单使用的模型为"7_01"。

最后，单击【计算】按钮，生成刀具路径，如图 7–35 所示。

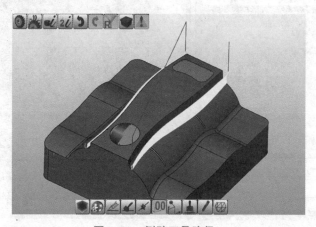

图 7–35　侧壁刀具路径 1

在工单列表里，从顶面精加工的【T2 3D 投影精加工】复制一个投影工单，双击进行编辑。切换到【策略】选项卡，在【横向进给策略】栏设置进给策略为【流线】，切削类型为【往复式】，进给模式为【平滑双向】；在【轮廓选项】栏，选择图 7-36 中的侧面长边轮廓作为引导曲线。在选择轮廓时，要注意两条引导曲线的方向要一致，若不一致，通过【反向】栏中的【第一轮廓】和【第二轮廓】选项进行调整。

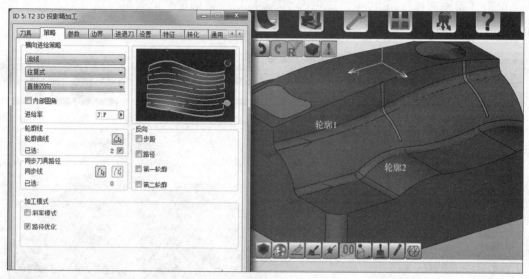

图 7-36　侧壁投影策略轮廓线

切换到【设置】选项卡，在【模型】栏中设置本工单使用的模型为 "7_01"。

最后，单击【计算】按钮，生成刀具路径，检查并确认刀具路径正确。

鼠标单击【图形】菜单下的【平面】命令，弹出【平面】对话框。在【模式】栏选择【方向+原点】；在【方向】栏选择【Y WP】，即平面方向为 Y 轴方向；在【原点】栏选择【WP 0 0 0】，即以当前坐标系原点为平面位置。单击【确认】 按钮，创建平面。新建一个图层"中心面"，将新创建的平面移动到图层"中心面"，如图 7-37 所示。

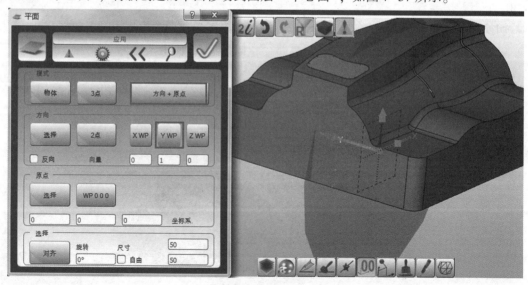

图 7-37　新建平面

双击【3D投影精加工】工单进行编辑，切换到【转化】选项卡，激活转化功能并创建一个镜像转化。在【镜像】栏，设置【定义镜像】模式为【平面】，在【镜像平面】栏选择刚刚创建的中心面为对称平面，如图7-38所示。然后单击【确认】 按钮完成镜像转化的创建返回【转化】选项卡。勾选【加工工艺参数】栏的【复制】单选框，将当前的刀具路径做一个对称复制。

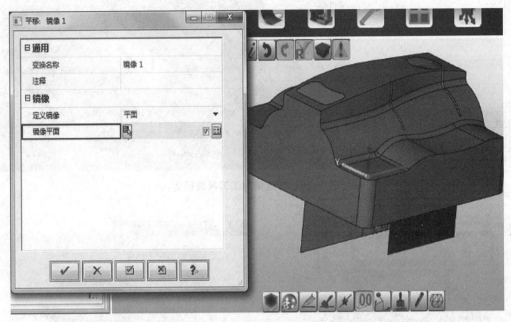

图7-38 新建镜像转化

最后单击【计算】按钮，重新生成刀具路径。此时，在工单列表会复制出一个投影精加工工单（工单名称以-复制结尾），该工单即经过镜像转化后获得的工单。两个投影工单的刀具路径如图7-39所示。

3. 底面精加工

新建一个【3D投影精加工】工单。

在【刀具】选项卡，选择的球头刀"φ10"。

切换到【策略】选项卡，在【横向进给策略】栏，设置进给策略为【X轴】，切削类型为【往复式】，进给模式为【平滑双向】。

切换到【参数】选项卡，设置【垂直进给模式】为【仅精加工】，设置【水平进给模式】为【常量步距】、【水平步距】值为0.1；设置【余量】值为0，【附加XY余量】值为0；设置【退刀模式】为【安全平面】，【安全平面】高度值为30。

切换到【边界】选项卡，设置策略为【边界曲线】，选择图7-40高亮显示曲线为边界。

最后单击【计算】按钮，生成底面精加工刀具路径，如图7-41所示。

步骤6：型腔加工工单列表

隐藏图层【辅助线2】。

新建一个工单列表【型腔加工】。在【零件数据】选项卡，定义工件模型为零件模型所有表面和"辅助面1"图层内的所有辅助面作为工件"7_1"；定义毛坯为整体外形粗加工生

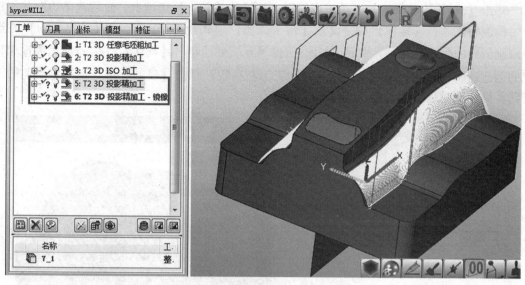

图 7-39　侧壁精加工刀具路径 2

图 7-40　边界曲线

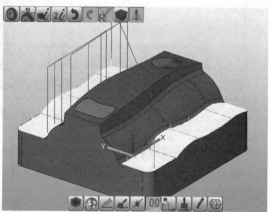

图 7-41　底面精加工刀具路径

成的结果毛坯【1：T1 3D 任意毛坯粗加工（整体外形加工）】，如图 7-42 所示。NCS 坐标系设置与【整体外形加工】工单列表中的 NCS 设置相同。

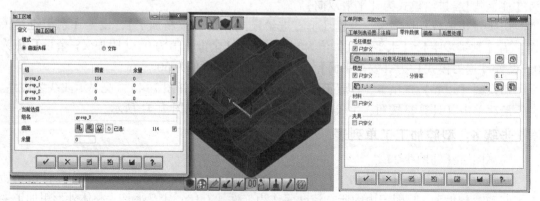

图 7-42　零件数据定义

步骤 7：方形型腔加工

1. 型腔粗加工

新建一个 3D 任意毛坯粗加工工单，在【刀具】选项卡，新建一把直径为 6 mm、角落半径为 0.2 mm 的圆鼻铣刀 "D6R0.2"；刀柄从数据库中加载 "HSK A 63 10×65"，该刀柄的几何参数如图 7-43 所示；刀具夹持长度设置为 30。读者也可以自己根据这些几何参数创建该刀柄。刀具的工艺参数根据自身实际情况设置即可。

在【刀具】选项卡，勾选【考虑圆角半径】单选框。

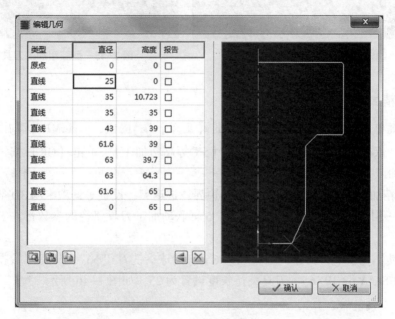

图 7-43　刀柄几何参数

切换到【策略】选项卡，设置【加工优先顺序】为【型腔】，设置【平面模式】为【优化】；勾选【所有刀具路径倒圆角】和【在满刀期间降低进给率】选项。

切换到【参数】选项卡，在【加工区域】栏中，取消勾选【最高点】和【最低点】，由 hyperMILL 自动计算零件的 Z 向加工深度范围；在【进给量】栏中，设置水平【步距（直径系数）】值为 0.6，【垂直步距】值为 0.5；设置【余量】值为 0.3，【附加 XY 余量】值为 0；设置【检测平面层】为【自动】；设置【退刀模式】为【安全平面】，【安全平面】高度值为 50。

切换到【边界】选项卡，选择图 7-44 中深槽的外轮廓曲线作为刀具路径裁剪边界。

切换到【设置】选项卡，确认在模型的下拉列表中选择前面已经创建的 "7_1_2" 工件模型；在毛坯模型的下拉列表中选择前面已经创建的【1：T1 3D 任意毛坯粗加工（7-1）】加工毛坯。

最后，单击【计算】按钮，生成刀具路径，如图 7-45 所示。

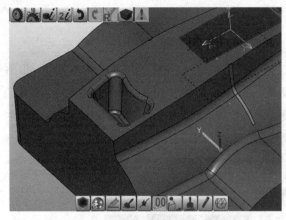

图 7-44　边界曲线

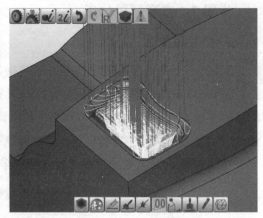

图 7-45　型腔粗加工刀具路径

2. 侧壁精加工

鼠标左键单击【hyperMILL】工具条的【工单】![按钮]按钮，hyperMILL 弹出【选择新操作】对话框，依次选择【5 轴型腔铣削】、【5X 等高精加工】，单击【OK】按钮，系统弹出【5X 等高精加工】对话框。

5X 等高精加工的刀具、策略、参数、边界、进退刀、设置等选项卡与 3D 等高精加工基本相同，唯一不同的是增加了 5 轴选项卡。5 轴联动加工刀具路径的参数都在 5 轴选项卡中设置。

在【刀具】选项卡，新建一把直径为 6 mm 的球头铣刀"φ6"，从刀具数据库中为该刀具选择刀柄 HSK A 63 10X65，刀具夹持长度设置为 25，如图 7-46 所示。

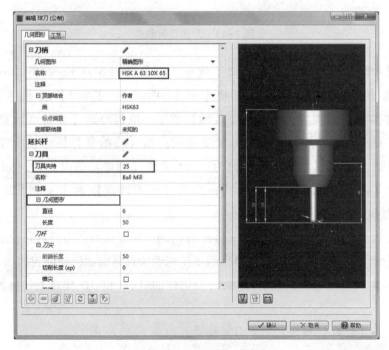

图 7-46　刀具及刀柄

切换到【策略】选项卡，设置加工优先顺序为【优先螺旋】，切削方式为【顺铣】。

切换到【参数】选项卡，在【加工区域】栏，设置【底部】值为-30（该值要低于型腔深度）；在【垂直进给模式】栏选择【常量垂直步距】，设置【垂直步距】值为 0.1；在【退刀模式】栏选择【安全平面】退刀，在【安全】栏设置【安全平面】高度值为 50，【安全距离】值为 5。

切换到【5 轴】选项卡，在【倾斜策略】选择【自动】模式；由于要加工的型腔开口较小，因此刀具的倾斜角度不宜过大，故在【设置：A/B 轴】栏设置【倾斜角度】为 1；在【干涉避免 A/B】栏，勾选【干涉避让】和【优先 A/B】选项，设置【最大范围】值为 15。最大范围 15°倾斜角表示是刀具的偏摆角度，hyperMILL 首先将刀具偏摆 1°（与 Z 轴夹角 1°）尝试生成刀具路径，若遇到干涉，则逐步提高偏摆角度（最大不超过 1°+15°），直至完成所有曲面的加工刀具路径；如果当刀具摆到最大角度时，也存在干涉，则刀具路径计算失败。本例模型的型腔较窄，如果设置很大的倾斜角度，刀具及刀柄容易和侧壁碰撞。在【自动分度】栏，勾选【自动分度】选项以激活自动分度功能，勾选【允许 3 轴】并选择【优先 3 轴】选项，勾选【允许联动】；则 hyperMILL 在计算刀具路径时会优先使用 3 轴加工，当 3 轴加工无法完成时将转换到 5 轴联动加工方式，如图 7-47 所示。

切换到【边界】选项卡，选择图 7-48 所示的型腔轮廓曲线作为刀具路径的裁剪边界。

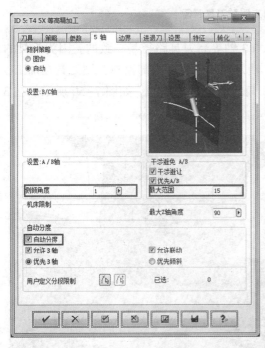

图 7-47　等高 5 轴选项卡

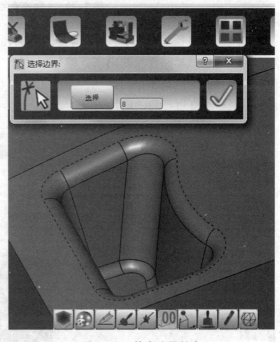

图 7-48　等高边界轮廓

切换到【设置】选项卡，确认当前选择的模型是正确的。

最后单击【计算】按钮，生成刀具路径，如图 7-49 示。在计算刀具路径时信息栏提示刀具路径计算过程，其中在第 84 条刀具路径后，刀具与零件发生干涉，自动启动倾斜角度策略，并通过激活全局 B 轴进行避让，直至计算完成一共创建了 4 段 5 轴联动加工刀具路径。

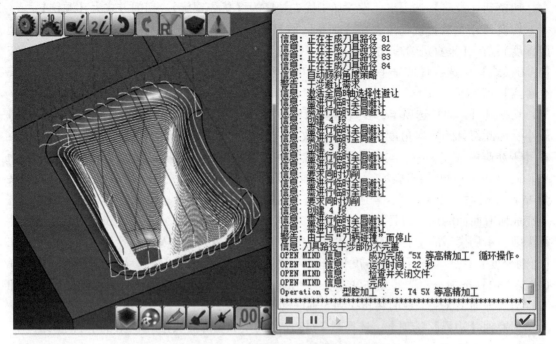

图 7-49　5 轴等高加工侧壁刀具路径

　　单从刀具路径形态来看，5 轴等高刀具路径与 3 轴等高刀具路径是一致的，因为刀具的倾角无法通过刀具路径反映出来，但是如果对 5 轴刀具路径进行内部模拟，则刀具在加工 5 轴刀具路径时会出现明显的摆动，并且 A 角和 C 角的值也是变化的，如图 7-50 所示。在 3 轴加工时，A 角和 C 角的值均为 0。

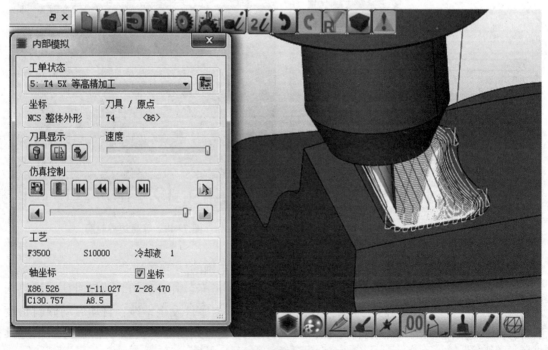

图 7-50　5 轴刀具路径内部模拟

3. 底面精加工

鼠标左键单击 hyperMILL 工具条的【工单】 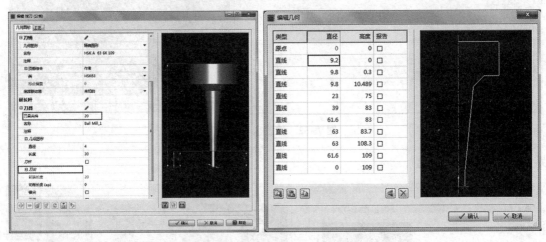 按钮，hyperMILL 弹出【选择新操作】对话框，依次选择【5 轴型腔铣削】、【5X 投影精加工】，单击【OK】按钮，系统弹出【5X 投影精加工】对话框。

5 轴投影精加工的【刀具】、【策略】、【参数】、【边界】、【进退刀】、【设置】等选项卡与 3D 投影精加工是基本相同的，唯一不同的是增加了 5 轴选项卡。5 轴联动加工刀具路径的参数都在 5 轴选项卡中设置。

在【刀具】选项卡，新建一把直径为 4 mm 的球头铣刀"φ4"，从数据库中选择刀柄【HSK A 63 6×109】，刀柄及刀具参数如图 7-51 所示。刀具的夹持长度为 20（按 5 倍刀具直径算）。

图 7-51　刀具和刀柄参数

切换到【策略】选项卡，在【横向进给策略】栏，设置进给策略为【偏置】，切削类型为【往复式】，进给模式为【平滑双向】；在【轮廓曲线】栏，选择图 7-52 中型腔底部轮廓（红色曲线）为引导曲线。

切换到【参数】选项卡，在【水平进给模式】栏设置水平进给为【常量步距】，设置【水平步距】值为 0.1；在【毛坯余量】栏设置【余量】值为 0，【附加 XY 余量】值为 0；在【退刀模式】栏，设置退刀为【安全平面】，在【安全】栏设置【安全平面】高度值为 30。

切换到【5 轴】选项卡，在【倾斜策略】选择【自动】模式；由于要加工的型腔开口较小，因此刀具的倾斜角度不宜过大，故在【设置：A/B 轴】栏设置【倾斜角度】为 1；在【干涉避免 A/B】栏，勾选【干涉避让】和【优先 A/B】选项，设置【最大范围】值为 15。最大范围 15°倾斜角表示的是刀具的偏摆角度，hyperMILL 首先将刀具偏摆 1°（与 Z 轴夹角 1°）尝试生成刀具路径，若遇到干涉则逐步提高偏摆角度（最大不超过 1°+15°），直至完成所有曲面的加工刀具路径；如果当刀具摆到最大角度时，也存在干涉，则刀具路径计算失败。本例模型的型腔较窄，如果设置很大的倾斜角度，刀具及刀柄容易和侧壁碰。在【自动分度】栏，勾选【自动分度】选项以激活自动分度功能，勾选【允许 3 轴】并选择【优先 3 轴】选项，勾选【允许】联动；则 hyperMILL 在计算刀具路径时会优先使用 3 轴加工，当 3 轴加工无法完成时转换到 5 轴联动加工方式，如图 7-53 所示。

切换到【边界】选项卡，设置【策略】为【边界曲线】，选择型腔底部轮廓曲线为边

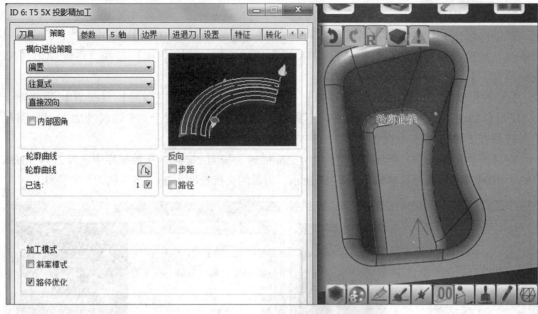

图7-52　偏置引导曲线

界（图7-54中红色线）。

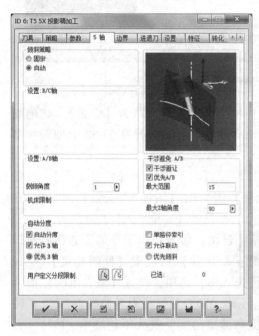

图7-53　5轴选项卡参数

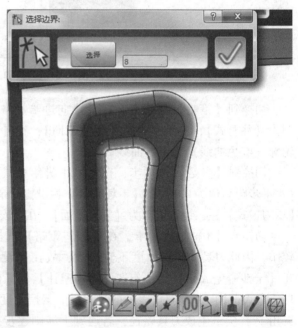

图7-54　边界曲线

　　最后单击【计算】按钮，生成底面精加工刀具路径，如图7-55所示。

　　从单纯刀具路径形态来看，5轴投影刀具路径与3轴投影刀具路径是一致的，因为刀具的倾角无法通过刀具路径反映出来，但是如果对5轴刀具路径进行内部模拟，则刀具在加工5轴刀具路径时会出现明显的摆动，并且 A 角和 C 角的值也是变化的。

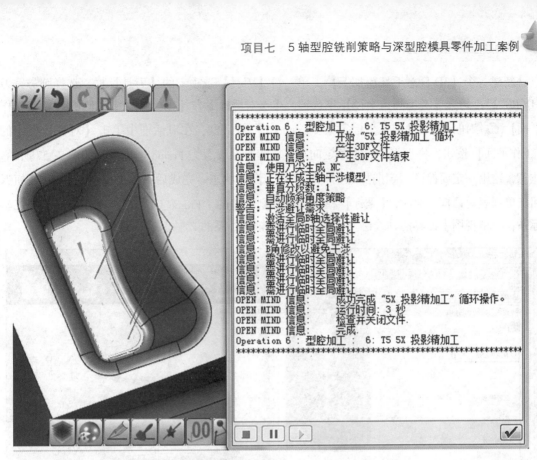

图 7-55　底面加工刀具路径

步骤 8：圆形型腔加工

1. 型腔粗加工

通过旋转将模型转到图 7-56 中视角位置，要求可以看到斜孔底部的整个圆角。鼠标单击【工作平面】菜单下的【在视图上】命令，系统自动以当前视角构建一个工作平面，该工作平面的 Z 轴垂直于当前视图平面。对该工作平面的名称进行修改，本例修改为【定向加工】。双击激活【定向加工】工作平面。

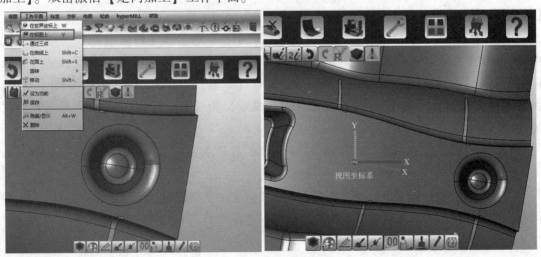

图 7-56　视图坐标系

新建一个【3D 任意毛坯粗加工】工单，在【刀具】选项卡的【刀具】栏，选择圆鼻铣刀 "D6R0.2"；勾选【考虑圆角半径】单选框。单击对话框下方【坐标】栏中右侧的【新建工作平面】按钮，弹出【加工坐标定义：Frame01】对话框，在对话框中单击【对齐】栏中的【工作平面】按钮，将当前激活的"定向加工"坐标系设置为 Frame 坐标系，如图 7-57 所示。注意，这里一定要保证"定向加工"坐标系处于激活状态。完成后，单击【确认】按钮返回工单列表对话框。此时，【坐标】栏自动选择刚创建的"Frame_01"坐标系作为当前加工坐标系，模型视图中刀具的轴线已发生偏转，与定轴坐标系的 Z 轴保持一致。

图 7-57　设置 Frame 坐标系

切换到【策略】选项卡，设置【加工优先顺序】为【型腔】，设置【平面模式】为【优化】；勾选【所有刀具路径倒圆角】和【在满刀期间降低进给率】选项。

切换到【参数】选项卡，在【加工区域】栏中，取消勾选【最高点】和【最低点】，由 hyperMILL 自动计算零件的 Z 向加工深度范围；在【进给量】栏中，设置水平【步距（直径系数）】为 0.6，【垂直步距】为 0.3；设置【余量】为 0.3，【附加 XY 余量】为 0；设置【检测平面层】为【自动】；设置【退刀模式】为【安全平面】，【安全平面】高度为 50。

切换到【边界】选项卡，选择图 44 中深槽的外轮廓曲线作为刀具路径裁剪边界，如图 7-58 所示。

切换到【设置】选项卡，确认在模型的下拉列表中选择前面已经创建的"7_1_2"工件模型；在毛坯模型的下拉列表中选择前面已经创建的"1：T1 3D 任意毛坯粗加工（7-1）"加工毛坯。

最后，单击【计算】按钮，生成刀具路径，如图 7-59 所示。

图 7-58 定轴加工边界曲线

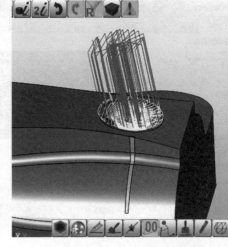

图 7-59 定轴开粗刀具路径

2. 侧壁底面精加工

鼠标左键单击 hyperMILL 工具条的【工单】按钮，hyperMILL 弹出【选择新操作】对话框，依次选择【5 轴型腔铣削】、【5X 等距精加工】，单击【OK】按钮，系统弹出【5X 等距精加工】对话框。

【5X 等距精加工】对话框的【刀具】、【策略】、【参数】、【边界】、【进退刀】、【设置】等选项卡与【3D 等距精加工】基本相同，唯一不同的是增加了【5 轴】选项卡。5 轴联动加工刀具路径的参数都在 5 轴选项卡中设置。

在【刀具】选项卡，选择"φ6"球刀作为精加工刀具。

切换到【策略】选项卡，在【横向进给策略】栏选择【等距】模式，步距方向为【从外向内】。单击【轮廓曲线】栏【重新选择】按钮，弹出【选择边界】对话框，选择圆形型腔的外轮廓线（图 7-60 中高亮显示）等距轮廓线。单击【确认】按钮返回【5X 等距精加工】对话框。

切换到【参数】选项卡，设置加工区域轮廓底部为 -25mm（该数值要低于圆形型腔的最低点）；在【进给量】栏设置【3D 步距】值为 0.1，设置【余量】值为 0；在【退刀模式】栏设置退刀模式为【安全平面】；在【安全】栏设置【安全平面】高度值为 50。

切换到【5 轴】选项卡，在【倾斜策略】选择【自动】模式；由于要加工的型腔开口较小，因此刀具的倾斜角度不宜过大，故在【设置：A/B 轴】栏设置【倾斜角度】为 5；在【干涉避免 A/B】栏，勾选【干涉避让】和【优先 A/B】选项，设置【最大范围】值为 15。本例模型的型腔较窄，故设置较小的倾斜角度范围，否则刀具及刀柄容易和侧壁碰撞。

切换到【设置】选项卡，确认在模型的下拉列表中选择前面已经创建的"7_1_2"模型。

单击【计算】按钮，生成刀具路径，如图 7-61 所示。

3. 清根加工

鼠标左键单击 hyperMILL 工具条的【工单】按钮，hyperMILL 弹出【选择新操作】对话框，依次选择【5 轴型腔铣削】、【5X 清根加工】，单击【OK】按钮，系统弹出【5X

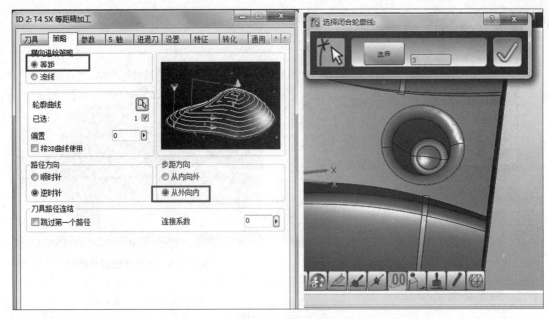

图 7-60　等距策略

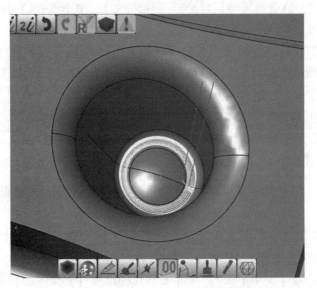

图 7-61　5 轴等距精加工刀具路径

清根加工】对话框。

　　【5X 清根加工】对话框的【刀具】、【策略】、【参数】、【边界】、【进退刀】、【设置】等选项卡与【3D 清根精加工】基本相同，唯一不同的是增加了 5 轴选项卡。5 轴联动加工刀具路径的参数都在 5 轴选项卡中设置。

　　在【刀具】选项卡，选择"φ4"球刀作为精加工刀具。

　　切换到【策略】选项卡，在【清角优化】栏选择【标准】模式，在【加工模式】栏选择【斜率分析加工-平坦区域】，设置【斜率角度】值为 60。在【平坦区域】栏，选择【平行】走刀方式，如图 7-62（a）所示。

切换到【参数】选项卡，设置【水平步距】值为 0.1，设置【余量】值为 0；在【退刀模式】栏选择【安全平面】，在【安全】栏设置【安全平面】高度为 50。

切换到【5 轴】选项卡，在【倾斜策略】选择【自动】模式；在【设置：A/B 轴】栏设置【倾斜角度】为 5；在【干涉避免 A/B】栏，勾选【干涉避让】和【优先 A/B】选项，设置【最大范围】值为 15，如图 7-62（b）所示。

(a)

(b)

图 7-62 5 轴清根加工策略和 5 轴选项卡

（a）策略选项卡；（b）5 轴选项卡

切换到【边界】选项卡，设置边界如图 7-63 所示高亮曲线为裁剪边界。

最后单击【计算】按钮，生成刀具路径，如图 7-64 所示。

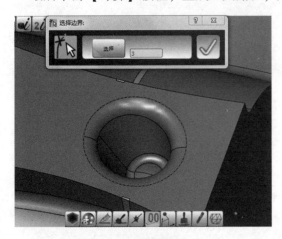

图 7-63 边界裁剪曲线

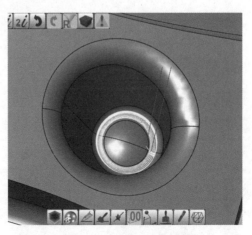

图 7-64 5 轴清根刀具路径

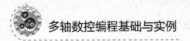

步骤 9：刀具路径模拟与后置处理

对刀具路径进行模拟，检查刀具路径是否存在过切、欠切的情况。根据模拟结果，修改相应的工单参数，调整刀具路径。

当确定刀具路径安全无误后，可通过后置处理导出 NC 文件。

本章首先对 5 轴机床的基本结构予以介绍，然后详细讲解了 hyperMILL 中刀柄的创建和管理。在此基础上，介绍了常用的一些【5 轴型腔铣削】工单，包括【5X 等高精加工】、【5X 投影精加工】、【5X 等距精加工】和【5X 清根加工】。这些 5 轴工单的基本参数设置与它们对应的 3 轴工单是一样的，不同之处在于 5 轴工单增加了【5 轴】选项卡。对于 5 轴加工来说，关键在于刀轴倾角的设置。hyperMILL 对 5 轴刀具路径的设置进行了大幅的简化，用户只需要设置好刀具倾角的合理范围，即可完成绝大多数 5 轴刀具路径的创建。最后通过一个深型腔模具零件的加工编程实例，学习 5X 等高精加工、5X 投影精加工、5X 等距精加工和 5X 清根加工的应用。

5 轴叶轮铣削策略与叶轮加工案例

任务目标

本项目通过一个叶轮零件的加工编程案例，学习 hyperMILL 软件 5 轴叶轮铣削策略中的 5 轴叶轮粗加工、5 轴叶轮流道精加工、5 轴叶轮点加工和 5 轴叶轮边缘加工的基本参数设置，并掌握叶轮零件的粗加工和曲面精加工方法和步骤。

知识目标

（1）理解和掌握叶轮基本结构；

（2）理解和掌握 5 轴叶轮粗加工的基本参数和设置；

（3）理解和掌握 5 轴叶轮流道精加工的基本参数和设置；

（4）理解和掌握 5 轴叶轮点加工的基本参数和设置；

（5）理解和掌握 5 轴叶轮边缘加工的基本参数和设置。

技能目标

（1）掌握叶轮特征的创建方法；

（2）掌握 5 轴叶轮粗加工在叶轮加工中的应用；

（3）掌握 5 轴叶轮流道精加工在叶轮加工中的应用；

（4）掌握 5 轴叶轮点加工在叶轮加工中的应用；

（5）掌握 5 轴叶轮边缘加工在叶轮加工中的应用。

素养目标

（1）培养认真、负责、科学的工作态度；

（2）强化严谨细致、一丝不苟的工作精神；

（3）提高 CAM 操作的规范性职业素养。

任务导入

叶轮是航空发动机、汽轮机等关键设备的核心零件，其曲面结构极其复杂，加工难度高，是 5 轴联动加工的典型应用。hyperMILL 针对叶轮加工遇到的问题，开发了专门的 5 轴叶轮铣削策略，大幅简化了叶轮加工编程的难度，提升叶轮加工效率。叶轮零件模型如图 8-1 所示。

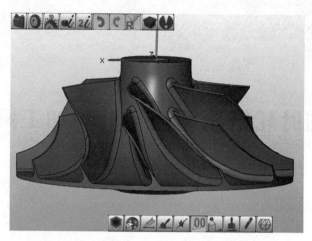

图 8-1　叶轮零件模型

利用 hyperMILL 软件，完成对该叶轮零件的加工编程任务，具体要求如下：

（1）正确设置项目路径；

（2）建立工单列表，确定加工坐标系、加工区域和毛坯模型；

（3）分析模型，确定加工用的刀具和工艺参数；

（4）建立正确的叶轮特征；

（5）运用 5 轴叶轮粗加工进行粗加工 NC 编程；

（6）运用 5 轴流道精加工、5 轴叶轮点加工、5 轴叶轮边缘加工完成叶轮的精加工 NC 编程；

（7）对粗加工和精加工刀具路径进行模拟仿真；

（8）通过后置处理生成加工程序。

知识点 8.1　叶轮结构与叶轮特征

8.1.1　叶轮结构

一个典型的叶轮主要有流道面、长叶片、短叶片组成，如图 8-2 所示。叶轮的上端称为导入侧，下端称为导出侧。图中 8-2 紫色曲面为流道面，蓝色曲面为长叶片，黄色曲面为短叶片。叶片的在导入侧的圆角称为前缘，在导出侧的端面称为后缘。本例叶轮的叶片和流道面的结合处带有圆角。

8.1.2　叶轮特征

在 hyperMILL 浏览器，切换到【特征】选项卡，在【特征列表】栏的空白处，单击鼠标右键，在弹出的快捷菜单中选择【透平特征】、【叶轮】命令，弹出【叶轮】对话框，如图 8-3 所示。

【叶轮】对话框用于对叶轮特征进行定义，一个合格的叶轮特征需要定义以下参数：

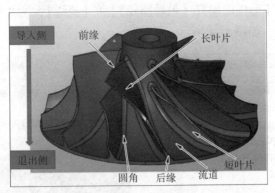

图 8-2　典型叶轮结构

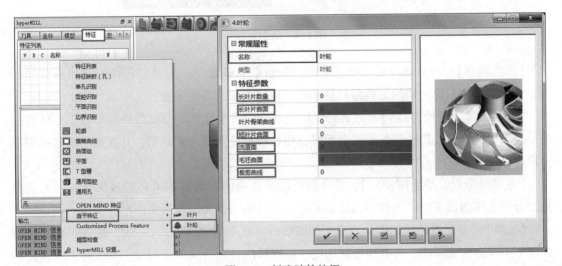

图 8-3　创建叶轮特征

【长叶片数量】：叶轮中长叶片的数量。

【长叶片曲面】：定义叶轮特征的长叶片曲面。

【短叶片曲面】：定义叶轮特征的短叶片曲面。

【流道面】：定义叶轮特征的流道面。

【毛坯曲面】：定义叶轮特征中的毛坯曲面。

【裁剪曲线】：定义叶轮特征中的裁剪曲线，一般为叶片前后缘的轮廓曲线。

具体如何定义这些参数，我们将在任务实施章节予以详细介绍。

知识点 8.2　5 轴叶轮粗加工

用于叶轮零件的粗加工，该工单只支持球头刀具。

8.2.1　策略选项卡

1. 铣削策略

在【5X 叶轮粗加工】工单中，系统提供了 4 种铣削策略，分别是【流道偏置】、【毛坯面偏置（起始路径）】、【毛坯面偏置（最后路径）】和【流线】，这 4 种铣削策略对于粗加工刀具路径形状是不同的，如图 8-4 所示。

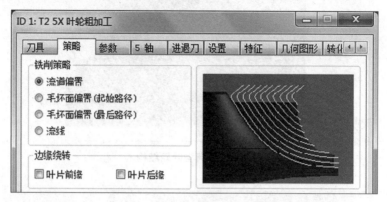

图 8-4　铣削策略

【流道偏置】：刀具倾角是根据流道面的矢量信息确定的。刀具路径作为从流道开始的偏置计算。整体来说，切削刀具路径是平行于流道曲面的等距偏置。

【毛坯偏置（起始路径）】：刀具路径以毛坯的偏置来计算，刀具路径是平行于毛坯曲面的等距偏置，当刀具路径切削到流道面时，路径根据流道曲面来修整，并在此曲面延展到下一最高路径。

【毛坯面偏置（最后路径）】：刀具路径以流道曲面所裁剪的毛坯偏置来计算。刀具路径部分与毛坯曲面平行，当切削到流道面时，刀具路径改为与流道曲面平行。

【流线】：刀具路径的轮廓与流道面的流线（U 线和 V 线）方向一致，轨迹距离在边缘长度不同时会连续变化。与其他铣削相比，以同样的最大进给率进行加工，这种方式所需的时间更长些。

图 8-5 所示为 4 种不同铣削策略下叶轮粗加工的刀具路径，请仔细观察它们之间的区别。

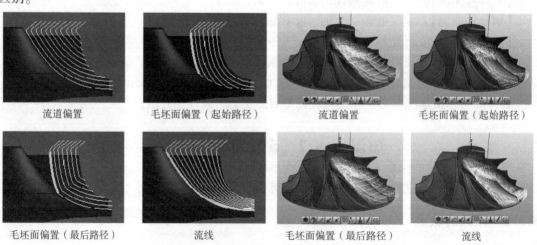

| 流道偏置 | 毛坯面偏置（起始路径） | 流道偏置 | 毛坯面偏置（起始路径） |
| 毛坯面偏置（最后路径） | 流线 | 毛坯面偏置（最后路径） | 流线 |

图 8-5　4 种铣削策略与刀具路径

2. 边缘绕转

边缘绕转是指粗加工时，当刀具加工到叶片前缘和后缘时，刀具路径是否绕着前缘、后缘加工，如图 8-6 所示。

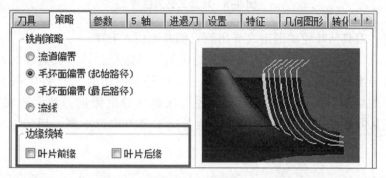

图 8-6　边缘绕转

【叶片前缘】：若勾选该选项，则叶轮在粗加工到叶片前缘位置时，刀具路径会向着前缘偏转。否则，刀具路径偏转。

【叶片后缘】：若勾选该选项，则叶轮在粗加工到叶片后缘位置时，刀具路径会向着后缘偏转。否则，刀具路径偏转。

用户可以单独设置叶片前缘、后缘开粗时的刀具路径是否发生绕转。以叶轮后缘粗加工为例，图 8-7（a）所示左图为未勾选【叶片后缘】时后缘附近的粗加工刀具路径形状，图 8-7（b）所示为勾选【叶片后缘】时后缘附近的刀具路径形状。很明显，两者的粗加工刀具路径在后缘位置明显不同。

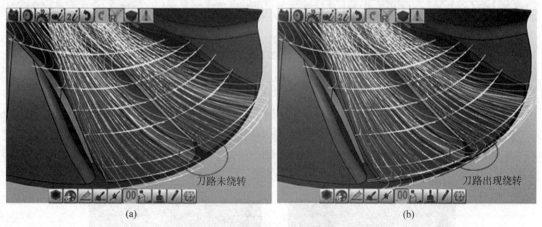

(a)　　　　　　　　　　　　　　　　　　(b)

图 8-7　叶片后缘刀具路径绕转
(a) 叶片后缘（未勾选）；(b) 叶片后缘（勾选）

3. 进刀位置

进刀位置，即粗加工刀具开始切入毛坯的位置。系统提供了两个选项，分别是【导入侧】和【退出侧】，如图 8-8 所示。

【导入侧】：刀具从叶轮的导入侧开始切入毛坯。

进刀位置
◉ 导入侧
◯ 退出侧

图 8-8　粗加工进刀位置

【退出侧】：刀具从叶轮的退出（导出侧）侧开始切入毛坯。

图 8-9（a）所示为从叶轮导入侧进刀的切削刀具路径，该刀具路径每次都从导入侧进刀然后向着导出侧切屑，进刀时从叶轮轴径向由外向内切削。图 8-9（b）所示为从叶轮导出侧进刀的切削刀具路径，该刀具路径每次都从导出侧进刀然后向着导入侧切屑，进刀位置逐渐从叶轮中部向导出侧偏移。两者除了进刀位置不同，切削刀具路径基本是一致的。

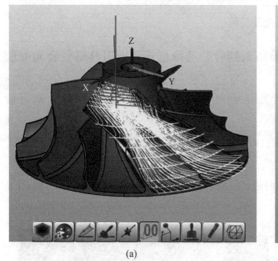
(a)

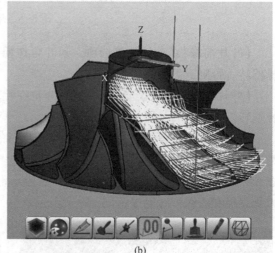
(b)

图 8-9　粗加工进刀位置
（a）导入侧进刀；（b）退出侧进刀

4. 特殊功能菜单

【仅加工开放位置】：如果该选项启用，作为后续精加工处理的准备措施，hyperMILL 只进行开放切削，而不会侧向清理型腔，如图 8-10 所示。开放切削的轴向进给在参数标记中定义。

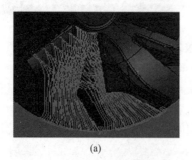
(a)

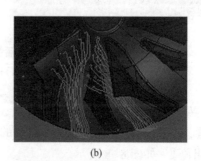
(b)

图 8-10　仅加工开放位置
（a）未勾选；（b）勾选

【跳过最后轨迹】：如果在叶片附近进行路径加工后再进行精加工（要求：叶片和刀具都足够稳定），该选项将跳过最后加工路径（靠近叶片处），从而相应缩短加工时间。

5. 型腔拆分

hyperMILL 软件视叶轮粗加工为一个型腔铣削，根据小叶片位置将整个粗加工区域分为两个部分：一个是导入侧，即小叶片的上方；另一个为退出侧，即小叶片与大叶片之间的区域。叶轮粗加工中提供了型腔拆分功能，可以选择加工整体叶轮、或仅加工导入侧、或仅加工退出侧，如图 8-11 所示。

图 8-11　型腔拆分功能

【关闭】：关闭型腔拆分功能，加工整个叶轮。

【仅导入侧】：只对叶轮的导入侧部分进行粗加工，如图 8-12（a）所示。

【仅退出侧】：只对叶轮的退出侧部分进行粗加工如图 8-12（b）所示。

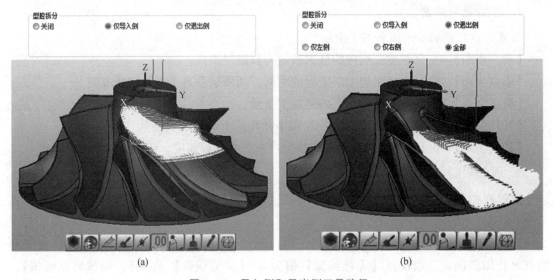

(a)　　　　　　　　　　　　(b)

图 8-12　导入侧和导出侧刀具路径

当用户选择【仅退出侧】时，系统还进一步提供了对导出侧的型腔拆分功能，分为【仅左侧】、【仅右侧】和【全部】。

【仅左侧】：只对左侧导出侧进行粗加工，如图 8-13（a）所示。

【仅右侧】：只对右侧导出侧进行粗加工，如图 8-13（b）所示。

【全部】：对整个导出侧进行粗加工。

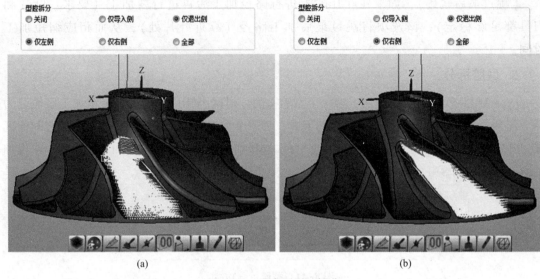

（a）   （b）

图 8-13   导出侧型腔拆分

（a）仅左侧；（b）仅右侧

8.2.2   参数选项卡

1. 进给量与余量

设置刀具切削的步距值和加工余量。

【最大步距】：定义粗加工层内的最大横向刀具路径距离。

【垂直步距】：定义单个粗加工层之间的距离，切削层垂直于刀具轴线方向。

【流道余量】：定义叶轮流道面上的粗加工余量。

【叶片余量】：定义叶轮叶片（大叶片和小叶片）上的粗加工余量。

【最大步距】和【垂直步距】值的大小会严重影响计算速度，步距值越小计算越慢。

2. 顶部限制和底面限制

通过在参数选项卡中设置顶部限制和底面限制，可以在切削层方向控制加工深度范围。

（1）当铣削策略为【流道偏置】时，可以通过【毛坯偏置】和【流道偏置】设置起始和终止加工曲面。当设置【毛坯偏置】值为0，【流道偏置】值为5，则激活流道偏置，表示以流道面沿刀轴向毛坯面方向偏置5 mm作为起始切削曲面，加工终止曲面为流道面；设置【毛坯偏置】值为10，【流道偏置】值为0，则激活毛坯曲面偏置，表示以毛坯曲面沿刀轴向流道方向偏置10 mm作为起始切削曲面，加工终止曲面为流道面，如图8-14所示。

（2）当铣削策略为【毛坯面偏置】时，可以设置毛坯面的顶部和底部偏置量来调整起始加工曲面和终止加工曲面。设置【顶部限制】栏的【毛坯偏置】值为10，【底面限制】栏的【毛坯偏置】值为0，则激活毛坯面顶部限制，表示以毛坯面沿刀轴向流道面方向偏置10 mm作为起始切削曲面，加工终止曲面为流道面；设置【顶部限制】栏的【毛坯偏置】

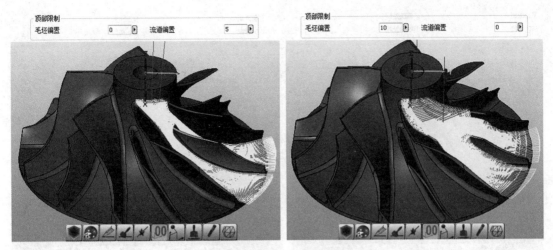

图 8-14　流道铣削策略-毛坯与流道偏置

值为 0，【底面限制】栏的【毛坯偏置】值为 10，则激活毛坯面底面限制偏置，表示加工终止曲面为毛坯面沿刀轴向流道方向偏置 10 mm 作为起始切削曲面，加工起始曲面为毛坯面，如图 8-15 所示。

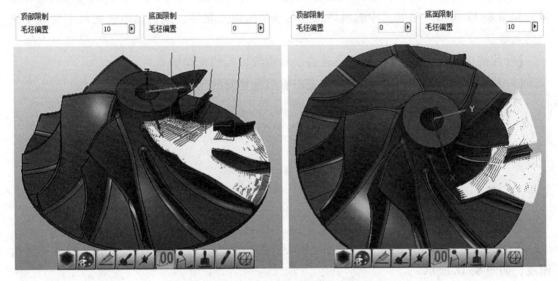

图 8-15　毛坯面偏置铣削策略-毛坯偏置

（3）当铣削策略为【流线】时，通过设置 ISO 参数来调整切削起始面和终止面。

设置【顶部限制】栏的【ISO 参数】值为 1，【底面限制】栏的【ISO 参数】值为 0.5，则表示加工起始曲面为介于流道面和毛坯面中间的曲面，该曲面由 ISO 参数 0.5 定义，加工终止曲面为流道面；设置【顶部限制】栏的【ISO 参数】值为 0.5，【底面限制】栏的【ISO 参数】值为 0，则加工起始曲面为毛坯面，加工终止曲面为介于流道面和毛坯面中间的曲面，该曲面由 ISO 参数 0.5 定义，如图 8-16 所示。

【顶部限制】和【底面限制】栏的【ISO 参数】值不能小于底面限制的 ISO 参数。

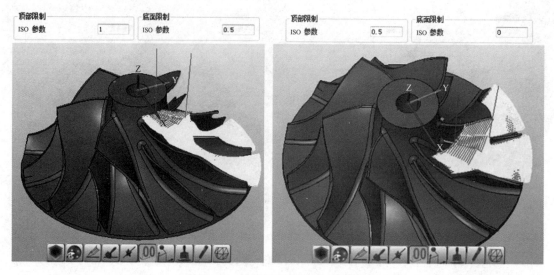

图 8-16　流线铣削策略-ISO 参数

3. 刀轨延伸

定义刀具路径在所定义的边缘上切向延伸量，利用此值，可在边缘上容纳较大的毛坯余量，如图 8-17 所示。粗加工中的最终轨迹在整个流道上延伸。这为以后的精加工实现了统一的余量。

【叶片前缘】：设置叶片前缘刀具轨迹沿着边缘切向的延伸量。

【叶片后缘】：设置叶片后缘刀具轨迹沿着边缘切向的延伸量。

图 8-17　刀轨延伸

4. 边缘效果控制

该功能用于控制叶片前缘和后缘加工时刀具路径绕转时的光顺程度，并设置单独的进给速度，如图 8-18 所示。

【边缘精度】：用于控制边缘刀具路径的光顺程度，边缘精度值越大，刀具路径越光顺。

【进给】：设置边缘处刀具的进给速度。

图 8-18　边缘效果控制

如图 8-19 所示，边缘精度值为 5 时的叶片边缘的刀轨比边缘精度值为 5 时的叶片边缘的刀轨更加光顺。

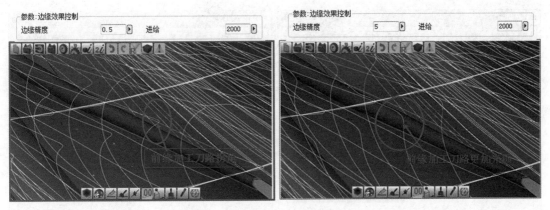

图 8-19　刀轨光顺度和边缘精度

5. 策略：开放切削

在叶轮粗加工过程中，可能出现满刀切削，为了避免满刀切削时刀具负荷过高，可以设置刀具在满刀时的切深、进给和主轴转速，以适应满刀切削，如图 8-20 所示。

【最大切深】：满刀切削时刀具的最大切削深度。

【进给】：满刀切削时刀具进给速度。

【主轴转速】：满刀切削时的主轴转速。

【仅满刀切削】：若勾选该选项，则【最大切深】、【进给】和【主轴转速】参数只在满刀切削时被激活。

图 8-20　策略：开放切削

8.2.3　5 轴选项卡

1. 倾斜策略

【5X 联动】：该策略通 5 轴联动加工的切削策略来完成叶轮的粗加工，如图 8-21（a）所示。

【4X 加工】：部分叶轮可通过设定第二旋转轴（A 轴或 B 轴）的固定倾角角度，然后仅通过绕 Z 轴旋转让刀具进入完成粗加工。在该模式下需要设置【倾斜角度】值，同时【避让策略】栏、【引导角向下】栏和【引导角向上】栏不可设置，如图 8-21（b）所示。

2. 避让策略

【绕 Z 轴】：激活刀具避让，避让方式通过刀具绕 Z 轴转动实现。刀具运动非常简单，使旋转轴的速度保持稳定不变。

【绕叶片面】：激活刀具避让，避让方式通过刀具绕垂直于叶片的中心线的转动实现。该策略在某些情况下对小型腔内的切刀更好控制，可提高工艺参数，进而减少加工时间。

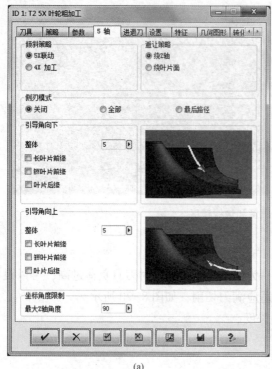

(a)　　　　　　　　　　　　　　(b)

图 8-21　倾斜策略

(a) 5X 联动；(b) 4X 加工

3. 侧刃模式

如果叶片曲面适合，则可从叶片几何体获取规则曲面。这些曲面将采用侧刃铣削循环的刀具定位进行加工，以在粗加工期间实现均一叶片余量。这种恒定的切削条件将省去预精加工并缩短加工时间，如图 8-22 所示。

【关闭】：关闭侧刃铣削模式。

【全部】：叶轮粗加工整个过程均采用侧刃切削模式。

【最后路径】：仅对叶片的最后加工刀具路径进行侧刃铣削。

图 8-22　侧刃模式

4. 引导角向下/向下

为了能够更清楚地解释引导角，该部分内容将在 5X 流道精加工中介绍。

8.2.4　进退刀选项卡

该选项卡用于定义刀具切入、切出材料的运动方式，如图 8-23 所示。

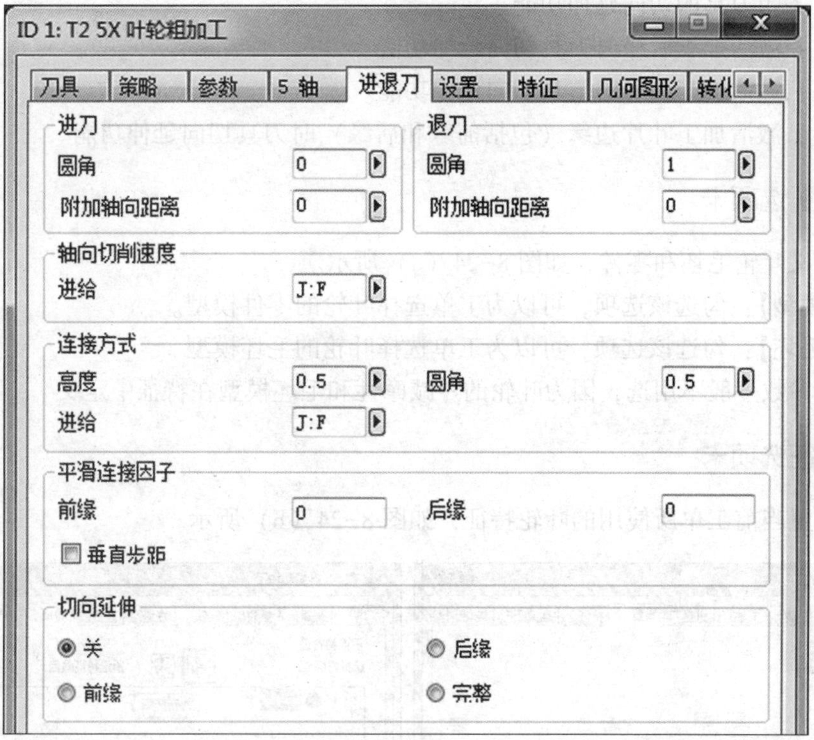

图 8-23　进退刀选项卡

1. 进刀/退刀

【圆角】：设置刀具进刀/退刀值半径。

【附加轴向距离】：设置刀具轴向进退刀的延伸距离。

【进给】：位于【轴向切削速度】栏，设置轴向进退刀动作的进给率。

2. 连接方式

如果采用双向的横向进给策略，则进刀宏和退刀宏通过退刀动作连接。

【高度】：定义刀具在过渡到下一轨迹时的轴向退刀值。

【圆角】：用于设置圆角半径值用于横向动作之间的平滑过渡。

3. 平滑连接因子

使用水平刀具步距的平滑过渡将在前缘和后缘区域建立更大的曲线半径，这可减少加工时间，并降低机床磨损。

【前缘/后缘】可分别控制前缘和后缘的平滑过渡，可采用介于 0~1 之间的值，也可采用介于 0.2~0.3 之间的值。该值越大，过渡半径就越大。若值为 0 将禁用此功能，并不产生平滑过渡。

【垂直步距】若勾选该选项，则可平滑地连接垂直过渡。

hyperMILL 将根据零件的几何图形和定义的设置自动计算可能的最佳连接。

4. 切向延伸

设置刀具路径切向延伸至边缘区域。将回避那些会降低加工速度的圆角。

【关】：关闭刀具的切向延伸功能。

【后缘】：激活加工后缘时刀具切向延伸功能。

【前缘】：激活加工前缘时刀具切向延伸功能。

【全部】：激活加工叶片边缘（包括前缘和后缘）时刀具切向延伸功能。

8.2.5 设置选项卡

用于定义叶轮毛坯和零件，如图8-24（a）所示。

【检查模型】：勾选该选项，可以为工单选择叶轮的零件模型。

【可用毛坯】：勾选该选项，可以为工单选择叶轮的毛坯模型

这两个参数一般不用选，因为叶轮的零减摩性和毛坯模型在特征中定义。

8.2.6 特征选项卡

用于设置当前工单所使用的叶轮特征，如图8-24（b）所示。

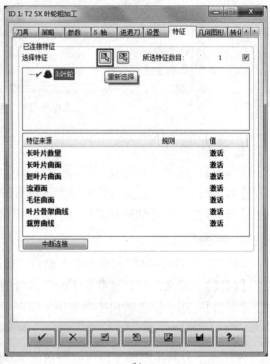

(a)   (b)

图8-24 设置和特征选项卡

（a）设置选项卡；（b）特征选项卡

【重新选择】图：单击该按钮，弹出【选择特征】对话框，选择相应的特征。【选择特征】对话框左侧列表框显示当前已经定义好的特征，右侧显示当前选中的特征，如图8-25所示。

【编辑选择】图：单击该按钮，弹出【选择特征】对话框对特征进行重新选择。

【中断连接】：停用工单与所有特征之间的连接。

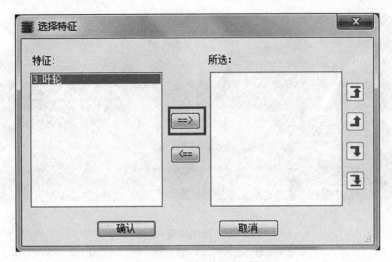

图 8-25 选择特征对话框

知识点 8.3 5 轴叶轮流道精加工

用于叶轮零件的流道的精加工，该工单只支持球头刀具。

8.3.1 策略选项卡

1. 铣削策略

流道精加工铣削策略分为【全部】和【部分】，如图 8-26 所示。

图 8-26 流道精加工铣削策略

【全部】：该策略即加工整个流道面。在选择【全部】策略时，如果勾选【优化】选项，则会对流道上部曲面的精加工刀具路径进行优化，不至于在短叶片前缘和长叶片区域之间的刀具路径过于密集，如图 8-27 所示。

【部分】：不加工整个流道面，只加工流道面的四周区域，如图 8-28 所示。起始轨迹的输出就会被限制为指定的数值。此功能可用于执行流道限制的剩余材料加工。

2. 边缘绕转

该功能与 5 轴叶轮粗加工中的功能一致，即精加工流道时，当刀具加工到叶片前缘和后缘时，刀具路径是否绕着前缘、后缘加工。

【叶片前缘】：激活叶片前缘刀具路径绕转。

【叶片后缘】：激活叶片后缘刀具路径绕转。

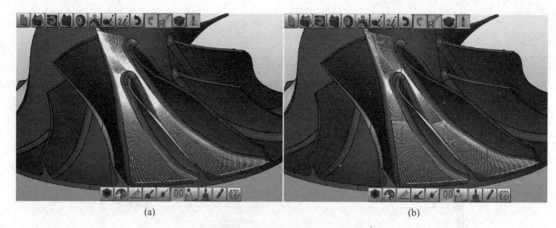

(a)　　　　　　　　　　　　　　　(b)

图 8-27　铣削策略-全部

（a）铣削策略：全部；（b）铣削策略：全部（优化）

图 8-28　铣削策略-部分

如图 8-29 所示，图（a）所示为不绕转时的刀具路径，图（b）所示为勾选了叶片后缘绕转时的精加工刀具路径。

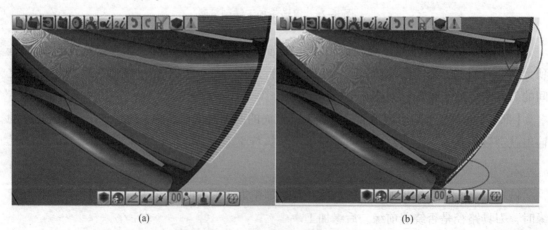

(a)　　　　　　　　　　　　　　　(b)

图 8-29　流道精加工边缘绕转

（a）边缘无绕转；（b）叶片后缘绕转

3. 进刀位置

进刀位置，即粗加工刀具开始切入毛坯的位置。系统提供了两个选项，分别是【导入侧】和【退出侧】，如图 8-30 所示。

【导入侧】：刀具从叶轮的导入侧开始切入毛坯。

【退出侧】：刀具从叶轮的导出侧开始切入毛坯。

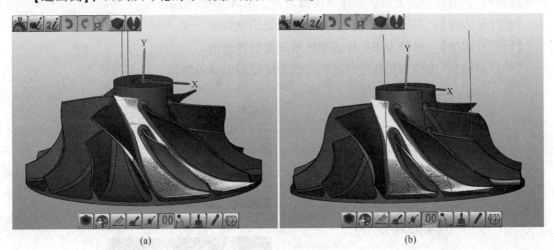

(a)　　　　　　　　　　　　　(b)

图 8-30　进刀位置

（a）导入侧进刀；（b）导出侧退刀

8.3.2　5 轴选项卡

1. 引导角

引导角是刀具加工工件表面时沿着刀具进给方向的倾角，如图 8-31 所示。若刀具向着切削方向（向前）倾斜，则刀具轴线与工件表面法向的夹角就是正引导角；若刀具向着切削方向的反方向（向后）倾斜，则刀具轴线与工件表面法向的夹角就是负引导角。也就是说，引导角>0°，刀具前倾；引导角<0°，刀具后仰。

在加工过程中，若刀具从导入侧向退出侧方向加工，则属于引导角向下；若刀具从退出侧向导入侧方向加工，则属于引导角向上，如图 8-32 所示。

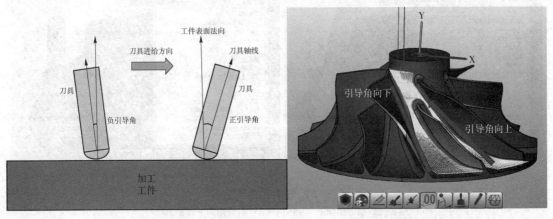

图 8-31　引导角示意图　　　　**图 8-32　引导角向上和向下**

可以对流道精加工的引导角向上或引导角向下设置一个整体角度值，也可以为叶片前缘和后缘处的引导角设置单独的角度。

2. 引导角向下/引导角向上

【整体】：设置整个加工区域采用统一的引导角值。hyperMILL 默认引导角向下时，整体角度值为-5°，引导角向上时，整体角度值为5°，如图8-33所示。

【长叶片边缘】：单独为长叶片边缘区域设置引导角值。

【短叶片边缘】：单独为短叶片边缘区域设置引导角值。

【叶片后缘】：单独为长叶片和短叶片的后缘设置引导角值。

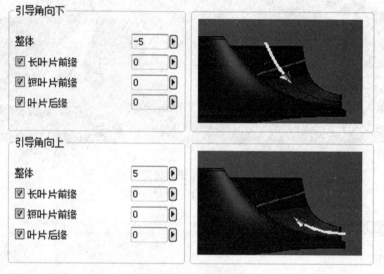

图8-33 引导角设置

如图8-34所示，当刀具从导入侧向退出侧切屑时，若设置【引导角向下】值为0，则刀具轴线刚好垂直流道面，若设置【引导角向下】值为-5°，则刀具在进给时会出现后仰。

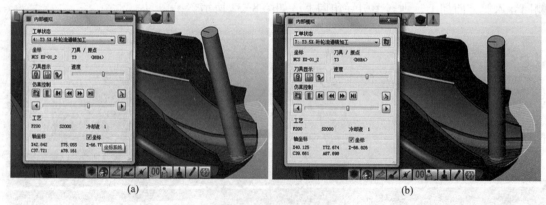

(a)　　　　　　　　　　　　　　(b)

图8-34 引导角向下示例

(a) 引导角向下（-5°）；(b) 引导角向下（5°）

知识点 8.4　5 轴叶轮点加工

该工单用于叶轮零件的叶片精加工，该工单支持球头刀和圆球刀。

8.4.1　策略选项卡

1. 铣削参考

用于定义当前加工对象为长叶片还是短叶片。

【长叶片】：精加工长叶片的曲面。

【短叶片】：精加工短叶片的曲面。

【长叶片】和【短叶片】选项相互互斥，不能同时选择。

2. 型腔模式

与传统环绕叶片的螺旋刀具轨迹相比，该模式在 1 次操作中同时对所定义叶片的右侧曲面和相邻叶片的左侧曲面进行加工，如图 8-35 所示。型腔模式可减小低加工时相邻叶片的振动。

【型腔模式】只有在铣削参考为【长叶片】时才可以激活该功能。

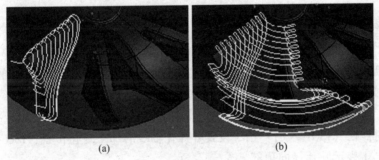

(a)　　　　　　　　　　　　　　　(b)

图 8-35　型腔模式和非型腔模式刀具路径对比

（a）非型腔模式；（b）型腔模式

3. 横向进给策略

横向进给策略功能用来设置叶片精加工刀具路径的形状，与 3D 投影精加工的横向进给策略一样。横向进给策略提供了两个选项：【平行于流道】和【流线】，如图 8-36 所示。

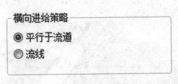

图 8-36　横向进给策略

【平行于流道】：计算刀具路径时参考流道面的方向，刀具路径的横向进给方向与流道面基本一致。

【流线】：计算刀具路径时参考叶片曲面的流线方向，刀具路径的横向进给方向与叶片曲面的流线方向基本一致。

从图 8-37 可知，【流线】横向进给策略得到的切削刀具路径与叶片曲面贴合，加工效果更优。

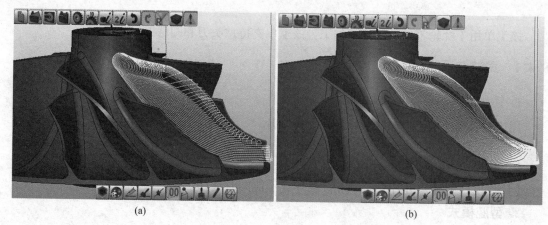

（a）　　　　　　　　　　　　　（b）

图 8-37　不同横向进给策略下的刀具路径

（a）横向进给策略：平行于流道；（b）横向进给策略：流线

8.4.2　参数选项卡

1. 顶部限制和底面限制

这两栏用于设置叶片曲面在轴向加工区域的上限和下限。

当【横向进给策略】为【流线】时，通过叶片曲面的 ISO 参数来定义顶部位置和底面位置。

【顶部限制】栏【ISO 参数】：用于设置叶片在轴线的加工起始位置，ISO 参数值 0 表示叶片径向底部，1 表示叶片径向顶部。

【底面限制】栏【ISO 参数】：用于设置叶片在轴线的加工终止位置，ISO 参数值 0 表示叶片径向底部，1 表示叶片径向顶部。

当设置【顶部限制】栏【ISO 参数】值为 0.5，【底面限制】栏【ISO 参数】为 0 时，叶片精加工刀具路径只加工叶片的底部到中部位置，如图 8-38 所示。

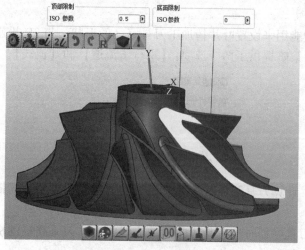

图 8-38　流线-顶部限制和底面限制

当【横向进给策略】为【平行于流道】时，通过流道偏置参数来定义叶片精加工的顶部位置。

【手动设置流道偏置】：该参数值在 0~1 之间，0 表示叶片径向底部，1 表示叶片径向顶部，如图 8-39 所示。

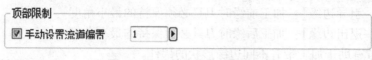

图 8-39 平行于流道-顶部限制

2. 参数：边缘效果控制

边缘效果控制功能可为两个边缘都定义一个局部进给率，以防旋转轴绕这些边缘加速过快，如图 8-40 所示。

【前缘进给速度】：设置前缘的局部进给率。

【后缘切削速度】：设置后缘的局部进给率。

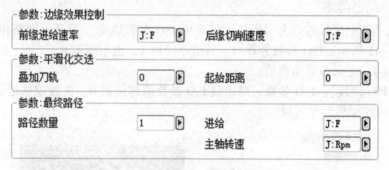

图 8-40 参数

3. 参数：平滑化交迭

根据指定的数量计算附加的刀具路径。以相对于叶片曲面的起始距离开始，这些路径的都越来越与叶片曲面靠近。

【叠加刀轨】：定义平滑化交迭的刀轨层数。

【起始距离】：导轨距离流道面的距离。

4. 参数：最终路径

如果叶轮粗加工工单使用较大的刀具，这可能意味着叶片和流道曲面间的过渡范围中会剩余更多的材料。使用参数选项卡的最终路径功能，可以为最终的刀具路径定义加工参数，从而满足增加材料去除的要求。

【路径数量】：定义刀具最终路径的层数。

【进给】：定义刀具最终路径的进给速度。

【主轴转速】：定义刀具最终路径的主轴转速。

8.4.3 5 轴刀具选项卡

1. 特殊功能菜单

【贴近叶片】：通过优化的倾角和最少的向机床的轴运动来提高叶片附近的刀具控制精确度。

【精确避让】：如果启用此选项，碰撞避让的网格计算精度可提高 20%，与刀具路径的点计算一样，这样即使刀具与叶片垂直放置，也可在两个较长且距离较近的叶片之间顺畅移动，不会出现碰撞。

2. 边缘参数设置

【最小角度-引导边缘】：加工前缘时刀具必须保持的最小角度。

【最小角度-退出边缘】：加工后缘时刀具必须保持的最小角度。

这两个参数有助于加工带有不同边缘形状的部件。

3. 向下中间引导角

定义了某个特定位置的向下引导角，位置由 ISO 参数确定，刀具角度是相对于 Z 轴定义的，如图 8-41 所示。ISO 参数为 0~1，其值不能取 1，也不能取 0。

【Z 向角度】：定义引导角度值。

【导入侧 ISO 位置】：ISO 参数，导入侧 ISO 参数值越接近 0，位置越靠近导入侧；参数值越接近 1，位置越靠近退出侧。

4. 向上中间引导角

定义了某个特定位置的向上引导角，位置由 ISO 参数确定，刀具角度是相对于 Z 轴定义的，如图 8-41 所示。ISO 参数为 0~1，其值不能取 1，也不能取 0。

【Z 向角度】：定义引导角度值。

【退出侧 ISO 位置】：ISO 参数，退出侧 ISO 参数值越接近 0，位置越靠近退出侧；参数值越接近 1，位置越靠近导入侧。

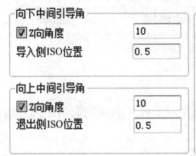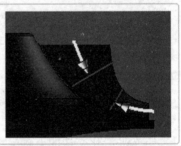

图 8-41　向上/向下中间引导角

知识点 8.5　5 轴叶轮边缘加工

该工单用于叶轮前缘和后缘曲面的精加工，该工单只支持球头刀。

8.5.1　策略选项卡

【铣削参考】栏用于定义铣削对象，若勾选【长叶片】，则加工长叶片的边缘曲面；若勾选【短叶片】，则加工短叶片的边缘曲面，如图 8-42 所示。

【边缘】栏用于定义加工叶片的那个边缘曲面。勾选【叶片前缘】，则加工叶片的前缘曲面，勾选【叶片后缘】则加工叶片的后缘曲面，如图 8-42 所示。

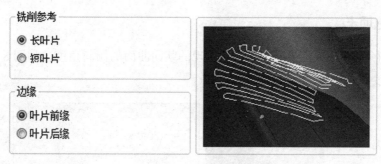

图 8-42　铣削参考和边缘

8.5.2　参数选项卡

【参数：平滑化交迭】功能是将边缘加工的刀具路径在侧面（即叶片曲面）方向延伸，使边缘加工刀具路径与叶片加工刀具路径重叠。平滑化交迭有两个参数，分别是叠加刀轨数量和最后距离，如图 8-43 所示。

【叠加刀轨】：叠加的刀具路径层数，即边缘刀轨和叶片刀轨的重叠刀具路径数量。

【最后距离】：边缘刀轨和叶片刀轨的重叠距离。

图 8-43　平滑化交迭

hyperMILL 根据这两个数值，在向侧面曲面过渡时在每侧生成额外的路径。这些额外路径由相对于这些侧面曲面而增加的横向距离来创建。这可减少切削载荷，进而减少刀具偏转。

当叠加刀轨数量设置为 10，最后距离设置为 1 时，表示在横向距离 1 mm 的空间内增加 10 条刀具路径，其刀具路径如图 8-44 所示。

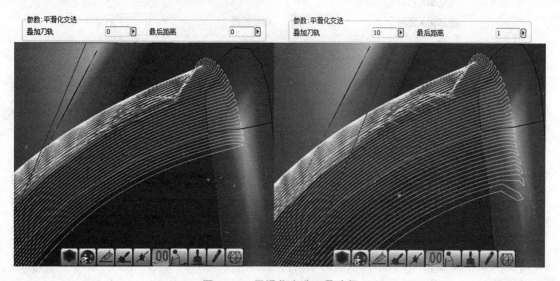

图 8-44　平滑化交迭刀具路径

8.5.3 5轴选项卡

【边缘倾斜角度】：应在整个边缘区域实现的朝向曲面的倾斜角度，如图8-45所示。角度可以自动改变以免碰撞。

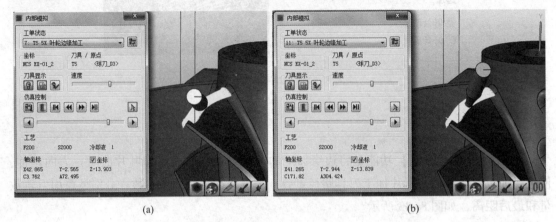

(a)　　　　　　　　　　　　　　(b)

图8-45　不同边缘倾角下的刀具角度

（a）边缘倾角：20°；（b）边缘倾角：40°

8.5.4 进退刀选项卡

1. 毛坯面方式

毛坯面方式定义了边缘加工的进退刀方式。该功能有两个选项，分别是【附加切入距离】和【连接扩展】，如图8-46所示。

【附加切入距离】：表示刀具进刀与毛坯的距离。

【连接扩展】：表示刀具轨迹侧向进给时与毛坯的距离。

图8-46　毛坯面方式

当设置【附加切入距离】为10，【连接扩展】为5时，刀具路径如图8-47所示。仔细对比不同【附加切入距离】和【连接扩展】参数刀具路径的不同，即可掌握这两个参数的含义。

2. 流道加工方式

流道加工方式用于抬高流道面的刀具路径，避免在边缘加工时铣到流道面。该功能有两个选项，分别是【附加起始距离】和【边缘安全位置】，同时可以设置抬高刀具路径的进给速度，如图8-48所示。

【附加起始距离】：刀具路径开始抬高位置距离流道面的距离。

【边缘安全位置】：刀具路径抬高的最高高度。

【进给】：被抬高刀具路径的进给速度。

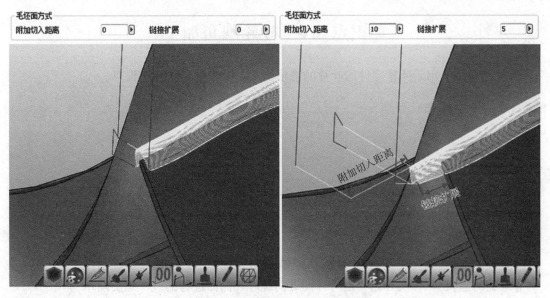

图 8-47　不同参数下的进退刀刀具路径

图 8-48　流道加工方式

当设置起始距离为 10，边缘安全位置为 10 时，进给为 2 000 时，刀具路径如图 8-49（b）所示，此时被抬高的那段刀具路径切削进给速度为 2 000 mm/min。

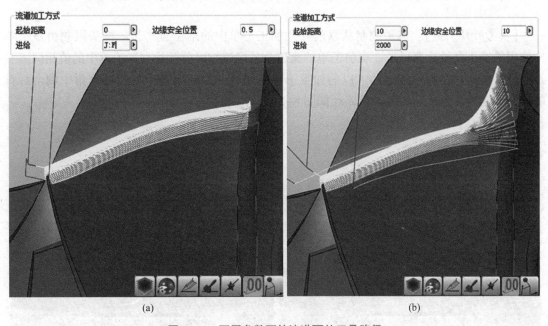

(a)　　　　　　　　　　　　　　(b)

图 8-49　不同参数下的流道面处刀具路径

知识点 8.6　叶轮圆角加工

叶轮圆角加工用于叶轮零件的叶片的清根加工，该工单只支持球头刀。

8.6.1　策略选项卡

1. 铣削参考

该功能指定当前加工的叶片。

【长叶片】：指定加工长叶片的圆角。

【短叶片】：指定加工短叶片的圆角。

2. 进给策略

【螺旋向下】：从叶片开始，沿榫头的方向绕叶片曲面进行的统一螺旋动作。

【螺旋向上】：从榫头开始，沿叶片的方向绕叶片曲面进行的统一螺旋动作。

8.6.2　参数选项卡

1. 叶片限制

【参考流道余量】：叶片限制由以前榫头精加工工单中的横向位置得出。叶片限制由该工单中使用的叶片余量计算得来。当前工单的叶片余量应与以前流道精加工工单中的值相同。

【参考刀具直径】：通过输入以前加工工单中用过的刀具直径，可以计算角中剩余材料的量。

2. 流道限制

【参考叶片余量】：流道限制从以前叶片加工工单中的轴位置得出。榫头限制由该工单中使用的榫头余量计算得来。当前工单的流道余量应该与以前叶片加工工单中的值相同。

【参考刀具直径】：通过输入以前加工工单中用过的刀具直径，可以计算角中剩余材料的量。不同参考余量和参考刀具路径如图 8-50 所示。

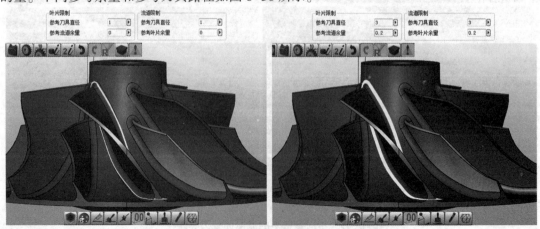

图 8-50　不同参考余量和参考刀具下的刀具路径

8.6.3 5轴选项卡

【最小边缘角度】：刀具加工叶片圆角时允许的最小刀具倾角。

步骤1：设置工作目录

步骤2：模型分析

本例所使用的叶轮模型具有6个长叶片、6个小叶片。使用hyperMILL工具栏中的分析功能，测量叶轮的一些结构尺寸。

(1) 测量叶轮长叶片之间的最短距离，大概是28 mm。

(2) 测量叶轮长叶片和短叶片之间的最短距离，大概是11 mm。

(3) 测量叶轮叶片根部圆角大小，圆角半径为3.3 mm。

根据上述参数，可以确定该叶轮零件的粗加工刀具直径不超过10 mm，清根刀具直径不超过3.3 mm。

步骤3：设置工单列表

新建一个工单列表，将NCS坐标系设置在模型最顶面的中心位置，如图8-51所示。零件模型和毛坯模型无须设置，我们将通过特征对叶轮的毛坯和零件模型进行定义。

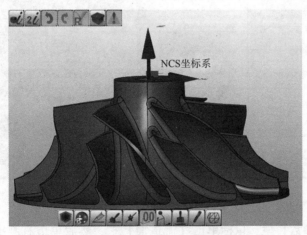

图8-51 NCS坐标系设置

步骤4：创建叶轮特征

在hyperMILL工具栏浏览器的【特征】选项卡中，在【特征列表】栏空白处，单击鼠标右键，选择【透平特征】、【叶轮】命令，弹出【叶轮】特征定义对话框。

(1) 在【特征参数】栏，设置【长叶片数量】为6；

(2) 在【特征参数】栏，鼠标单击【长叶片曲面】栏，然后单击右侧出现的【重新选择】按钮，在模型视图空间中，选择长叶片的两个主曲面、前缘和3个圆角面，一共6个曲面（图8-52中高亮显示的曲面）。完成选择后，【长叶片曲面】栏自动显示当前长叶片曲面的数量为6。

图 8-52　叶轮特征-长叶片曲面

（3）在【特征参数】栏，鼠标单击【短叶片曲面】栏，然后单击右侧出现的【重新选择】按钮，在模型视图空间中，选择短叶片的两个主曲面、前缘和3个圆角面，一共6个曲面（图8-53中高亮显示的曲面）。完成选择后，【短叶片曲面】栏自动显示当前长叶片曲面的数量为6。

图 8-53　叶轮特征-短叶片曲面

（4）在【特征参数】栏，鼠标单击【流道面】栏，然后单击右侧出现的【重新选择】按钮，在模型视图空间中，选择图8-54中的高亮曲面作为叶轮特征的流道面。完成选择后，【流道面】栏自动显示当前流道曲面的数量为1。

（5）在【特征参数】栏，鼠标单击【毛坯曲面】栏，然后单击右侧出现的【重新选择】按钮；在模型视图空间中，切换到【可视】选项卡，激活"毛坯"图层显示毛坯曲面，如图8-55所示。完成选择后，【毛坯曲面】栏自动显示当前流道曲面的数量为1。

隐藏"毛坯图层"。

（6）在【特征参数】栏，鼠标单击【裁剪曲线】栏，然后单击右侧出现的【选择曲线】按钮，分别选择长叶片前缘的两条边界线、后缘的两条边界线，以及短叶片前缘和后缘

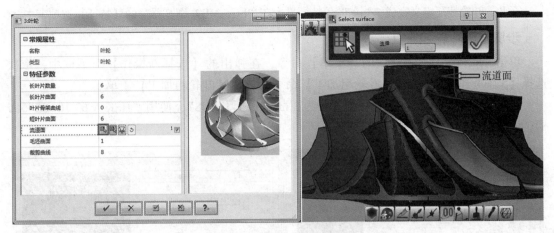

图 8-54 叶轮特征-流道面

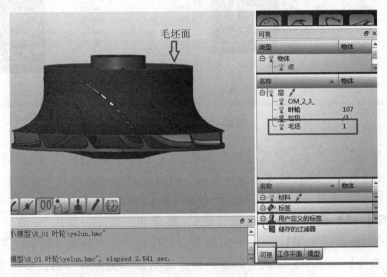

图 8-55 叶轮特征-毛坯曲面

的两条边界线，作为叶轮特征的裁剪曲线。完成选择后，【裁剪曲线】栏自动显示当前裁剪曲线的数量为 8，如图 8-56 所示。

图 8-56 叶轮特征-裁剪曲线

至此，叶轮特征定义完成。当前叶轮特征显示在"hyperMILL 浏览器"的【特征】选项卡中。

步骤 5：叶轮粗加工

单击 hyperMILL 工具栏中的【工单】命令，在弹出的【选择新操作】对话框中，依次选择【5 轴叶轮铣削】、【5X 叶轮粗加工】命令，创建【叶轮粗加工】工单。

在【刀具】选项卡，新建一把直径为 8 mm 的球刀"B8"，使用"HSK A 63 10×85"刀柄，该刀柄具体尺寸如图 8-57 所示。

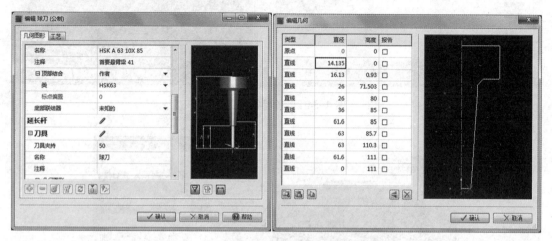

图 8-57　粗加工刀具

切换到【策略】选项卡，设置【铣削策略】为【流道偏置】；在【边缘绕转】栏勾选【叶片前缘】和【叶片后缘】选项，这样粗加工的刀具路径会在叶片的边缘位置出现绕转，有利于边缘切削；在【进刀位置】栏选择【导入侧】，加工时刀具从叶轮导入侧进刀；在【横向进给策略】栏，选择【双向流线优化】，提高切削效率，如图 8-58 (a) 所示。在【型腔拆分】栏，选择【关闭】，无须拆分型腔，直接由一把刀具完成整个零件的开粗即可。

切换到【参数】选项卡，根据实际需要设置进给量和余量等参数，如图 8-58 (b) 所示。在【进给量设置】中，【最大步距】表示刀具水平进给步距的最大值，【垂直步距】表示刀具每刀切削深度。在本例中，为了更清楚地显示刀具路径，将最大步距和垂直步距设置为 1.5 mm，在实际加工中，请根据产品实际加工效果进行设置。在【余量】中，设置【流道余量】的加工余量为 0.5 mm，设置【叶片】面的加工余量为 0.5 mm。在【顶部限制】和【底面限制】栏，采用默认值，即【顶部限制】栏的【ISO 参数】值为 1，【底面限制】栏的【ISO 参数】值为 0，表示叶轮径向切削从叶轮顶部直接切削到流道面底部，不分层切削。在【导轨延伸】栏，设置【叶片前缘】和【叶片后缘】值为 1；在【参数：边缘效果控制】栏，保持默认参数，即【边缘精度】值为 0.5，【进给】值为刀具进给值。在【参数：开放切削】栏，设置【最大切深】值为 3，勾选【仅满刀切削】选项，满刀切削时的【进给】值根据实际情况设置。

切换到【5 轴】选项卡，在【倾斜策略】栏选择刀具的倾斜策略为【5X 联动】，表示以 5 轴联动的方式进行加工；在【侧刃模式】栏，选择【关闭】，不需要刀具侧刃切削；在【引导角向下】和【引导角向上】栏，设置【整体】值为默认值 5，不勾选【长叶片前缘】、【短叶片前缘】和【叶片后缘】选项，如图 8-59 (a) 所示。

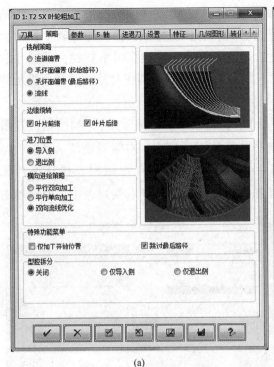

(a)

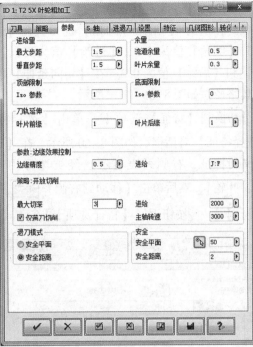

(b)

图 8-58 设置策略和参数选项卡

（a）策略选项卡；（b）参数选项卡

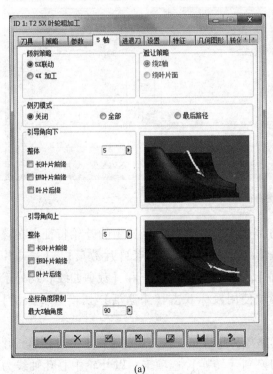

(a)

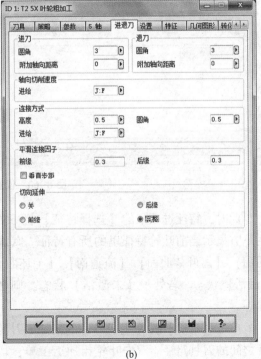

(b)

图 8-59 设置 5 轴和进退刀选项卡

（a）5 轴选项卡；（b）进退刀选项卡

切换到【进退刀】选项卡，在【进刀】和【退刀】栏，设置【圆角】值为3，【附加轴向距离】值为0，采用【圆角】进刀；在【连接方式】栏，保持默认值，即【高度】值为0.5，【圆角】值为0.5，【进给】值为刀具进给速度；在【平滑连接因子】栏，设置【前缘】和【后缘】值为0.3；在【切向延伸】栏，设置为【完整】，即在叶片前缘和后缘延伸刀具路径，如图8-59（b）所示。

切换到【特征】选项卡，单击【选择特征】栏右侧的【重新选择】 按钮，弹出【选择特征】对话框，如图8-60所示。在【选择特征】对话框中，左侧列表显示目前已经定义的特征，右侧列表显示已经被选择用于当前工单的特征。在左侧列表栏选择特征【3：叶轮】，然后单击【移动到右侧】 按钮，将该特征移动到右侧列表中，最后单击【确认】 按钮返回【特征选项卡】。

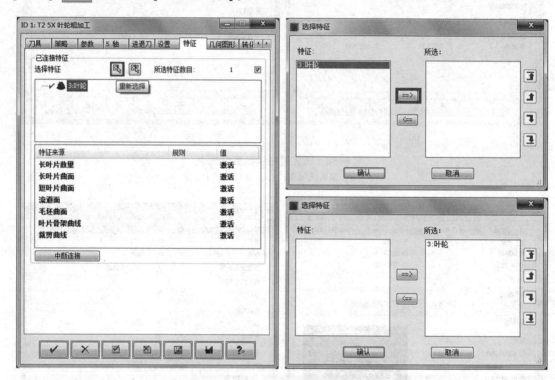

图8-60　设置特征选项卡

此时，特征选项卡的【选择特征】栏下方列表中显示当前已经选中的叶轮特征，在该栏下方显示当前叶轮特征里的所有特征。默认情况下，叶轮中的【长叶片数量】、【长叶片曲面】、【短叶片曲面】、【流道面】、【毛坯曲面】、【叶片骨架曲线】和【裁剪曲线】均处于【激活】状态。若处于【未激活】状态，则必须使用鼠标双击【未激活】切换为【激活】状态。

单击【计算】按钮生成叶片的粗加工刀具路径，此时hyperMILL只计算了一对相邻长叶片之间的刀具路径。双击叶轮粗加工工单，切换到【转换】选项卡，以叶轮中心孔轴线为旋转基准，构建一个圆形阵列"圆形阵列1"，设置【元素数量】值为6，【总体角度】值为360。重新计算刀具路径，即可得到整个叶轮的粗加工刀具路径，如图8-61所示。

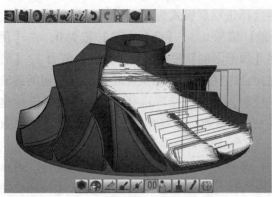
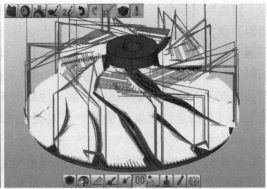

图 8-61 叶轮粗加工刀具路径

步骤 6：叶轮叶片精加工

1. 长叶片曲面精加工

单击 hyperMILL 工具栏中的【工单】命令，在弹出的选择新操作对话框中，依次选择【5 轴叶轮铣削】、【5X 叶轮点加工】命令，创建叶轮点加工工单。

在【刀具】选项卡，新建一把直径为 8 mm 的球刀【B8】，使用 "HSK A 63 10×85" 刀柄。

切换到【策略】选项卡，在【铣削参考】中选择【长叶片】，加工长叶片的曲面；在【型腔模式】栏，不要激活型腔模式；在【边缘绕转】栏，系统默认勾选【叶片前缘】和【叶片后缘】选项；在【进刀位置】栏选择【导入侧】进刀；在【横向进给策略】栏选择为【流线】，如图 8-62（a）所示。

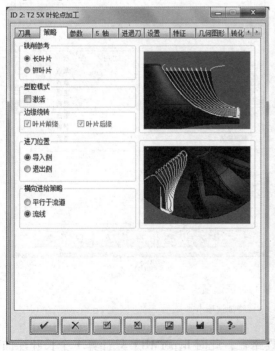
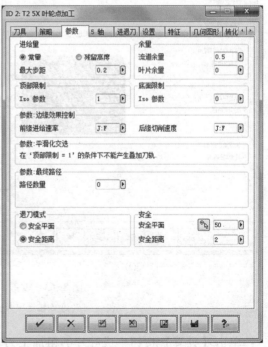

(a)　　　　　　　　　　　　(b)

图 8-62 设置策略和参数选项卡

(a) 策略对话框；(b) 参数对话框

切换到【参数】选项卡，在【进给量】栏选择进给量模式为【常量】，设置 3D【最大步距】值为 0.2；在【余量】栏设置【流道余量】值为 0.5，【叶片余量】值为 0；在【顶部限制】和【底面限制】栏，采用默认值，即【顶部限制】栏的【ISO 参数】值为 1，【底面限制】栏的【ISO 参数】值为 0，表示叶轮曲面加工在径向切削从叶轮顶部直接切削到流道面底部，不分层切削。在【参数：边缘效果控制】栏，保持默认参数，即【前缘进给速度】和【后缘进给速度】值均为刀具进给值。在【参数：最终路径】栏，设置【路径数量】值为 0。

切换到【5 轴】选项卡，在【倾斜策略】栏选择刀具的倾斜策略为【5X 联动】，表示以 5 轴联动的方式进行加工；在【避让策略】栏选择【绕 Z 轴】选择避让；在【特殊功能菜单】栏，勾选【贴近叶片】选项，提高刀具路径在叶片附件的控制精度；在【边缘参数设置】栏保持默认，即【最小角度-引导边缘】和【最小角度-退出边缘】值为默认值 2；不需要设置【向下中间引导角】和【向上中间引导角】，如图 8-63（a）所示。

切换到【进退刀】选项卡，在【进刀】和【退刀】栏，设置【圆角】值为 3，【附加轴向距离】值为 0，采用圆角进刀。

切换到【特征】选项卡，单击【选择特征】栏右侧的【重新选择】按钮，弹出【选择特征】对话框，选择叶轮特征【3:叶轮】，如图 8-63（b）所示。

(a)

(b)

图 8-63 设置 5 轴和特征选项卡

（a）5 轴选项卡；（b）特征选项卡

单击【计算】按钮生成叶片的粗加工刀具路径，此时 hyperMILL 只计算 1 个长叶片曲面的精加工刀具路径。双击叶轮粗加工工单，切换到【转换】选项卡，激活阵列功能，并选择【圆形阵列 1】；重新计算刀具路径，即可得到整个叶轮的粗加工刀具路径，如

图 8-64 所示。

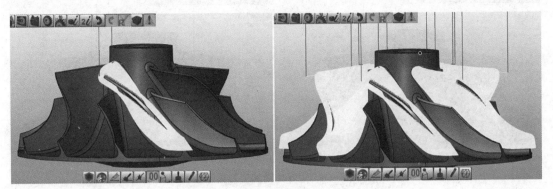

图 8-64　长叶片曲面精加工刀具路径

2. 短叶片曲面精加工

复制长叶片精加工工单：鼠标左键单击选择【2：T2 5X 叶轮点加工】工单，单击右键，弹出快捷菜单，单击【复制】命令。在工单列表空白处，单击鼠标右键，在快捷菜单中单击【粘贴】命令，如图 8-65 所示。这是在工单列表中，就会复制出一个新的叶轮电加工工单【3：T2 5X 叶轮点加工】。工单【3：T2 5X 叶轮点加工】与工单【2：T2 5X 叶轮点加工】具有完全一样的参数设置。

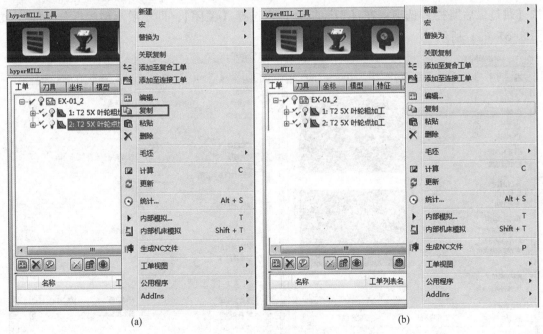

(a)　　　　　　　　　　　　　　　　　(b)

图 8-65　工单复制和粘贴

（a）复制；（b）粘贴

双击【3：T2 5X 叶轮点加工】对该工单进行编辑。切换到【策略】选项卡，在【铣削参考】栏中选择【短叶片】，将加工对象从长叶片改为短叶片。然后保持其他参数都不变，单击【计算】按钮，生成叶轮的短叶片精加工刀具路径，如图 8-66 所示。

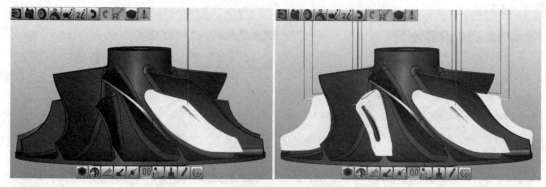

图 8-66　短叶片精加工刀具路径

步骤 7：叶轮流道面精加工

单击 hyperMILL 工具栏中的【工单】命令，在弹出的【选择新操作】对话框中，依次选择【5 轴叶轮铣削】、【5X 叶轮流道精加工】命令，创建【叶轮流道精加工】工单。

在【刀具】选项卡，新建一把直径为 8 mm 的球刀 "B8"，使用 "HSK A63 10×85" 刀柄。

切换到【策略】选项卡，在【铣削策略】中选择【全部】，即加工整个流道面；在【边缘绕转】栏，勾选【叶片前缘】和【叶片后缘】选项；在【进刀位置】栏选择【导入侧】进刀；在【横向进给策略】栏选择【双向流线优化】；在【特殊功能菜单】栏，不勾选【跳过最后路径】选项；在【型腔拆分】栏选择【关闭】，即不激活型腔拆分功能，如图 8-67（a）所示。

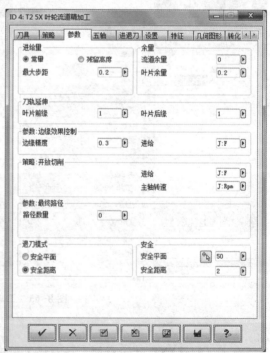

图 8-67　设置策略和参数选项卡

（a）策略选项卡；（b）参数选项卡

切换到【参数】选项卡，在【进给量】栏选择进给量模式为【常量】，设置 3D【最大步距】值为 0.2；在【余量】栏设置【流道余量】值为 0，【叶片余量】值为 0.2；在【刀轨延伸】栏，设置【叶片前缘】和【叶片后缘】值为 1；在【参数：边缘效果控制】栏，保持默认参数，即【边缘精度】为 0.5，【进给】值为刀具进给值。在【参数：最终路径】栏，设置【路径数量】值为 0，如图 8-67（b）所示。

切换到【5 轴】选项卡，在【倾斜策略】栏选择刀具的倾斜策略为【5X 联动】，表示以 5 轴联动的方式进行加工；在【避让策略】栏选择【绕 Z 轴】选择避让；在【引导角向下】和【引导角向上】栏设置【整体】角度值为 5，如图 8-68（a）所示。

切换到【进退刀】选项卡，在【进刀】和【退刀】栏，设置【圆角】值为 3，【附加轴向距离】值为 0，采用圆角进刀。在【轴向切削速度】栏，保持【进给】值为刀具进给速度值；在【连接方式】栏，保持默认参数，即【高度】值为 0.5，【圆角】值为 0.5，【进给】值为刀具进给速度值；在【平滑连接因子】栏，设置【前缘】和【后缘】值为 0.3；在【切向延伸】栏，设置为【完整】，即在叶片前缘和后缘延伸刀具路径如图 8-68（b）所示。

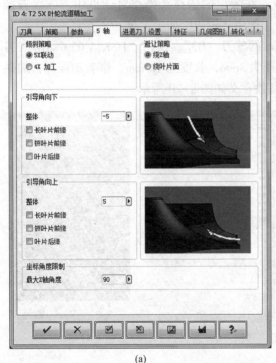

(a)　　　　　　　　　　　　　　　　(b)

图 8-68　设置 5 轴和进退刀选项卡

(a) 5 轴选项卡；(b) 进退刀选项卡

切换到【特征】选项卡，单击【选择特征】栏右侧的【重新选择】按钮，弹出选择【特征】对话框，选择叶轮特征【3：叶轮】。要确认【3：叶轮】特征所有元素被激活，否则刀具路径无法计算。

单击【计算】按钮生成叶片的流道面精加工刀具路径，如图 8-69 所示。双击【叶轮粗加工】工单，切换到【转换】选项卡，激活阵列功能，并选择【圆形阵列 1】；重新计算刀具路径，即可得到整个叶轮的流道面精加工刀具路径。

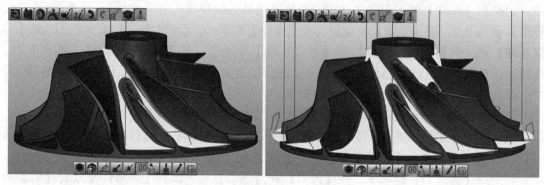

图 8-69　叶轮流道精加工刀具路径

步骤 8. 叶轮边缘精加工

1. 长叶片前缘曲面精加工

单击 hyperMILL 工具栏中的【工单】命令，在弹出的选择新操作对话框中，依次选择【5 轴叶轮铣削】→【5X 叶轮边缘加工】命令，创建叶轮边缘加工工单。

在【刀具】选项卡，新建一把直径为 3 mm 的球刀 "B3"，使用 "HSK A 63 6×109" 刀柄，刀柄参数如图 8-70 所示。球刀 "B3" 直径为 3mm，长度为 40 mm，带有加强杆，加强杆直径为 6 mm，倒角长度值为 10 mm，具体参数含义如图 8-70 所示。

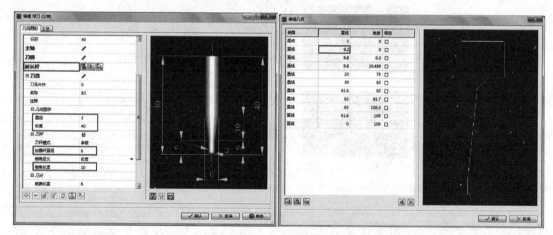

图 8-70　设置刀具和刀柄

切换到【策略】选项卡，在【铣削参考】中选择【长叶片】，加工长叶片的曲面；在【型边缘】栏选择【叶片前缘】；此工单将加工长叶片前缘曲面；在【横向进给策略】栏选择为【双向】，如图 8-71（a）所示。

切换到【参数】选项卡，在【进给量】栏选择进给量模式为【常量】，设置【步距】值为 0.2；在【余量】栏设置【流道余量】值为 0.1，【边缘余量】值为 0；在【参数：平滑化交迭】栏，保持默认参数，即【叠加刀轨】和【最后距离】值均为 0；在【参数：开放切削】栏，设置【路径数量】值为 0，如图 8-71（b）所示。

切换到【5 轴】选项卡，在【倾斜策略】栏设置【边缘倾斜角度】值为 20，如图 8-72（a）所示。

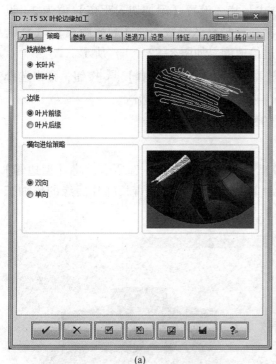

(a)

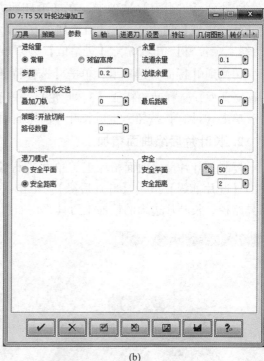

(b)

图 8-71 设置策略和参数选项卡

(a) 策略选项卡；(b) 参数选项卡

(a)

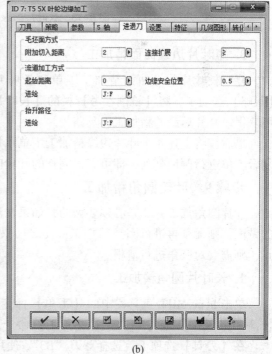

(b)

图 8-72 设置 5 轴和进退刀选项卡

(a) 5 轴选项卡；(b) 进退刀选项卡

切换到【进退刀】选项卡，在【毛坯面方式】栏，设置【附加切入距离】值为 2，设置【连接扩展】值为 2；在【流道加工方式】栏，保持默认参数，即【起始距离】值为 0，【边缘安全位置】值为 0.5，【进给值】为刀具进给速度，如图 8-72（b）所示。

切换到【特征】选项卡，单击【选择特征】栏右侧的【重新选择】 按钮，弹出选择特征对话框，选择叶轮特征【3：叶轮】，并确保所有叶轮特征均已激活。

单击【计算】按钮，生成长叶片前缘曲面的精加工刀具路径。

2. 长叶片后缘曲面精加工

复制长叶片前缘曲面精加工工单并进行编辑，切换到【策略】选项卡，将【型边缘】栏的【叶片前缘】改为【叶片后缘】，单击【计算】按钮，即可获得长叶片后缘的精加工刀具路径。长叶片边缘的精加工刀具路径如图 8-73 所示。

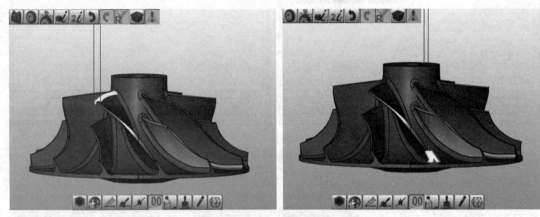

图 8-73 长叶片前缘后缘精加工刀具路径

3. 短叶片边缘曲面精加工

复制长叶片前缘曲面精加工工单和长叶片后缘曲面精加工工单，进行编辑。切换到【策略】选项卡，将【铣削参考】栏的【长叶片】改为【短叶片】，单击【计算】按钮，即可获得短叶片后缘的精加工刀具路径。

最后，将上述 4 个叶片边缘精加工工单添加到一个新的复合工单【边缘加工】，并对该复合工单进行圆周阵列，即可获得完整的叶轮叶片边缘精加工刀具路径。

步骤 9：叶轮圆角精加工

叶片圆角加工并非是必须要做的，如果在流道精加工和叶片精加工时已经完成了对圆角的铣削，则无须再进行圆角精加工；反之如果在流道精加工和叶片精加工后圆角处还有余量，则需要对圆角进行清根。

1. 长叶片圆角精加工

单击 hyperMILL 工具栏中的【工单】命令，在弹出的选择新操作对话框中，依次选择【5 轴叶轮铣削】→【5X 叶轮圆角加工】命令，创建叶轮点加工工单。

在【刀具】选项卡，选择球刀"B3"，使用"HSK A 63 6×109"刀柄。

切换到【策略】选项卡，在【铣削参考】中选择【长叶片】，加工长叶片的圆角曲面；在【进刀位置】栏选择【导入侧】进刀；在【横向进给策略】栏选择为【螺旋向下】，如

图 8-74（a）所示。

切换到【参数】选项卡，在【进给量】栏设置进给量模式为【常量】，设置【最大步距】值为 0.1；在【余量】栏设置【流道余量】值为 0，【叶片余量】值为 0；在【叶片限制】栏，设置【参考刀具直径】值为 3，【参考流道余量】值为 0.2；在【流道限制】栏，设置【参考刀具直径】值为 3，【参考叶片余量】值为 0.2；【参数：边缘控制效果】保持默认设置即可，如图 8-74（b）所示。

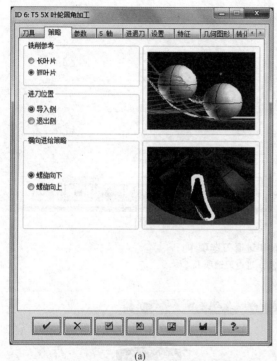

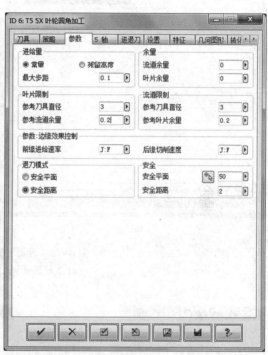

(a)　　　　　　　　　　　　　　　　(b)

图 8-74　设置策略和参数选项卡
（a）策略选项卡；（b）参数选项卡

切换到【5 轴】选项卡，在【倾斜策略】栏设置【最小边缘角度】值为 5；不勾选【4X 加工】选项，如图 8-75（a）所示。

切换到【进退刀】选项卡，在【进刀】和【退刀】栏，设置【圆角】值为 1，【附加轴向距离】值为 0，采用圆角进刀，如图 8-75（b）所示。

切换到【特征】选项卡，单击【选择特征】栏右侧的【重新选择】 按钮，弹出选择【特征】对话框，选择叶轮特征【3：叶轮】，并确保所有叶轮特征均已激活。

单击【计算】按钮，生成长叶片的圆角精加工刀具路径。

2. 短叶片圆角精加工

复制长叶片圆角精加工工单，双击进行编辑，切换到【策略】选项卡，修改【铣削参考】为【短叶片】，加工短叶片的圆角曲面；切换到【5 轴】选项卡，在【倾斜策略】栏修改【最小边缘角度】值为 1；最后单击【计算】按钮生成短叶片的圆角精加工刀具路径。叶片圆角精加工刀具路径如图 8-76 所示。

(a)

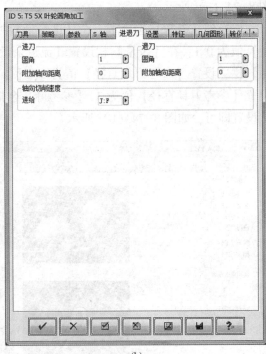
(b)

图 8-75　设置 5 轴和进退刀选项卡

（a）5 轴选项卡；（b）进退刀选项卡

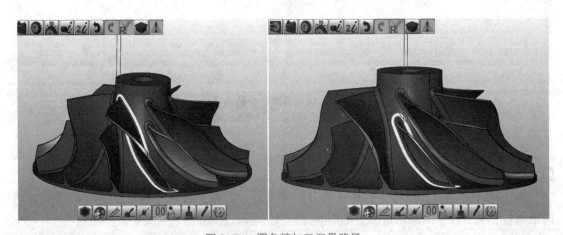

图 8-76　圆角精加工刀具路径

　　最后，将叶片边缘精加工工单添加到一个新的复合工单【圆角加工】，并对该复合工单进行圆周阵列，即可获得完整的叶轮叶片圆角的精加工刀具路径。

　　步骤 10：刀具路径模拟与后置处理

　　对刀具路径进行模拟，检查刀具路径是否存在过切、欠切的情况。根据模拟结果，修改相应的工单参数，调整刀具路径。

　　当确定刀具路径安全无误后，可通过后置处理导出 NC 文件。

分析与提升

1. 提高叶轮开粗加工效率

叶轮的开粗效率是影响叶轮加工成本的重要因素。合理利用5X叶轮粗加工工单中的【型腔拆分】功能，将导入侧和导出侧分开加工，可以有效提高粗加工效率。在叶轮导入侧，由于开放空间较大，可以采用较大的刀具开粗，提高效率。本例导入侧可以采用直径为12 mm的刀具进行开粗，而导出侧，采用相对较小（ϕ8）的刀具开粗，如图8-77所示。这样的加工方式相对于直接用ϕ8的刀具整体开粗来说，效率肯定是更高的。

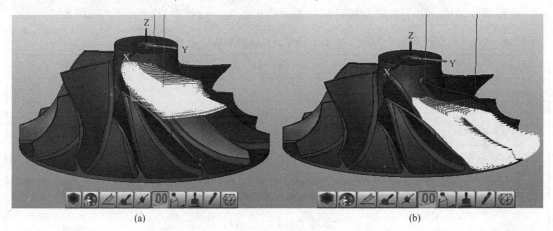

(a)　　　　　　　　　　(b)

图8-77 型腔拆分优化粗加工刀具路径

（a）直径12 mm刀具开粗；（b）直径8 mm刀具开粗

2. 提高流道精加工效率

合理使用5X叶轮流道精加工中的【全部】（【优化】）铣削策略，可以在一定程度上提高流道面精加工效率。当【铣削策略】为【全部】时，在导入侧的狭小区域的刀具路径过于密集，铣削效率低；当【铣削策略】为【全部】时并勾选【优化】选项时，则hyperMILL会对导入侧部分的刀具路径进行优化，提高铣削效率，如图8-78所示。

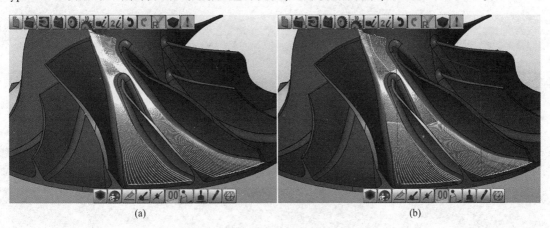

(a)　　　　　　　　　　(b)

图8-78 铣削策略

（a）铣削策略：全部；（b）铣削策略：（优化）

总　结

本章主要介绍了 hyperMILL 中 5 轴叶轮铣削策略，包括 5 轴叶轮粗加工、5 轴叶轮流道精加工、5 轴叶轮点加工、5 轴叶轮边缘加工和 5 轴叶轮圆角加工，详细地介绍了这些工单【刀具】、【策略】、【参数】、【进退刀】、【5 轴】、【特征】等选项卡的基本参数的含义和设置。最后通过一个叶轮零件加工编程的实例，学习了 5 轴叶轮粗加工、5 轴叶轮流道精加工、5 轴叶轮点加工、5 轴叶轮边缘加工和 5 轴叶轮圆角加工等工单在实际加工应用中参数的设置和应用技巧。

还有部分工单，由于本书篇幅有限，不予详细叙述，请读者自行学习，如图 8-1 所示。

表 8-1　5X 叶轮铣削工单

工单	功能	备注
5 轴叶轮粗加工	叶轮常规的粗加工	
5 轴叶轮点加工	叶片的精加工	
5 轴叶轮圆角加工	叶片根部圆角加工	
5 轴叶轮边缘加工	叶片的前缘和后缘精加工	
5 轴叶轮插铣加工	使用钻孔工具对叶轮进行钻孔式粗加工（插铣式粗加工）	
5 轴叶轮侧刃加工	使用刀具的侧刃对叶片进行精加工	